U0291471

本书受教育部人文社会科学重点研究基地山西大学科学技术哲学研究中心基金资助

认知哲学译丛

魏屹东/主编

制造自然知识：
建构论
与科学史

〔英〕简·戈林斯基/著

魏刘伟/译

魏屹东/审校

科学出版社

北京

图字：01-2014-4688 号

图书在版编目（CIP）数据

制造自然知识：建构论与科学史/（英）简·戈林斯基（Jan Golinski）/著；魏刘伟/译. —北京：科学出版社，2016
（认知哲学译丛/魏屹东主编）
书名原文：Making natural knowledge：constructivism and the history of science
ISBN 978-7-03-048613-4

Ⅰ. ①制… Ⅱ. ①简… ②魏… Ⅲ. ①自然科学史 Ⅳ. ①N091

中国版本图书馆 CIP 数据核字（2016）第 126718 号

丛书策划：郭勇斌
责任编辑：郭勇斌 樊 飞 刘巧巧/责任校：杜子昂
责任印制：徐晓晨/封面设计：黄华斌
编辑部电话：010-64035853
E-mail：houjunlin@mail. sciencep. com

科学出版社 出版
北京东黄城根北街 16 号
邮政编码：100717
http://www.sciencep.com
北京凌奇印刷有限责任公司 印刷
科学出版社发行 各地新华书店经销
*
2016 年 7 月第 一 版 开本：720×1000 1/16
2021 年 1 月第五次印刷 印张：12 3/4
字数：300 000
定价：99.00 元
（如有印装质量问题，我社负责调换）

丛 书 序

与传统哲学相比，认知哲学（philosophy of cognition）是一个全新的哲学研究领域，它的兴起与认知科学的迅速发展密切相关。认知科学是 20 世纪 70 年代中期兴起的一门前沿性、交叉性和综合性学科。它是在心理科学、计算机科学、神经科学、语言学、文化人类学、哲学以及社会科学的交界面上涌现出来的，旨在研究人类认知和智力本质及规律，具体包括知觉、注意、记忆、动作、语言、推理、思维、意识乃至情感动机在内的各个层次的认知和智力活动。十几年以来，这一领域的研究异常活跃，成果异常丰富，自产生之日起就向世人展示了强大的生命力，也为认知哲学的兴起提供了新的研究领域和契机。

认知科学的迅速发展使得科学哲学发生了"认知转向"，它试图从认知心理学和人工智能角度出发研究科学的发展，使得心灵哲学从形而上学的思辨演变为具体科学或认识论的研究，使得分析哲学从纯粹的语言和逻辑分析转向认知语言和认知逻辑的结构分析、符号操作及模型推理，极大促进了心理学哲学中实证主义和物理主义的流行。各种实证主义和物理主义理论的背后都能找到认知科学的支持。例如，认知心理学支持行为主义，人工智能支持功能主义，神经科学支持心脑同一论和取消论。心灵哲学的重大问题，如心身问题、感受性、附随性、意识现象、思想语言和心理表征、意向性与心理内容的研究，无一例外都受到来自认知科学的巨大影响与挑战。这些研究取向已经蕴涵认知哲学的端倪，因为众多认知科学家、哲学家、心理学家、语言学家和人工智能专家的论著论及认知的哲学内容。

尽管迄今国内外的相关文献极少单独出现认知哲学这个概念，精确的界定和深入系统的研究也极少，但研究趋向已经非常明显。鉴于此，这里有必要对认知哲学的几个问题做出澄清。这些问题是：什么是认知？什么是认知哲学？认知哲学与相关学科是什么关系？认知哲学研究哪些问题？

第一个问题需要从词源学谈起。认知这个词最初来自拉丁文 "cognoscere"，意思是 "与……相识" "对……了解"。它由 co + gnoscere 构成，意思是 "开始知道"。从信息论的观点看，"认知" 本质上是通过提供缺失的信息获得新信息和新知识的过程，那些缺失的信息对于减少不确定性是必需的。

然而，认知在不同学科中意义相近，但不尽相同。

在心理学中，认知是指个体的心理功能的信息加工观点，即它被用于指个体的心理过程，与 "心智有内在心理状态" 观点相关。有的心理学家认为，认知是思维的显现或结果，它是以问题解决为导向的思维过程，直接与思维、问题解决相关。在认知心理学中，认知被看做心灵的表征和过程，它不仅包括思维，而且包括语言运用、符号操作和行为控制。

　　在认知科学中，认知是在更一般意义上使用的，目的是确定独立于执行认知任务的主体（人、动物或机器）的认知过程的主要特征。或者说，认知是指信息的规范提取、知识的获得与改进、环境的建构与模型的改进。从熵的观点看来，认知就是减少不确定性的能力，它通过改进环境的模型，通过提取新信息、产生新信息和改进知识并反映自身的活动和能力，来支持主体对环境的适应性。逻辑、心理学、哲学、语言学、人工智能、脑科学是研究认知的重要手段。《MIT认知科学百科全书》将认知与老化（aging）并列，旨在说明认知是老化过程中的现象。在这个意义上，认知被分为两类：动态认知和具化认知。前者指包括各种推理（归纳、演绎、因果等）、记忆、空间表现的测度能力，在评估时被用于反映处理的效果；后者指对词的意义、信息和知识的测度的评价能力，它倾向于反映过去执行过程中积累的结果。这两种认知能力在老化过程中表现不同。这是认知发展意义上的定义。

　　在哲学中，认知与认识论密切相关。认识论把认知看做产生新信息和改进知识的能力来研究。其核心论题是：在环境中信息发现如何影响知识的发展。在科学哲学中就是科学发现问题。科学发现过程就是一个复杂的认知过程，它旨在阐明未知事物，具体表现在三方面：①揭示以前存在但未被发现的客体或事件；②发现已知事物的新性质；③发现与创造理想客体。尼古拉斯·布宁和余纪元编著的《西方哲学英汉对照辞典》（2001年）对认知的解释是：认知源于拉丁文 *"cognition"*，意指知道或形成某物的观念，通常译作"知识"，也作为 *"scientia"*（知识）。笛卡儿将认知与知识区分开来，认为认知是过程，知识是认知的结果。斯宾诺莎将认知分为三个等级：第一等的认知是由第二手的意见、想象和从变幻不定的经验中得来的认知构成，这种认知承认虚假；第二等的认知是理性，它寻找现象的根本理由或原因，发现必然真理；第三等即最高等的认知，是直觉认识，它是从有关属性本质的恰当观念发展而来的，达到对事物本质的恰当认识。按照一般的哲学用法，认知包括通往知识的那些状态和过程，与感觉、感情、意志相区别。

　　在人工智能研究中，认知与发展智能系统相关。具有认知能力的智能系统就是认知系统。它理解认知的方式主要有认知主义、涌现和混合三种。认知主义试图创造一个包括学习、问题解决和决策等认知问题的统一理论，涉及心理学、认知科学、脑科学、语言学等学科。涌现方式是一个非常不同的认知观，主张认知是一个自组织过程。其中，认知系统在真实时间中不断地重新建构自己，通过多系统–环境相互作用的自我控制保持其操作的同一性。这是系统科学的研究进路。混合方式是将认知主义和涌现相结合。这些方式提出了认知过程模拟的不同观点，研究认知过程的工具主要是计算建模，计算模型提供了详细的、基于加工的表征、机制和过程的理解，并通过计算机算法和程序表征认知，从而揭示认知的本质和功能。

　　概言之，这些对认知的不同理解体现在三方面：①提取新信息及其关系；

②对所提取信息的可能来源实验、系统观察和对实验、观察结果的理论化；③通过对初始数据的分析、假设提出、假设检验以及对假设的接受或拒绝来实现认知。从哲学角度对这三方面进行反思，将是认知哲学的重大任务。

针对认知的研究，根据我的梳理主要有11个方面：

（1）认知的科学研究，包括认知科学、认知神经科学、动物认知、感知控制论、认知协同学等，文献相当丰富。其中，与哲学最密切的是认知科学。

（2）认知的技术研究，包括计算机科学、人工智能、认知工程学（运用涉及技术、组织和学习环境研究工作场所中的认知）、机器人技术，文献相当丰富。其中，模拟人类大脑功能的人工智能与哲学最密切。

（3）认知的心理学研究，包括认知心理学、认知理论、认知发展、行为科学、认知性格学（研究动物在其自然环境中的心理体验）等，文献异常丰富，与哲学密切的是认知心理学和认知理论。

（4）认知的语言学研究，包括认知语言学、认知语用学、认知语义学、认知词典学、认知隐喻学等，这些研究领域与语言哲学密切相关。

（5）认知的逻辑学研究，主要是认知逻辑、认知推理和认知模型。

（6）认知的人类学研究，包括文化人类学、认知人类学和认知考古学（研究过去社会中人们的思想和符号行为）。

（7）认知的宗教学研究，典型的是宗教认知科学（cognitive science of religion），它寻求解释人们心灵如何借助日常认知能力的途径习得、产生和传播宗教文化基因。

（8）认知的历史研究，包括认知历史思想、认知科学的历史。一般的认知科学导论性著作都涉及历史，但不系统。

（9）认知的生态学研究，主要是认知生态学和认知进化的研究。

（10）认知的社会学研究，主要是社会表征、社会认知和社会认识论的研究。

（11）认知的哲学研究，包括认知科学哲学、人工智能哲学、心灵哲学、心理学哲学、现象学、存在主义、语境论、科学哲学等。

以上各个方面虽然蕴涵认知哲学的内容，但还不是认知哲学本身。这就涉及第二个问题。

第二个问题需要从哲学立场谈起。

在我看来，认知哲学是一门旨在对认知这种极其复杂现象进行多学科、多视角、多维度整合研究的新兴哲学研究领域，其研究对象包括认知科学（认知心理学、计算机科学、脑科学）、人工智能、心灵哲学、认知逻辑、认知语言学、认知现象学、认知神经心理学、进化心理学、认知动力学、认知生态学等涉及认知现象的各个学科中的哲学问题，它涵盖和融合了自然科学和人文科学的不同分支学科。说它具有整合性，名副其实。对认知现象进行哲学探讨，将是当代哲学研究者的重任。科学哲学、科学社会学与科学知识社会学的"认知转向"充分说明了这一点。

尽管认知哲学具有交叉性、融合性、整合性、综合性，但它既不是认知科学，也不是认知科学哲学、心理学哲学、心灵哲学和人工智能哲学的简单叠加，它是在梳理、分析和整合各种以认知为研究对象的学科的基础上，立足于哲学反思、审视和探究认知的各种哲学问题的研究领域。它不是直接与认知现象发生联系，而是通过研究认知现象的各个学科与之发生联系，也即它以认知本身为研究对象，如同科学哲学是以科学为对象而不是以自然为对象，因此它是一种"元研究"。在这种意义上，认知哲学既要吸收各个相关学科的优点，又要克服它们的缺点，既要分析与整合，也要解构与建构。一句话，认知哲学是一个具有自己的研究对象和方法、基于综合创新的原始性创新研究领域。

认知哲学的核心主张是：本体论上，主张认知是物理现象和精神现象的统一体，二者通过中介如语言、文化等相互作用产生客观知识；认识论上，主张认知是积极、持续、变化的客观实在，语境是事件或行动整合的基底，理解是人际认知互动；方法论上，主张对研究对象进行层次分析、语境分析、行为分析、任务分析、逻辑分析、概念分析和文化网络分析，通过纲领计划、启示法和洞见提高研究的创造性；价值论上，主张认知是负载意义和判断的，负载文化和价值的。

认知哲学研究的目的：一是在哲学层次建立一个整合性范式，揭示认知现象的本质及运作机制；二是把哲学探究与认知科学研究相结合，使得认知研究将抽象概括与具体操作衔接，一方面避免陷入纯粹思辨的窠臼，另一方面避免陷入琐碎细节的陷阱；三是澄清先前理论中的错误，为以后的研究提供经验、教训；四是提炼认知研究的思想和方法，为认知科学提供科学的、可行的认识论和方法论。

认知哲学的研究意义在于：①提出认知哲学的概念并给出定义及研究的范围，在认知哲学框架下，整合不同学科、不同认知科学家的观点，试图建立统一的研究范式。②运用认知-历史分析、语境分析等方法挖掘著名认知科学家的认知思想及哲学意蕴，并进行客观、合理的评析，澄清存在的问题。③从认知科学及其哲学的核心主题——认知发展、认知模型和认知表征三个相互关联和渗透的方面，深入研究信念形成、概念获得、知识产生、心理表征、模型表征、心身问题、智能机的意识化等重要问题，得出合理可靠的结论。④选取的认知科学家具有典型性和代表性，对这些人物的思想和方法的研究将会对认知科学、人工智能、心灵哲学、科学哲学等学科的研究者具有重要的启示与借鉴作用。⑤认知哲学研究是对迄今为止认知研究领域内的主要研究成果的梳理与概括，在一定程度上总结并整合了其中的主要思想与方法。

第三个问题是，认知哲学与相关学科或领域究竟是什么关系？

我通过"超循环结构"来给予说明。所谓"超循环结构"，就是小循环环环相套，构成一个大循环。认知科学哲学、心理学哲学、心灵哲学、人工智能哲学、认知语言学是小循环，它们环环相套，构成认知哲学这个大循环。也就是说，这些相关学科相互交叉、重叠，形成了整合性的认知哲学。同时，认知哲学这个大循环有自己独特的研究域，它不包括其他小循环的内容，如认知的本原、认知的预设、认知的分类、认知的形而上学问题等。

第四个问题是，认知哲学研究哪些问题？如果说认知就是研究人们如何思维，那么认知哲学就是研究人们思维过程中产生的各种哲学问题，具体要研究10个基本问题：

（1）什么是认知，其预设是什么？认知的本原是什么？认知的分类有哪些？认知的认识论和方法论是什么？认知的统一基底是什么？是否有无生命的认知？

（2）认知科学产生之前，哲学家是如何看待认知现象和思维的？他们的看法是合理的吗？认知科学的基本理论与当代心灵哲学范式是冲突，还是融合？能否建立一个囊括不同学科的统一的认知理论？

（3）认知是纯粹心理表征，还是心智与外部世界相互作用的结果？无身的认知能否实现？或者说，离身的认知是否可能？

（4）认知表征是如何形成的？其本质是什么？是否有无表征的认知？

（5）意识是如何产生的？其本质和形成机制是什么？它是实在的还是非实在的？是否有无意识的表征？

（6）人工智能机器是否能够像人一样思维？判断的标准是什么？如何在计算理论层次、脑的知识表征层次和计算机层次上联合实现？

（7）认知概念如思维、注意、记忆、意象的形成的机制和本质是什么？其哲学预设是什么？它们之间是否存在相互作用？心身之间、心脑之间、心物之间、心语之间、心世之间是否存在相互作用？它们相互作用的机制是什么？

（8）语言的形成与认知能力的发展是什么关系？是否有无语言的认知？

（9）知识获得与智能发展是什么关系？知识是否能够促进智能的发展？

（10）人机交互的界面是什么？脑机交互实现的机制是什么？仿生脑能否实现？

以上问题形成了认知哲学的问题域，也就是它的研究对象和研究范围。

"认知哲学译丛"所选的著作，内容基本涵盖了认知哲学的以上10个基本问题。这是一个庞大的翻译工程，希望"认知哲学译丛"的出版能够为认知哲学的发展提供一个坚实的学科基础，希望它的逐步面世能够为我国认知哲学的研究提供知识源和思想库。

"认知哲学译丛"从2008年开始策划至今，我们为之付出了不懈的努力和艰辛。在它即将付梓之际，作为"认知哲学译丛"的组织者和实施者，我有许多肺腑之言，溢于言表。一要感谢每本书的原作者，在翻译过程中，他们中的不少人提供了许多帮助；二要感谢每位译者，在翻译过程中，他们对遇到的核心概念和一些难以理解的句子都要反复讨论和斟酌，他们的认真负责和严谨的态度令我感动；三要感谢科学出版社编辑郭勇斌，他作为总策划者，为"认知哲学译丛"

的编辑和出版付出了大量心血；四要感谢每本译著的责任编辑，正是他们的无私工作，才使得每本书最大限度地减少了翻译中的错误；五要特别感谢山西大学科学技术哲学研究中心、哲学社会学学院的大力支持，没有它们作后盾，实施和完成"认知哲学译丛"是不可想象的。

魏屹东

2013 年 5 月 30 日

第二版序言

《制造自然知识》最初出版于 1998 年。七年后的第二版给我提供了一个机会，同时我也肩负着某种责任。我很高兴有机会澄清本书的写作目的。我也觉得有义务重新思考本书完成了什么，让读者了解我要使本书达到与读者相关的程度是什么。

本书的主要目的是考虑"建构论"的观点在最近几十年是如何影响科学史的学识的。我将建构论宽泛地定义为一种方法，这种方法引导了人类对其作为社会行动者在制造科学知识中的作用的注意。这个有点包罗万象的定义允许我为近期历史研究创造一个明确的线索，从 20 世纪 70、80 年代发展的"科学知识社会学"（SSK）追踪它们的渊源。同时，它允许我以某种足够"大量"策略的方式描述建构论。我忽视理论家之间的某些区分，并随意地提及一些完全没有想到自己是建构论者的历史学家。当然，没有任何一种范畴能够涵盖每一个方面；当忽视其他研究时，就会引起某些历史研究的关注。它的确证在于提供了理解科学史学家近期某些重要工作的框架，并把经验研究与理论观念联系起来，这些理论观念大多是但不是唯一地来自社会学家的。

激励我写这本书的是周遭令人兴奋的社会学研究及其对科学史的意义，这一点我在 20 世纪 80 年代后期的英国，特别是在剑桥大学目睹过。在那个要点上，巴斯学派和爱丁堡学派已经明确了它们的立场，而且迷人的新观点正在巴黎出现。爱丁堡的巴里·巴恩斯和戴维·布鲁尔通过用科学实践的模型确认科学共同体的社会结构，并解释了托马斯·库恩（Thomas Kuhn）的"范式"概念。这使得理解科学的社会维度成为可能，而不用涉及习惯被称为"外在因素"的东西。许多人将爱丁堡学派对库恩的解读看作是对科学的无拘束的经验研究，这不同于先前妨碍他们的认识论问题的成见。当他们表明他们自己处于特殊的环境时，这个观点不是判断什么是或者不是"科学的"，而是致力于实际的实践。到 20 世纪 80 年代中期，历史学家跟随社会学研究科学家小组，检查实验室中的实践活动，特别是受亨利·柯林斯（Harry Collins）在巴斯的工作的激发，研究科学争论。

同时，史蒂文·夏平（Steven Shapin）和西蒙·谢弗（Simon Schaffer）的《利维坦和空气泵》（1985 年）指出了科学编史学的社会学视角的可能性。这本书在该学科的评价很大程度上被延迟了，但是在剑桥大学没有人质疑其重要性。它的影响可追溯到剑桥大学小组的成员那些年对历史研究的后期贡献，这些成员（除他人外）包括 Adrian Johns，Alison Winter，James Secord，Myles Jackson，Iwan

Morus，Andrew Warwick，Rob Illiff。夏平和谢弗工作的意义是强调现存的一种趋向，即有限时空范围的"微观-历史"的风格，这不同于先前一直被看作标准的大规模的"宏观-历史"。当用它来详细说明科学知识在社会中的广泛分散时，这种转变被认为产生了一些问题，这些问题延伸并超越了特殊实验室中从业者小组的界限。由布鲁诺·拉图尔及其合作者在 20 世纪 80 年代引入的行动者网络理论，提供了处理去地方化（de-localization）问题的资源，但同时也对科学知识社会学产生了重大的理论问题。不久，这些问题就清楚了，拉图尔的概念帮助历史学家详细地理解了科学如何以自己的方式在实验室之外的世界中运作。但同样清楚的是，他的观点在几个方面遇到了抵抗，不只是在提出把无生命客体的中介看作同等的人类中介处理的方面。

《制造自然知识》实际上是我远离剑桥大学后于 1990 年在美国写作完成的。跨越大西洋来到美国后使我认识到，在美国科学史学家共同体内部，这个领域的概念体系是非常不同于英国的，有些是潜在地相容的，其他则是明显地对立的。我试图使本书阐明建构论观点的价值所在，以尽可能拓宽历史学家的视野。我不仅想把社会学理论与已确立的科学制度和共同体的社会史联系起来，而且也想将其与技术史联系起来，并探讨国别背景、人种特征和殖民主义。此外，我想将其与跨学科的科学论的工作联系起来，比如，关于性别、修辞学的工作，以及科学与文学之间的关系。因此，本书从阐述社会学基本理论开始，然后通过检查一组一般主题清晰表达其使用，如科学发生的地方，它是如何在语言中被实施的。支持这个结构的意象是一条河流，它发源于一个单一的源流，一边蜿蜒流淌不断扩大，一边滋养着广阔的平原。

当本书出版后，我高兴地得知许多人发现它对于本科生和研究生的科学史教育是有用的。几个评论者提及他们将它用于此目的，我收集了来自几个国家研究机构的教师和学生个人的表扬信（Eddy，2004）。一方面，本书达到了它的写作目的。评价它的历史学家通常建议了其内容被扩展的几种方式，同时也承认任何案例研究的选择都不可避免的是部分的。我把这些建议作为证据，即本书在其他主要写作目的上是成功的：刺激关注它的历史学家反思这个领域的现状，以及我们工作的经验与理论方面之间的联系。大多数赞成的评价是科学史学家给出的，这或许表明了本书读者认同的主要学科方向。另一方面，本书得到了历史系、哲学系、心理学系、传播系及经济学系学生的广泛阅读。一些书评者似乎一直期望有一本完全不同于以往的书出版，这或许表明跨学科话语经常会遇到一些难以满足的期望。然而，出于这一目的，本书的价值由英格玛·博林（Ingemar Bohlin）在《科学的社会研究》中显著地表示出来了，该书恭维本书为社会学理论做出了贡献。博林描述了历史实践对于基层理论概念可能蕴含意义的几种方式。他向我表明，我自己构想的一些概念问题太松散，需要在哲学上澄清。这不是我指出他的观点值得他们关注的地方，但是我欢迎他对这一观点的认可，即历史实践和社会学理论之间的通道应该是双向的。

当在这些领域创造一个发展的叙述时，我毫不犹豫地承认替代性说明是可能的。一个案例——虽然有不同的焦点——已由约翰·扎米托（John H. Zammito）在他的《知识的精确重排》（2003 年）一书中给出。扎米托从智力史学家的立场审视了科学哲学和科学社会学中近期的理论发展，密切关注哲学论证的细微差别。他的说明是相当见多识广的且很有同情心。但是在有点可笑的结局方面它达到顶点，以他清楚地所看到的"科学论战"和 20 世纪 90 年代的索卡尔事件的彻底失败而告终。扎米托以对哲学错误的、尖锐的、讽刺的评论，定期地对他的论证进行仔细的总结，他相信那些哲学错误破坏了自奎因和库恩以来科学论的整个传统，加速降到危机和需要"重排"地步。我从他的说明中学到了很多，但是我没有看到这些时期该领域的情况。我同意扎米托对库恩的重要性的评价，并坚持认为后来的学者有理由赞成他把历史的和社会学的研究与他们的从属于规范认识论区分开来。这种立场——尽管无异于代表库恩的结论——最终是开放的。尽管它割断了与传统科学哲学关注点的联系，但是它打开了经验研究所有形式的自然知识的崭新领域的大门。

我将承认向"科学论战"的某些不成熟状态退却，这在扎米托的著作中达到高潮。我决定不直接用我的观点陈述它们。我当然没有把索卡尔的恶作剧——他在《社会文本》（1996 年）杂志发表欺骗性的后现代主义文章——看作已经封闭了整个后现代主义传统的命运。由于 20 世纪 90 年代狂热的对抗浪潮消退，我们应该能够更加清晰地判断它们的意义，并弄清为什么激起了关于真理和相对主义问题的激情。约翰·盖尔利（John Guillory）的文学评论文章在这方向迈出了第一步（2002 年）。盖尔利通常把科学论中使用的方法论的相对主义类型与在文学和文化研究中流行的更极端的构想区分开来。另一步是由杰瑞·拉宾格（Jay Labinger）和柯林斯在他们的合著《一种文化？》（2001 年）中迈出的。在这个温和的争论中，建构论者被免除了与科学知识对立的责任。他们将相对主义作为工具而不是作为一个累计怀疑主义的表达，这是学术界普遍认同的。排除认识论问题与人们研究客体的关系，这不是通过自己的调查研究放弃追求产生可靠知识的愿望。既然科学论战的尘埃已经落定，对于像这样的主题的分析就有正当的前景。这种联系的一个受欢迎的发展是，社会建构论提出的问题由哲学家来完成。伊恩·哈金（Ian Hacking）、亚瑟·法因（Arthur Fine）、迈克尔·弗里德曼（Michael Friedman）等近期的工作表明，哲学家和科学史学家可能重新建立了具有共同兴趣的领域。

我对自己的研究定位是科学编史学的而不是哲学的。这样，与其提供建构论的一个理论确证，不如将其置于学识方面近期发展的一个说明。对哲学家来说，我的假设似乎像一个循环论证，因为我的历史叙述明显体现出是强调建构论的重要性的。也许有人会问,这种历史叙述是如何用于确证建构论的?我的回答是,编史学似乎是历史学家和学历史的学生称呼的适当的方式。对编史学的理解是所有历史形式的反思性自我意识的一部分。当我们努力理解其他方面的时候,我们尽力理解我们自己观点的发展。我们不期望能够通过步入我们居于其中的历史语境来安全获得我们所做的基础。

几年后,语境明显不同了。本书的读者有资格问,建构论的观点是否仍然指引着未来的方向。已经表明的情况是,建构论的时光已经过去,历史探寻与社会学理论之间的联系分离了,至少是削弱了。一些评论家建议,正如罗伯特·科勒(Robert Kohler)对我的书的肯定性书评中所指出的(1999 年),建构论作为历史学家的工具包有它自己的局限性,这是不可否认的。事实上,我强调并主张,当使用建构论时,历史实践已延伸和修正了建构论的观点。历史学家在选择他们的工具时可能总是折中的,不过我承认这一点并建议建构论应该被认为是许多其他方法的补充方法。基于这种精神,我讨论了米歇尔·福柯(Michel Foucault)关于规范的作品、认同概念和自我塑造,关于修辞学和诠释学的工作,以及历史学家对叙述的长期关注——这些没有一个是科学知识社会学的标准主题,但均是与此相关的。我建议,历史学家的工作就是研究如何利用建构论。

这就是为什么我认为发行《制造自然知识》再版书可行的原因。建构论可能已经失去某些往日的辉煌,但是它在众多当代编史学方法中仍然是不可或缺的。根据宣言和纲领,它可能很少是可见的,但是它仍然在可意会假设的层次预示了更多的历史学识,尽管这些学识有资格受到其他方法的影响。的确,由于其减少的可见性,阐明它的基本原理似乎是值得的,并追踪它影响的线索。

接下来,我给出近几年已发展起来的历史探寻领域的两个例子,在这两个例子中建构论的遗产能够被识别。第一个例子在它追求的目标方面是全局的,第二个例子是处理个体的。两个例子都反映了科学史学家自愿调整他们的关注点以便在不同空间范围来分析现象。第一个案例阐述了大规模的社会结构和控制模式,这是在科学知识社会学时期被建构论所忽视的。第二个案例集中于个体认同的复杂性及其在特殊语境中的构成,还有在老建构论研究中缺失的主题。在这两个案例中,学者们一直利用理论资源——分别是后殖民研究和性别研究——激发他们探讨新的经验材料。至少对于某些人,个人的和政治的价值比经典建构论的情形更明显地充满了这些探寻的类型,这的确由于缺乏批评元素在某些方面产生了问题。

让我们探讨第一个领域:学者们研究欧洲全面统治时期的科学和技术角色,他们部分利用了拉图尔的行动者网络观念。但是,当他们提出"西方影响的扩张"这个传统叙述的问题时,他们也修正了这些观念。例如,详细的分析出现在科学和技术系统作为殖民化和帝国主义方面的延伸。又如,英国统治印度时期制作地图的作用,已经由马太·埃德尼(Matthew Edney)跟踪描述过(1997 年)。其他人详细阐述热带医学和认识论的历史、气候学史和自然历史，以及它们从印度到爱尔兰的殖民势力结构的作用。与进步和现代化的旧故事不同，这些工作没有假设科学知识不经努力或者抵抗就能够跨越一个温和的领域而传播。相反，他们强调包括在自然知识的扩展及其文化变迁的敏感性中的相当大的工作量。知识和势力网络的扩展表明遇到了抵抗的均等力，其他的研究特别致力于这些反作用力。其中有些强调文化形成的顽固地方主义，甚至那些已经在国际研究机构工作的人们也持这种立场，如当代日本或者印度的物理学家。有些人描述了西方科学和技术对于本地使用的适当性，或者描述非欧洲人参与合作产生科学知识的情形。还有人描述了研究信息交流的从"边缘"到"中心"的意外逆转，比如，理查德·格罗夫（Richard Grove）对 18~19 世纪英帝国殖民边区村落中对环境意识的伪造的描述。地方主义、适当性和反殖民主义的叙述，要求在对全球科学和技术的当代说明中有一席之地，他们补充了从帝国中心向外工作的历史。西方科学的全球化开始出现，不是作为其内在普遍性的结果，而是作为一个拼凑的、不稳定的补充物，依赖于人造物的流通循环和实践的再生产，在许多方面遇到挑战和抵抗。

蕴含在这些历史说明中的模型与拉图尔的模型有共同之处。它们强调，科学知识的去地方化要通过支持性的基础设施或者网络对人造物的动员来实施。比如，标准化和计量学的拉图尔式主题，在关于气象学和制图学的大多数工作方面是明显的；拉图尔称之为"不变的移动"的中心化在博物学的历史中通常被强化。然而，正如我在本书中指出的，在强调从原始点开始扩展网络的过程中拉图尔的模型通常对历史学家似乎太僵硬，这意味着知识总是从一个单一的场所开始传播。建构论者优先处理实验室，但是科学知识也被发现是在野外和森林、在航行的船上、在山顶上、在探测和贸易中被制造的。同时，他们试图把拉图尔的网络植入他们的政治和社会背景中，但历史学家对此表示反对。他们不仅谈论网络，也谈论"贸易区"和循环模式。建构论的理解——去地方化是劳作的产物和取代人们和事物的结果——仍然至关重要，但是拉图尔的社会本体论在历史学家的实践过程中已经得到了重要的修正（Livingstone，2003）。

建构论的方法对于个体认同的建构，也影响我们关于科学从业者所扮演的最重要的角色这个概念：作者的角色。还有，对拉图尔的主张的反响也能够听到——建议作者认同是分配的中介的产物，这是由延伸到单一个人的过程建构的。作者类型的创造，以及它用于把文本指派给一个特殊的个体，一直被描述为社会过程。包括罗杰·查特（Chartier，1989）和艾德里安·约翰斯（Adrian Johns，1998）等学者的工作已经表明，现代作者的概念在第一世纪的印刷文化期间是如何成形的。作者是司法权力、检察官管制、所有权概念和规矩的复合体的产物。印刷商和书商在形成文本和指派他们的作者认同方面起到了重要作用（Biagioli and Galison，2003；Frasca-Spada and Jardine，2000）。当然，正如詹姆斯·西科特（Secord，2001）

在与罗伯特·钱伯斯（Robert Chambers）的匿名《创造的自然历史的遗产》的联系中所表明的那样，一本书印刷之后并没有结束它的社会过程，此后其作者认同被构成，其意义被确定。印刷的书对于拉图尔的"不可改变的移动"似乎像候选者一样，但情形似乎是，它们的不变性既不是绝对的也不是天生固有的。相反，它们在某种法规、贸易和治理的语境中是稳定的。作者认同的概念是这个历史的产物，这个认同允许我们提名一个特殊个体作为一本书的原创者和其意义的来源。

对于有写书经历的某些人来说，认同的含义是矫正性的。考虑这些发现是如何用于我自己的书的，我尽力想到其意义不由我掌控了。我已经辩护，建构论的遗产对于科学史的规范的现在的所有分歧仍然是至关重要的。我试图提供一种编史学的叙述，它把建构论作为它的核心主题使用，将该学科的过去与其现在的状态及可能的未来联系起来。但是建构论的观点也清晰地隐含了，我的书的效用和意义将由它的读者来决定。它的重要性将浮现在诠释学界的工作中，这比我预料得要广泛。本书的第一版产生了广泛的影响，也已经促进了第二版的出版，所以我对第二版抱有更大的希望。

致　　谢

我感谢 Jim Secord 于 2004 年 8 月 5～7 日在哈利法克斯（Halifax）、诺瓦（Nova）、斯科舍（Scotia）举办的第五届英国-北美科学史会议上的主旨演讲对我的激励。我也感激 2004 年 8 月 30 日至 9 月 3 日在博洛尼亚（Bologna）举办的科学史国际暑期班的学员对这个前言的草稿的回应。我还要特别感谢 Rebecca Herzig，Dominique Pestre 和 Mary Terrall，他们与我的对话帮助我澄清了我想要表达的内容。

参 考 文 献

Biagioli M，Galison P. 2003. *Scientific Authorship：Credit and Intel-lectual Property in Science*. New York：Routledge.

Bohlin I. 1999. Making history. *Social Studies of Science*，29：459-480.

Chartier R. 1989. *The Culture of Print：Power and the Uses of Print in Early-Modern Europe*. Cambridge：Polity Press.

Daston L，Sibum H O. 2003. Introduction：scientific personae and their histories. *Science in Context*，16：1-8.

Eddy M D. 2004. Fallible or inerrant？a belated review of the "constructivists' bible". *British Journal for the History of Science*，37：93-98.

Edney M H. 1997. *Mapping an Empire：The Geographical Construction of British India，1765-1843*. Chicago：University of Chicago Press.

Frasca-Spada M，Jardine N. 2000. *Books and the Sciences in History*. Cambridge：Cambridge University Press.

Golinski J. 2002. The care of the self and the masculine birth of science. *History of Science*，40：125-145.

Grove R. 1995. *Green Imperialism：Colonial Expansion，Tropical Island Edens，and the Origins of Environmentalism，1600-1860*. Cambridge：Cambridge University Press.

Guillory J. 2002. The sokal affair and the history of criticism. *Critical Inquiry*，28：470-508.

Johns A. 1998. *The Nature of the Book: Print and Knowledge in the Making*. Chicago: University of Chicago Press.

Kohler R. 1999. The constructivists' Toolkit. *Isis*, 90: 329-331.

Labinger J A, Collins H. 2001. *The One Culture? : A Conversation about Science*. Chicago: University of Chicago Press.

Livingstone D N. 2003. *Putting Science in its Place: Geographies of Scientific Knowledge*. Chicago: University of Chicago Press.

Secord J A. 2001. *Victorian Sensation: The Extraordinary Publication, Reception, and Secret Authorship of Vestiges of the Natural History of Creation*. Chicago: University of Chicago Press.

Sokal A. 1996. Transgressing the boundaries: toward a transformative hermeneutics of Quantum Gravity. *Social Text*, 46-47: 217-252.

Zammito J H. 2003. *A Nice Derangement of Epistemes: Post-Positivism in the Study of Science from Quine to Latour*. Chicago: University of Chicago Press.

序　言

　　这是一本关于不确定类型的书，似乎比一般情况需要更多的序言解释。后面部分是一种关于近期科技史著作的一次回顾性延伸性的编史学论述。但是，它不是一种泛泛的调查，而是有选择的且观点定义清晰的论述。我的目的是去探索我称之为"建构论"的科学观点的问题——科技史是怎样写成的？关于"建构论"的观点，我的意思是把科学知识首先作为一种人类产物，立足于本地文化和资源，而不是简单意义上对既有自然规律的披露。这种科学观点近些年来被广泛接受，但采用了不同的表述方式和不同程度的陈述。对于科学史学家及其他人来说，它引出一系列的问题：这种观点会为科学史带来哪些启示？会给史学研究提供哪些课题？史学家们可能会用到哪些它带来的新资料？"建构论"观点为史学带来了什么样的问题，以及史学研究究竟会用哪种方式来启发、扩展或者挑战它？

　　在寻求这些问题的答案时，我将要给出一个近期历史研究的部分公开调查，选择着重强调那些似乎是在花大力气得出或挖掘"建构论"的含义的研究。我将主张，这个主题的辨识提供了一种方式去汇集科学史学家过去几年大部分（虽然不是所有）的研究成果。使这个一般倾向明确可以帮助我们弄清楚已经做了什么，并指出我们从这里出发的方向。我对这个项目是赞同的，但不是完全不加批判的。我会指出当工作展开后其中一些基础的论断被质疑、原始进路被修改的路径。尽管如此，我认为建构论值得引起那些对科学史及史学研究发展做出贡献，并将做出更多贡献的感兴趣的人的严肃关注。

　　在我的课题范围内，我尽量在显示与其相关的历史研究的选择上有伸缩性。一些我所提及的作者也许不会赞成我对他们的工作在流行编史学图景中所处地位的看法。这个领域的其他图景当然也是可能的。我提供的这种观点的价值应该由它的有用性来评判。我回顾并概括了近代史学的研究，力图集中于过去几年非常有想象力的工作，并描绘出一条向前的道路。在考虑谁会从阅读本书中获益后，我决定使本书能够容易被已经学过一些科学史，且希望承担更前沿工作的高年级本科生所接受。对于这个专业的研究生，我提供一些近期重要研究的指导及一个使所有方向有意义的计划。当然，这不是专著和期刊文章的代替品，但是它会帮助学生找到追求特定方法论主题的研究并利用它们。我相信本书能够适合具有同样目的的读者，同样适用于其他学科（如通史、哲学、社会学、人类学、文学及文化研究）的学者。我希望在研究科学史方面时间有限的读者们能够学到一些与他们本学科相关的有价值的东西。最后，对从事科学史研究本身的学者，我提供一个供他们停下来反思的机会，从我们目前的埋头研究中抬起头来去思考我们学科的发展方向。并不是每个人都同意我的这个观点——也许没有人会同意我的每一个观点——但是我想我们能够从这些一般命题的讨论中获益。

我选择去追踪 20 世纪 60、70 年代哲学讨论中建构论者的观点的根源，围绕托马斯·库恩的工作及随后的"强纲领"及"科学知识社会学"进行研究。就像我将在导言及第 1 章中做的解释一样，我看到这项工作的重要性，科学知识在认识论有效性课题上的突破——一个使科学研究中一系列新技术成为人类文化的一个方面的突破。我认为，换句话说，从问题的真实性、现实性及客观性上解开历史和社会问题，开创了一个将科学理解为人类事业的具有明显创造力的时代。历史学家以及其他正在从事"科学论"研究的跨科学领域的学者，仍然有理由感激那些跨出这一步的人。

虽然我的看法是这样的，但我应该申明下面我所说的并不是在哲学上或社会学上对建构论的一种辩护。我更关心的是，建构论者的方法怎样应用于工作而不是专注于它在抽象水平上的讨论。不过，还是有一些可以立得住脚并且也可以作为对建构论观点进行介绍的工作（例如：Barnes，1985a；Bloor，1976/1991；Collins and Pinch，1993；Knorr-Cetina and Mulkay，1983；Latour，1987；Mulkay，1979；Pickering，1992，1995a；Rouse，1987，1996；Woolgar，1988）。这里并非在重申哲学讨论，我含蓄地认为，判别一种方法的最好途径就是去证明它可以被创造性地用于产生新知识和加深对知识的理解。虽然如此，在选择对建构论给予严肃关注时，在将某些重要性归功于它对科学的历史理解时，我使自己远离近期保守派的"时髦的相对主义"的指责（Gross and Levitt and 1994；Fuller，1995；Lewontin，1995），甚至远离那些更慎重的讨论，这些讨论使我认为是对它的误读的作为对科学传统的后现代主义挑战的根源（Appleby，Hunt and Jacob，1994）。我并不把建构论的观点和广义相对主义的观点看作是一样的，一旦那样就意味着一个判定：所有的知识主张都被认为是同样有效的。就像我在第 1 章中所做的解释一样，我将建构论作为基础，而不是某种程度上的方法论相对主义，规定所有的知识形式应该用相同的方法被理解——这不是一回事。

许多关于建构论的社会学及哲学著作引用历史学家的研究来举例（最近的如 Barnes，Bloor and Henry，1996）。本书首先反其道而行之，探寻建构论者对历史研究的观点的内涵（尽管 Dominique Pestre 最近在 *Annales*（1995 年）杂志上的文章所追随的道路与我的很接近）。关注这些联系帮助我们看清该程序是如何通过历史学家在其工作中面对特定历史问题被明确表达和修改的，这个说明并非简单将历史描写为把社会学理论付诸实践，而是表明历史学家如何使得理论计划适应经验主义的发现，那经常比理论学家所期望的更加复杂。在这个辩论的过程中，建构论者所发明的抽象形式被一种更加精细的、对作为人类文化创造物的科学的复杂性认识所代替。读者在下面几章中会重复看到，一条从社会学家及哲学家的抽象形式到历史学家的经验上更丰富、差异更精微的论述轨迹。我提供这条叙述线索作为对我过去 20 年经验主义科学研究工作经历的一个反映。然而，我的观点并不是反理论的。相反，我认为近来的研究过程的不能被理解，如果不缺乏接受批评并要继续重视对建构论的理论表述的话。如果我不是对这些深信不疑，我不会按这个方式写这本书。

在回溯经验主义研究和理论解释之间的对话的过程中，我最终写了一个通常是冗长的编史学文章。我已经尽力去避免那种倾向，这种倾向时常在那种文章中能够看到要放弃关于什么是好的历史、什么是不好的历史的规则。我也试图去避免一种宣言似的腔调或一个引起斗争的号令。假如我能利用过去 20 年好的历史工作经验作为例子去巩固成果的话，消极的批评或纲领性的口号似乎都是不必要的。我相信，我们能够为我们已经完成的工作感到骄傲，并且用乐观的态度看未来。

在我思考写这本书的最初，我决定不能只写一个关于历史图景的调查，沿着从建构论者的研究上显露出来的年代次序或地理线索，而应每一章都围绕着一个将历史研究与其他多种科学研究联系起来的主题。导言及第 1 章追述建构论的起源和发展，列出一些塑造历史的争论。第 2 章披露科学生活的社会维度这个主题，这已经在建构论的新的详细观察下被引出。我描述了形成早期现代欧洲科学从业者认同的工作，以及 18 世纪后期和 19 世纪早期所谓的第二次科学革命中新的科学结构。在第 3 章，我考虑了科学知识产生的地点问题。我描述实验室的工作，在其中原料、仪器以及人类技术聚集在一起并付诸使用，还描述了野外科学工作，使其在更广阔的空间内有效利用他们的资源。第 4 章，我将科学视为一种语言活动，包含在不同种类的论述之中，从演讲和拨款申请到研究论文和教材。我探讨我们怎样理解科学家将语言运作为一种包括说服和做出解释的活动。在第 5 章，我们将会看到科学研究作为一项实践活动也包括严肃对待材料资源创造知识的方式。两方面的实验室工作在这方面起决定性作用：仪器操作及视觉表征实践。第 6 章论述到实验室之外去考虑科学知识获得普遍文化上的权威的意义，以及这暗示我们如何理解"文化"。在这些联系中，建构论者的研究强调语言及视觉表征通过物质意义在时间和空间被转移。结尾部分提出建构论作为一种历史叙述形式的责任问题。我考虑什么形式的建构论科学史著作可能会产生，还有与潜在读者的关系前景会是什么样的。

在组织本书的主题时，我集中于我自己的研究领域并被历史案例所吸引。我的选择的偏见性和有限性会很快被知识渊博的读者发现。我自己的学术研究是在"漫长的 18 世纪"科学上，尤其是在英国。我的近代物理和生物科学知识是不够的。我也没有能力去弄清建构论者的观点是如何影响我们理解"前现代"或"非西方世界"的自然知识的。在其他方面，我对历史研究讨论的选择甚至是专断的。我清醒地意识到有很多相关的工作我没能吸收，或许是因为我的无知，抑或是因为我没有认识到如何在我所选择的一个小范围内、数量有限的论题中保持公正。我向那些在这方面可能感到被轻视，以及那些认为他们的工作被我的处理方式所歪曲的作者致歉。

我最要感激的是许多不同科学研究领域的同事，从他们的工作中我学到了许多，单纯的一个参考书目是不足以表达我的感激之情的。另外需要补充的是，我觉得非常荣幸成为描述过去20年这个领域特征的智力兴盛事件的目击者。

本书起源于我与John Kim的观点一致的幸运巧合，当时他在剑桥大学出版社工作。在John Kim离开后，出版社的Frank Smith和Alex Holzman继续给予了我支持。Owen Hannaway及George Basealla也是给予本书大力支持的丛书编辑。

这项工作始于1992年春天我在普林斯顿大学做访问学者期间。我特别要感谢Norton Wise以及其他科学史项目中的教员和学生对本书提出的友好建议。

就在我考虑是否有时间写成本书时，麻省理工学院迪布纳科学技术史学会在1994年春天给我提供了一个非常受欢迎的长驻研究员的职位。我最要感激 Jed Buchwald、Evelyn Smiha、学会全体成员及其他长驻研究员，是他们使我在迪布纳科学技术史学会受益颇多。

在新罕布什尔州大学，许多部门同事在跨学科兴趣方面给予我帮助及支持。历史系的同事帮助我负责历史知识，同时也给予了我智力上的自由去着手这样一个项目。

Peter Dear，Simon Schaffer，Jim Secord，Steven Shapin，以及Roger Smith应该受到特别感谢，因为他们细心阅读了手稿并提出了许多宝贵意见。

许多同事通过与我分享他们的成果，通过对我的批评或是通过启发性的对话帮助了我。对上述这些补充的是，我能回想起与Mario Biagioli，Jed Buchwald，Harry Collins，Steve Fuller，Dominique Pestre，Larry Prelli，Anne Secord，Miriam Solomon，Maria Trumpler及Andrew Warwick特别有益的讨论。无疑还有其他人，如Anne Harrington，Everett Mendelsohn及Sam Schweder邀请我加入在哈佛大学的专题研讨，那是非常有趣的、有创造性的。本书的早期版本于波士顿科学哲学会议和迪布纳协会上已经呈现在读者面前。我感谢那些在这两个场合批评我或提出质疑的人，尤其是Evely Fox Keller。我也要感谢下列在出版之前与我分享他们的工作的人：Pnina Abir-Am，Jori Agar，Marlo Biagioli，Harry Collins，Michael Dennis，Sophie Forgan，Steve Fuller，Graeme Gooday，Dominique Pestre，John Pickstone，Hans-Jorg Rheinberger，Simon Schaffer，Steven Shapin及Mary Terrall。这些人中没有一个应该为我通过他们的成果或建议所做的工作负责任。

目　录

图 目 录

绪论　挑战传统科学观

当我们讲述关于我们的祖先如何逐步爬上我们现在所在的这座山（很有可能是错的）的山顶上的辉格主义的故事时，我们需要使得某些东西在故事中贯穿始终。由现代物理学理论想象出来的自然力量与物质微粒，是这个角色的不二之选。

理查德·罗蒂《哲学与自然镜像》（Rorty，1979：344-345）

但是，我忍不住想到这个想法与我们今日所嘲笑的那些古代图表是一样的，将地球置于万事万物的中心，或者将我们的星系置于宇宙的中心，以满足我们的自恋。正如我们把自己定位于空间的中心，置于宇宙万物的中心，经过一段时间，通过进步，我们将永远站在顶峰，站在峭壁上，站在技术时代的最前沿。它意味着我们永远是正确的，只因简单的、陈腐的、幼稚的理由，即我们生活在此时此刻。由进步的观念所勾勒出的曲线在我看来似乎在时间上描绘出或者投影出自负和愚昧，在空间上表现为中心位置。我们正逗留于真理的顶峰、最高点，而不是处于世界的中心。

米切尔·塞雷斯和布鲁诺·拉图尔《关于科学、文化和时间的交谈》（Serres and Latour，1995：48-49）

人们在接触"科学史"之前总会惊讶于居然还有这么一门学科。他们有时会问"那究竟是历史还是科学？""科学史家们是在图书馆工作还是在实验室工作？"以及"不管以什么理由为依据，为什么有人要研究老掉牙的科学？"

对那些对这门学科有一些了解的人来说，这些问题毫无疑问是非常幼稚的。但是，当我多次与他们交流后，我发现围绕词语"历史"和"科学"的结合他们反映出严重的概念问题。这不只是教育机制中两门常常很好区分的学科，它们似乎发源于从根本上相对的观点。历史的研究方向是过去，而科学的研究方向是未来；历史与人性相关，而科学（很大程度上）与非人类世界相关；历史与文化相联系，而科学与自然相联系；历史被认为是主观的，科学被认为是客观的；历史使用通俗语言，而科学使用专业术语，等等。由于这些常见的假设，"历史"与"科学"的结合似乎非常奇异和令人困惑。

甚至我们这些现在对科学史很了解的人们也许也应该不时地提醒我们自己，这是多么奇怪的一门交叉学科啊！我们有必要经常提问科学史是什么？作为一门学科它可以成为什么？本书就是说明这门学科的观点在近几十年中是如何变化的。本书认为历史与科学的杂交是一个异常肥沃的结合，由此产生了关于什么是科学，以及其在文化和社会中的角色，还有什么样的历史适于我们去理解令人兴奋的新观点。

从某种角度讲，这些新观点和新方法是我们从根本上重新审视处理植根于科学实践本身的过去的方法的过程中发生的。尽管我们有时认为科学是面向未来的，但科学家们仍然需要将解释和消化过去的知识作为他们工作的一部分。科学家们继续使用其前辈的成果，并将其作为自己的工作方向。他们时常颂扬各门学科的创始者和先行者的研究成果（Abir-Am，1992）。这是因为他们对过去的兴趣与历史学家们不一致，所以问题出现了。科学史经历了与科学家对过去观点的长期斗争才有了自己对过去科学的观点。

之所以如此是因为科学史这门学科的起源背景。当它开始于18世纪的启蒙时期时，它由热衷于实证和保护其事业的科学家（或"自然哲学家"）们所从事。他们所写的历史表明，他们所处时代的科学发现是长时期以来不断完善知识和文化的顶峰。这种叙述将科学的认识论凭证与一种特殊版本的历史联系起来：将科学的发展看作是一个逐渐向上的过程。当时的科学被看成是人类知识不断积累的产物，它是道德和文化发展中不可或缺的组成部分。科学史的起源位于这个启蒙事业之中作为专门史以推进自然知识的地位。在我们讨论当前这门学科的发展前景之前，对其传承进行简要梳理是有必要的。

对于那些先驱者，如18世纪的演讲家与化学家约瑟夫·普利斯特利（Joseph Priestley）来说，科学史是全部进步图景的一部分。即使其前进势头有时会被耽搁（McEvoy，1979），人类知识仍然会在单个积极的方向上得到不断的完善。自然知识会随着人们的生活在物质及精神的各方面的提高而增加——被称为"进化"或"进步"的智力启蒙运动的过程。普利斯特利在他的《电的历史》中写道："不断进步的观念在整个研究中是显而易见的。"所以，科学史被以这种方式描述："不能但是在我们试图更进一步时赋予了我们生命。"（Priestley，1767：ii-v）这种"哲学的"历史比混乱的非道德行为的人性或"文明"史更有启发性。科学进步的历史为读者提供了一个"崇高"的经历，他们被这种想法所激励："树立伟大的目标，提出广泛的关于事物图景，用大量的脑力劳动来孕育它们，并产生伟大的影响。"（Priestley，1777：154）

科学进步的上升图景被一种特别的认识论模型所整合。和他们同时代的人一样，普利斯特利是一位经验主义者，他相信知识是由源于感官之外的外在现实世界的影响而形成的观念组合而成的。知识储存于大脑中就像众所周知的白板上的记号。因为观念代表外部世界的印象，进而可以转化成演讲和著作，人类知识的存储被不断扩大。

即使在18世纪末严格的经验主义被质疑时，作为"自然镜像"的心灵认识论模型仍基本保留了下来，并且科学史仍然继续被描述为进步的历史。19世纪30

年代，惠威尔（William Whewell）发明了"科学家"一词，他认为科学的历史发展跟随人类思维被外部现实世界的表象逐渐地所掌握。尽管惠威尔通过归功于心理活动在预测和组织经验中的重要角色，将普利斯特利的经验主义复杂化了，但是知识是客观在心灵中的主观表征的概念得到了保留（Brooke，1987；Cantor，1991a）。这说明了惠威尔对史学家任务的观点和他应该使用的描述方式。他写道：

　　无论何时取得任何明显的进步，用来区分事实的明确的概念的存在，在科学史上将被认识到。而且，在追踪各种在我们的调查之下的知识进步时，我们需要看到在所有的时代这样的组合都发生了……

　　在我们的历史中，只有知识的进步是我们必须参与的。这是我们剧本中的主要戏份；而与此无关的所有事件，尽管可能与哲学的耕作及耕作者相关，都是我们的主题中不必要的部分。（Whewell，1837/1984：7-9）

　　在 20 世纪后半叶，惠威尔的发展学说和它的哲学假设都受到了毁灭性的批判。科学逐渐向成为真实知识的伟大假设的方向发展，这种历史的描述如今被广泛地蔑称为"辉格史"。普利斯特利和惠威尔的科学发现逐步发展的编年史被认为是怀旧的回忆录，就像辉格政治历史学家常常讲述的英国自由的、逐步增长的故事。如今的史学家们更喜欢将他们的目标设置为"以其自身的期限"（不管那意味着什么）来理解历史，而不是按照随后的发展情况来理解。这使得历史知识遭受彻底的中断和变化，而非不断地增加，随之而来的进步则深深地植根于对现代观点来说非常陌生的语境。

　　近来的批判也剔除了对惠威尔的历史图景的核心哲学支持——通用科学方法的观念。惠威尔用清晰的叙述来证明归纳法的无比重要性，以它为前提，科学知识被假设成立了，通过总结，归纳所收集的详细的观察和实验产生的公理。这种对进步的描述是用来展示通过这种归纳的方法得到的成果，并用来介绍它在科学上的持续运用。惠威尔写道："归纳科学的历史被普遍地期望应该……给我们提供最令人信服的模式的指示，指引我们在未来增加其广度和完整性的努力。"（Whewell，1837/1984：4）然而，从惠威尔时代起，很多候选的关于科学方法的说明成为替代其归纳法的热门选择。很多基础的、有说服力的观点被用来反对这种信念，即科学家们始终在他们的研究中坚持某种单一的、特殊的方法。所有的这些被提出的方法受到了严厉的批评，一些哲学家认为不能把人类行为理解成为一种遵循通用规则的过程，从而破坏了整个方法论体系。同时，当代科学社会学家已经阐明，应用科学家们并未被任何所建议的方法规则所约束。没有一种方法似乎可以涵盖他们实际所做的所有部分（Mulkay，1979：49-59）。想用一种方法来揭示历史的发展似乎是太天真了。目前有一种叙述推断出，只有一种方法论规则可以持续地适用于过去伟大的科学创新者，那就是"怎么都行"（Feyerabend，1975）。

　　这些挑战的结果是破坏了科学史最初得以创立的历史和科学假设。长期积累进步的知识的历史，在科学方法的支持下，不再需要被普遍接受。尽管其最初的哲学基础被根除，但这个学科在众多新的智力来源和联盟的帮助下仍然欣欣向荣。随着辉格历史和经典经验主义认识论之间的联系中断，新的与其他版本的哲学和历史以及人文学科与社会科学的联系已经建立。尽管科学史仍然继续从跨学科的联系中受益，这一点是其他种类的历史所缺乏的，但在这个过程中，科学史已似乎在本质上与其他领域的人文历史没有区别了。这门学科的实践者们能够利用社会学、人类学、社会历史、哲学、文学评论、文化研究以及其他学科所取得的成果。

调查研究所有这些学科的成果是不可能的。在第 1 章中，我会追溯一个特别的与近代历史工作相关的谱系，可上溯到 20 世纪 60～70 年代所浮现出来的科学哲学和科学社会学的关键争论，尽管其根源要追溯到更早的时候。我从托马斯·库恩（Thomas S. Kuhn）开始研究，他的《科学革命的结构》（1962/1970 年）引发了一次重要的对科学性质的再研究。库恩的著作，正如我们看到的，在爱丁堡大学被大卫·布鲁尔（David Bloor）和巴瑞·巴恩斯（Barry Barnes）给予了强有力的并引起争论的解释，20 世纪 70 年代，他在科学社会学领域清晰地表达出了他们称之为"强纲领"的概念。这个纲领主张科学应该像人类文化的其他方面一样被研究，不再假定其正确或者谬误，这在哲学家和许多历史学家中引起了争论。不过它还是给这个领域提供了重要的灵感，导致这个领域中出现了现在人们所熟知的"科学知识社会学"，产生了一些令人印象深刻的经验主义案例研究，并在 20 世 80 年代中期开始影响一些重要的历史学家的工作。正如我们在第一章也可以看到的，在 20 世纪 80 年代科学知识社会学面临来自非正统的社会学方法的重大挑战，由"行动者网络"（actor-network）学派的布鲁诺·拉图尔（Bruno Latour）和迈克尔·卡隆（Michel Callon）所提倡。关于这些不同方法的讨论导致了科学社会学共同体的分裂，然而很矛盾的是，在历史学家以及越来越多的哲学家中增强了他们的影响。到 20 世纪 80 年代末，"科学论"（science studies）学科的相关观点变得混杂并且因争论被分裂，但它难以回避对传统科学的理解正被彻底地破坏这个结论。科学史作为一个充满活力并迅速发展的跨学科领域的参与者代替了它的位置。

本书旨在描述这些挑战，调查这些被他们改变了的科学史研究的领域，并指出它们将来可能适合发展的领域。我用"建构论"这个标签来总结被我讨论的科学社会学家和受其影响的史学家们所分享的图景。这个词突出了核心概念，即科学知识是人类的创造，由可用的物质和文化资源组成，而不是简单的、先验的自然秩序的天启（revelation）和不相关的人类活动。这不应该用来说明科学可以被完全地弱化到社会学或语言学的水平，它至少是一种与物质现实无关的集体错觉。正如我所描述的，"建构论"更像是一种方法论取向，而非一套哲学原理；它作为社会的参与者在制造科学知识的过程中系统地指向人类关怀的角色。我认为，它已经被证明是历史学家的富有创造性的研究方向，它开启了众多迷人的史学研究的新问题。这一称呼也许是有问题的——例如，在数学和建筑学领域确实有非常不同的含义——但它比候选的称呼如"强纲领""社会建构"或"科学知识社会学"更准确地表达了我的想法，部分原因是它不是任何特殊学派的用语（shibboleth）。

在从科学社会学家的工作中追溯建构论图景的发展时，我意识到我只是给出了很多可能谱系中的一种，非常不同的描述也很有可能被提出来。例如，惠威尔假设，考虑到 20 世纪欧洲哲学为了质疑该模型提出了多少种作为自然镜像的精神思想（Rorty，1979）。现代哲学思潮，如现象学、诠释学、后构建主义，使得作为经典认识论核心的主客体关系变得很复杂。例如，现象学家将注意力集中于一种通过我们的身体来产生人类知识的方法。人类主体不应该被当作是分裂的被动考虑物质世界的思维；他们通过具象化的相互作用来学习。海德格尔（Martin Heidegger）的哲学观提出了类似的所有的知识都是我们将其作为工具或手段，使用身边发现的物质而得到的成果。海德格尔认为（Rouse，1987），这仅仅是我们所接触到世界上的事物并用它们满足我们的目的，我们才对其有所了解。同时，诠释学和后构建主义将注意力指向了语言，认为不应将其简单地视为一种用于交流思想的有效工具。语言是在修辞学和符号学维度上被掌握的，而不仅只是表达信息的工具。我们使用语言去沟通交流，并且当我们这样做的时候，我们所用的很多词汇都会超出我们的掌控。最后，被经典主客体模型所忽略的社会共同体成为知识生产的决定性因素。其中一个来源是近代维特根斯坦（Ludwig Wittgenstein）的哲学，他认为语言因其在特殊"生命形式"上的应用而获得意义（Bloor，1983）。我们用来描述这个世界的语言似乎与我们的实践行为是连续的，是我们在共同完成我们的目标的过程中所必需的部分。

这些哲学观点已经为建构论提供了重要的资源，而且我将会在后文中的不同方面涉及它们。然而我认为，应该像强调社会学一样强调哲学的研究思潮的基础，以及与大陆哲学完全不同的隐藏在习语中的争论。这是因为对我来说，在哲学图景方面的重要改变，似乎不像束缚在古典认识论与科学的经验主义研究之间联系的中断一样巨大。它主要试图把科学知识的凭证评价为诸如理性的、方法论上正确的，或把对现实真实的企图放在一旁，以使对其研究打开新的空间。

建构论创始的原因是为了解释自然知识，而不是其对真实性和有效性的评估。这就是布鲁尔所谓的"自然主义"（naturalism）：它接受"科学"是出于在讨论的语境中研究所通过的问题（Bloor，1976/1991：5）。最好将其理解为"相对主义"的实用主义或方法论的部署，以便为人类知识的理解研究服务。这是一种筛选认识的有效性问题的方法，而这些问题阻碍了从其社会维度对知识进行的理解。那些采用了这种途径的人意识到关于哪种方法描述了适当的科学研究，或什么是"好的"和什么是"坏的"科学问题是多么频繁地出现，并在他们的研究中引起了剧烈的争论。然而对分析家来说，在这场争论中选边站队似乎是不适合的。比如说，在"科学"与"伪科学"之间划界的方式，或者将"硬"科学（如物理学）与"软"科学（人类学或社会学）划分等级制的方式，都是研究的重要主题；但是要理解这些关系的产生，研究者应该以一种中立的姿态对待争论。这种方法论原则也经常被称为"对称公设"。

这是一个很重要的公设，因为任何寻求把科学理解为一种文化结构的计划都需要包涵广泛的不同学科的知识。比如说，如果我们想弄清 17 世纪的欧洲天文学是怎么从占星术中脱胎而出的，或者现代中医如何把传统元素与西方治疗术融为一体，就要撇开对科学的划界问题，即什么是科学、什么是非科学。我们不能假设这些我们不关心的历史变化是被我们自己所谓的定义了"科学"的概念所支配。在这个问题上的开放性思维对历史学家来说是一个很重要的预防措施。

对称公设主要是由把方法论放置在一边的需求所激发的，因此很不幸，它一直带着哲学相对主义的帽子而屡受攻击。我们当然可以用形而上学的或本体论的方式去维护相对主义的观点，例如，假设世界上本不存在着"真理"这样的东西，或者所有关于自然的信念都是同样正当的，又或对物质世界来说根本没有所谓的"现实"。但这种论断如果作为绝对的断言来自我辩护就会遇到严重的困难，它可以轻易地被证明会导向自相矛盾。更贴切的讲，建构论的观点并不依赖于它们。对"方法论相对主义"的实用主义支持不依靠于对所有被批评家们用哲学的相对主义所确认的绝对事物的承诺（Bloor，1976/1991：158）。因而，我们说对认识的有效性的判断不应为该信念为何被确立的解释提供基础，这并不意味着任何信念都不能被判断为有效的。我们说自然或现实不能被总结为科学的结果，并不意味着否定真实世界的存在，或者它在知识生产过程中扮演了一些角色（参考 Barnes and Bloor，1982；Barnes，1994；Fine，1996）。

作为一种方法论的预防措施，对称公设并不意味着不能质疑各种科学之间的差异，或科学与其他形式的文化之间的差异。历史学家们当然想弄清是什么把在发展的不同时期的不同科学学科的社会内容与实践活动区分开的。但这些问题最好用更开放的思维与无价值趋向的探究方式来解答。我们不应认为某一门学科只有一种方法是科学的，只有一种发展途径是可遵循的。自然主义的观点是一种提醒我们不要把科学的发展视为理所当然的途径。

关于对称公设的哲学含义还可以说很多，但我不需要进一步讨论它了。我只是想指出，就建构论的发展而言，其重要性在于开拓一个更广阔的、在不同的语境下关于自然知识的经验研究的道路。切断与传统认识论偏见的联系似乎解放了对科学的自然主义研究，使其能够探索以前从未关注过的题目、背景，并去发展新的方法。从历史学家的观点来看，这个结果是对科学及其所有相关范畴的彻底历史化：发现、证据、争论、实验、专家、实验室、仪器、图像、规则。这些主题已经被当作历史的、有疑问的构造物来研究，这需要语境的解释，而不是通过先验的哲学分析来探究（Pestre，1995）。因此，哲学讨论本身被迫与社会学家和历史学家的经验研究进行对抗，由此显著地被丰富起来。正是从这个意义上我们可以说，通过被布鲁尔提升的维特根斯坦的构想，跨学科的科学研究成为"曾经被称为哲学学科的继承者"（Bloor，1983：chap.9）。

经验的科学研究与哲学分析之间的变化关系也被强调作为实践的科学所证明。强纲领的先驱者倾向于从先前的历史和哲学研究接手，即科学最好被当作一个观念体的假设。像奎因（W. V. Quine）和海西（Mary Hesse）这样的哲学家认为，科学知识的模型是一个互相联系的概念和信念的网络。这似乎解释了它如何根据新的实验发现来进行变化，却又允许它们有选择如何调节的自由。然而，正如建构论者的探究所表明的，分析家越来越多地倾向于非正统地把科学看作是一系列实践活动的观点。科学被认为是人们所从事的一系列活动，而非纯粹的智力成就（Pickering，1992：1-26）。这种观念的转换归功于某物对现象学和诠释学的影响，但这与那些被哲学所激发的社会科学方法有更直接的联系。解释社会学与人类学更易于研究人们如何去做，而不是人们如何去想。遵从这种方法的科学研究倾向于放弃重建概念结构，而把注意力集中于提供他们观察的实践活动上。

当然科学从业者也在思考，一些建构论者的研究对于认知过程有一定程度的兴趣（如 Gooding，1990）。但思想本身也可被认为是一种实践活动，与其他活动紧密联系，例如，对材料、仪器的操控，图像的产生和传播，制造模型和分析论证，以及所有这些科学家们互相交流的方式——对话、撰写报告、申请拨款、为专业期刊撰写文章，等等。跟随自然主义者的动向，那些对科学知识建构的探索通常避免了关于这些活动中哪个是最重要的，哪些是次要的假设。例如，语言的运用不仅仅被看作是用来交流已知的东西，也是建构知识的实践活动之一。所以，在实验室工作台上、在演讲厅里、在期刊文章中以及在电视纪录片中所用的语言都值得研究；每种场合下所用的语言都服务于其知识的产生。

在专注于实践方面比自然主义观点或倾向有更多争论的，一直如何定义社会维度的科学知识的问题。虽然"社会的"这个形容词经常被用来描述建构论，但事实上，社会因素在制造科学知识的过程中如何被明确提出，或其应该被归功于什么样的解释性角色，这些问题都未达成一致。强纲领使用对称公设作为楔子来为采纳科学信念的社会解释创造空间。布鲁尔声称这种解释应该说明科学信念如何追溯其社会原因，诸如科学共同体的结构或者被包括在内的利害关系。爱丁堡学派成员所发表的历史案例研究普遍地认为，它是具有因果关系和宏观社会性的，它试图把个人信念与学科群体的社会阶层或地理因素联系在一起（Barens and Shapin，1979）。

另外，关于争论的社会学研究与大规模的社会力量没有任何联系，其中以柯林斯（Collins，1985）的争论最为著名。柯林斯重申了爱丁堡学派的方法，即经验证据或科学方法准则都不能使得特殊信念的采用从逻辑上变得引人入胜，所以社会原因一定是决定性的。但是，他所提出的社会原因比强纲领所支持的在规模上要小得多。柯林斯把注意力集中于由一小群科学专家做出的有条件的判断和谈判上。争论由"核心人物"来决定，即一小群对该问题有密切关注的专家。更大规模社会结构和兴趣（如那些种类）在这些案例的操作中并未出现。

由于科学知识社会学积累了更多的案例研究，远离大规模社会解释的倾向被巩固了。拉图尔和沃尔加（Steve Woolgar）的《实验室生活：科学事实的社会建构》（Latour and Woolgar，1979/1986）是专业研究实验室的人种史研究领域内的先锋之作。诺尔-塞蒂纳（Knorr-Cetina，1981）和林奇（Lynch，1984）也属于第一批从事对实验科学家的科学活动做直接观察研究的人。这些研究有代表性地关注某一单独的实验室；他们普遍表现出对实验室之外的社会力量的淡漠。他们认为，研究者小团体之间的互动比大规模力量更加具有"社会性"，如阶级或政治运动。然而似乎可信的是，它理所当然地暗示了一个比之前所声称的更加严格的关于与科学实践理解相关的社会语境的说明。随之是一种对目标的漠视。一些实验室研究受到民族方法学的影响，其作为一种关于日常活动的社会学研究进路，拒绝接受关于社会活动的因果关系解释（Lynch，1993：90-102，113-116）。

科学的社会维度假设遇到的最激进的挑战来自拉图尔和卡隆的行动者网络进路。特别是拉图尔，他认为这种进路对传统"社会"观点的挑战不亚于其对传统科学概念的挑战。他描述了科学家和技术专家所从事的实践活动如何在创造自然知识的同时改变了社会世界。因此，借助于社会学分类去解释科学实践是不合适的。相比于尝试野心勃勃的因果关系解释，分析家更应"追随"科学和技术的从业者们，因为他们操纵材料的、社会的和语言的实体（Latour，1988b，1992）。"社会"一词在《实验室生活》第二版中被意味深长地放弃了。

这些争论在历史学家看来也许是很抽象的，但这并不意味着这与历史实践无关。相反，历史学家们自己已经抓住了详细说明与科学可被理解的有关多种语境的问题。他们描述了许多不同科学家们的工作涉及的社会团体：学科、制度、团体、研究小组，甚至是国内和国际的社会团体。一些分析只处理社会层面中的某一层面，但大部分试图整合其中的两个甚至更多的层面。甚至于那些主要关注单个制度或研究团队的历史研究也喜欢参照更广泛的背景。对更大规模社会力量的分析在解释为何地方实践采取这样的形式方面经常被认为是必要的。这就是夏平和谢弗所做的著名研究工作的案例，我会在第1章中讨论。他们利用了英国17世纪中叶国内战争之后稳定的按等级划分的社会关系的重建，来解释伦敦皇家学会的实验科学活动。在格雷沙姆学院（Gresham College）的会议室中所发生的事情据称是更反映了王政复辟时期英格兰更广泛的社会安排。

一些历史学家可能会感觉在任何特别的案例中的相关社会语境的问题都是经验主义的，应该由证据基础决定。但是这里当然也有处于危险中的综合分析性的问题，关注于我们从何处寻找证据以及我们如何表达我们的解释。我们如何定义与科学实践相关的"社会"的问题，以及什么是该实践活动的适当的语境解释，这需要理论的考虑与经验研究。在这个讨论中，对社会学家一直在说的那些东西进行密切关注就非常有价值了，尽管这个问题仍旧是非常开放的。历史学家也有兴趣解决"建构论有什么社会性"的问题。在一个更广泛的关于建构论进路的起源的回顾之后，这就是我将要转向的问题。

第1章　建构论概述

自然历史存在的唯一条件是，自然事件是一些思维存在或存在的活动，通过研究这些活动我们能发现他们所要表达的思想是什么，并使我们自己思考这些思想。而这个条件可能没有一个人敢于声称能达到。因此，尽管在表面上与历史相似，自然界的发展过程并非历史过程或我们关于自然的知识，举例来说，年代学的大事记并不是历史知识。

科林伍德《历史的观念》（Collingwood，1946/1961：302）

在类似于天文学和物理学的突破带来的影响中，当他们抛弃了形而上学的"为什么"的问题转而积极去探求"怎样"的问题时，人文科学也替代了对"真实"信念的探究（上帝或外部世界的存在，或者是数学或逻辑原则的正确性）以及对那些信念的起源进行历史的考证。

皮埃尔·布迪厄《科学推理的特殊历史》（Bourdieu，1991：4）

1.1　从库恩到科学知识社会学

库恩的《科学革命的结构》（Kuhn，1962/1970），明显地悖于作者的愿望，已经开始逐渐地被认为是建构论运动的先驱。因此，很值得我们去充分地讨论库恩，以了解他对科学论的这一进路的发展有何贡献。这不可避免地将是一种选择性的解读：这与库恩自其他地方所给出的图景十分不同，例如，在科学哲学的研究中，即他与卡尔·波普尔及伊姆勒·拉卡托斯共同讨论理论选择的合理准则的领域。我将要描述库恩专注于一系列相当不同的问题，包括科学中的事件推理、教育学中权威的角色、争论的属性和对科学共同体的定义。以上这些以及其他的问题于20世纪70年代和80年代初被强纲领的支持者在评论库恩时提出来。爱丁堡大学的大卫·布鲁尔和巴利·巴恩斯展示了库恩的工作如何为建立一个建构论的科学知识社会学提供了有价值的资源。

我赞同布鲁尔和巴恩斯对库恩的某些方面的安排，但是我还想展开其工作的更直接的史学含义。虽然库恩的哲学倾向是很明显的，但他不是一个社会学家，其首要的学术关切是历史。因此，他在历史学家中的直接影响受到限制是荒谬的。外行人可能会认为库恩是近几十年来卓越的科学史学家，但是行内很少有人追随其历史变化的纲要性模型。库恩因创造出宽泛的编年史的和清晰的哲学意义的工作而得到广泛的认可，其观点可追溯到普利斯特利和惠威尔。但是正如史蒂夫·富勒（Steve Fuller）提到的（Fuller，1992：272），很明显库恩是"学究式宏观科学史"派的最后一个有贡献的人。我们可能会思考关于他的编史学工作的含义能给我们什么样的启示。库恩的方法中的一些部分被证明是对宏观科学史中传统叙述主题的彻底颠覆。

　　众所周知，库恩的工作建立在对"常态"和"革命的"科学的区分的基础之上。对于每个科学领域，他认为都有一个成熟的普遍模式，尽管其出现在不同时期的不同学科领域。当调查研究缺乏连贯的组织性或目标时，这个混乱的起始阶段被"范式"的成就所继承，库恩将其定义为"暂时为实践者群体提供模型问题和解答的被普遍认可的科学成果"（Kuhn，1962/1970：viii）。当得到其范式后，一个成熟的学科将会进入常态科学的阶段，在此阶段中科学研究将会被导向于发展范式以及应用该范式来解决适当的问题。常态科学最终会随着阻碍企图继续应用范式的"反常"（公认的方法所解决不了的问题）的积累而导致"危机"而崩塌。这时科学革命将会发生：一个新的范式将取代旧的范式，在这个交替过程中既包括了科学家们在其中被操纵的心理构架的变化，也包括了他们的共同体的社会组织的改变。革命巨变之后，常态科学会重新被新的范式所控制。在科学革命的例子中，库恩提到了与历史变化相关的一些科学家的名字，如哥白尼、牛顿、拉瓦锡和爱因斯坦。

　　从某种程度上讲，对库恩工作的多样化解读是其模棱两可的术语"范式"所必然导致的结果。一个注释者在库恩的文本中识别出了这个词的不下二十一种不同的含义（Masterman，1970）。这可能稍微有些夸大，但毫无疑问这种含糊不清的状况是存在的。然而，对于什么是解决这个问题的最有效的方法仍不明确。在其著作的第二版中，库恩自己区分了"范式"的两个含义。首先，是"被一个特定的共同体成员所共享的一整套信念、价值观、技术等"（库恩称其为社会学观点）。其次，是"被作为模型或范例的具体的疑难问题的解决方法，可代替作为常态科学现存的疑难问题之解决基础的明确的规则"[库恩说这层意思是"哲学上……两层含义中更深的一层"（Kuhn，1962/1970：175）]。

　　但是，构建论的评论者综合了这两种定义的一些要素以诠释这个术语。他们接受了第二种定义的基本构架，但是又把它与第一种定义的社会学上的应用相结合。巴恩斯与布鲁尔以及新近的约瑟夫·劳斯（Rouse，1987：chap.2）认为，范式概念作为一个具体的典型——一个模型问题的解决方案——为传统哲学观点提供了一个实用主义的替代品，该哲学观点认为科学被一种理论、世界观的逻辑结构所统治。如果范式首先被看作是一种模型，那么科学更像是一种被公认的观念，而非某些理论结构的逻辑推理所控制的实践推理计划。对于范式的这种理解已被表明，既更具有哲学的深度，又在社会学上更富有创造性。

在库恩的文本中，有许多关于范式的实用主义概念的依据。当他提出科学教育主要是通过传递具体的范例而起作用的这样一种观点时，他指出这样一种范例"不能被完全降低为一种逻辑上的、其作用可被替代的原子组成"（Kuhn，1962/1970：11）。一个范式与其说是一系列可进行推理的规定，不如说是包含了一种模式或模型："就像一个在普通法律中被公认为是公正的判决一样，它是在新的或更严格的条件下达到更高的清晰度和规格的一种目标"（Kuhn，1962/1970：23）。相似的推理在一个范式的应用中起着很大的作用，因为"只为一种现象而发展的范式当运用到与其相近的现象中时将会是含糊不清的"（Kuhn，1962/1970：29）。库恩通过类比给出了范式延伸的两个例子：在 18 世纪和 19 世纪初，把热力学理论应用到化学和物理学现象的范围中的工作；以及同一时期的理性力学的划时代性事业，致力于扩展牛顿运动定律的范围，使其能覆盖地球和天体的运动。在每种案例中，当范式模型被扩展到新的现象中时，就需要使重要的实验和理论工作运用到新的情况中去。而这些应用在最初的范式中是不能被提前明确提出的；它们更多的是范式的、新的和创始性的扩展。

这种关于科学前进方式的观点与布鲁尔和巴恩斯所描述的"有限论"的观点相一致。布鲁尔将"有限论"定义为"这样一个论题，即一个词语所确立的意义并不能决定其将来的应用……意义由应用的行为给出"（Bloor，1983：25）。巴恩斯又补充道，"有限论否认固有属性或意义依附于概念，以及决定其未来的正确的应用；因此它也否认真理或谬误是陈述的固有属性"（Barnes，1982：30-31）。库恩和布鲁尔及巴恩斯利用了相同的哲学资源，在范式的应用和各词语意义的关联之间做了比较。维特根斯坦首先认为，词语的意义并非源于一个能够详述其所有可能指称的详尽定义，而是通过分析一个一个的例子来扩展其用法的一个过程而得到的。例如，为了学会把术语运用到一组实际活动中，我们没有必要知道"游戏"一词的本质，或者能够对游戏所有的特点做一个完整的定义。通过试错，当我们了解惯常可接受的应用范围时，我们就了解其意义。库恩提道：

同一类事物可能会很好地保持不同的研究问题和技术，它们是在单一的常态科学传统中产生的。这些事物的共同点不在于它们满足一些清楚明确的或者甚至是一些完全可被发现的一套规则和假设，这些规则和假设赋予传统其自身的特点及其对科学精神的把握，而是通过相似和模仿与科学文集的一部分相关，这些被讨论的科学共同体已经被认可为确定的成就之一……范式可能比任何一套能从其中明确地提取出来的研究规则更优越，更具有束缚力，更完美。（Kuhn，1962/1970：45-46）

那么，我们得到的图景是，代表性的成就屈服于在范式的扩展过程中被证明是适合解决适当问题的一组技术。一个范式不像一系列的理论命题或方法论规定那样明确详尽；它不是通过来自预设的逻辑推理而得到发展的。范例是被作为一种模型问题的解决来了解的，并通过一些被认为是相似现象的事物的类比而得到应用的。当新的现象所呈现出的问题被解决时，范式会随着时间的流逝继续坚持扩大和改变其范围。

就像范例问题的解决方法一样，范式通过观察和实践的方式而被了解。在库恩看来，科学教育的相当大一部分过程是由传授不相关的技术和解释性的安排所组成的。年轻的科学家所必须具备的这种感知和运动能力不能完全用一套规则加以说明。例如，任何一个具有在学校学习解剖技术经验的人都会想起，在书本文字中学到的东西有多么少，而来自老师的指导、修补以及与将自己的发现与其他人比较有多么重要。那些追求进一步科学教育的人会对掌握一门特有的实验技能而得到的成就感比较熟悉，而且也会同意除了通过实践来学习，没有其他途径可以让人体会到这一点。库恩引用了来自哲学与物理化学家米切尔·波兰尼（Michael Polanyi）的说法——"意会知识"，来描绘在接受某一特定范式的训练过程中科学家所学的大部分知识的特点。波兰尼认为，科学实践需要基本技能的学习："当我们接受一套特定的假设并把它们作为我们理解性的框架时，我们才能说我们对它们就像对自己的身体一样了解……由于它们自身是我们的最终框架，它们本质上是不明确的（Polanyi，1958：60）。看来，与其说科学教育是像逻辑推理的过程，不如说是传统技艺的学徒期。因此，杰罗姆·莱文兹（Ravetz，1971）在其把波兰尼的观点作为出发点的著作中，将科学视为"工匠的工作"。

这个诉诸巴恩斯和布鲁尔的观点更多地将科学视为文化的另一方面。作为一种技术，科学似乎对理解其建构的自然主义进路更开放；这就使它周围的认识论的障碍减少了。那么，将科学信念看作是在教育制度中被相关权威所灌输的，并被特定共同体的传统所维持似乎是合理的。波兰尼（Polanyi，1958：53）的"通过范例来学习就是屈服于权威"的观点引起了巴恩斯的共鸣，他写道："作为科学文化核心的范式通常就像文化一样被传播和维持：科学家们将其作为训练和社会化的结果而接受和遵从，并且这种承诺被一种称为社会控制的发达系统所拥护。"（Barnes，1985b：89）

这样的一种观点打开了一个大范围的可能研究道路，该道路是关于科学教育的、关于研究制度工作的，以及关于科学权威维持方式的经验主义。在接下来的一章中，我们将要从社会和历史的角度来探讨这些研究。在分析这些问题时，建构论的研究已经与曾经盛行的对科学社会关系的理解方法决裂了。从传统意义上讲，科学已被看作是被一特定的制度所维持的，而这个制度对科学的繁荣可能是必需的，但其并未对信念的内容构成影响。然而，建构论的观点认为科学通过社会关系而形成，其核心是什么被接受为知识以及如何追寻知识的细节。库恩可被解读为支持一个立场或者另一个，这取决于读者的判断。对于"强纲领"派的支持者来说，越重要的解读就越是根本的，他们认为科学是完全社会性的。这种解读建立在库恩的评论的效果上，即认为范式是对科学共同体定义的整合。

库恩将 18 世纪中期电学研究者（被称为"电力技师"）作为被普遍认可的范式所定义的科学共同体的一个例子。他注意到，在 18 世纪 40 年代本杰明·富兰克林（Benjamin Franklin）的工作之前有大量关于电学性质的观点，但大多数观点只是被单个的实验者所支持，并且源于所有已知的实验中有限的部分。富兰克林的研究工作主要集中在莱顿瓶（Leyden Jar）上（一种能储存大量电荷的装置），导致其电学流体理论的创立。该观点认为，中性物体含有一定量的电子流入正常的可测量的物质中，并可通过增加或减少该流体而呈现正电或负电。这个理论为导电和中和现象做出了合理的解释；它似乎给了莱顿瓶如何充电这个问题一个看似合理的解释；并且它甚至被扩展到解释大多数（尽管不是所有的）带电体之间相互吸引和相互排斥的原因。库恩认为，"富兰克林的范式……表明哪些实验是值得进行的，哪些……是不值得的"（Kuhn，1962/1970：18）。这一理论为一个突出的问题提供了示范性的解答，结束了对立解释之间混乱的争论，并给了电学家一个条理分明的深入研究的计划。

库恩关于富兰克林理论应当被指定为一种"范式"的观点，被一些随后的历史研究所质疑。而我所关心的并不是这一问题，而是库恩将范式的成就等同于研究者社会共同体的巩固。他指出"范式的出现影响了该领域从业者群体的结构"。富兰克林的工作表明"电学家联合体"完成了一个"更加严格的定义"（Kuhn，1962/1970：18-19）。那些不愿采纳富兰克林模型的人在研究工作中遭到孤立。似乎科学团体的团结是对范式的一致接受的结果，它是在对特定科学成就的认可的基础上联合起来的一个有条理的社会团体。在这一点上库恩没有谈及可能被称为团体"外部的"社会学维度。他没有描述这一团体在科学或教育制度中的位置，以及其成员在社会中的地位。这意味着范式所取得的成就之外的因素对社会凝聚力来说是次要的。

然而在其著作第二版的后记中，库恩似乎修饰了这个观点。他指出其假设有一个内在的循环，即"范式是科学共同体的成员共享的东西，反之，一个科学共同体组由共用同一个范式的成员所组成"（Kuhn，1962/1970：176）。他认为，如果调查研究开始于"一个科学共同体结构的讨论"，那么这个循环就成为可被避免的问题的来源。科学制度的客观研究可为各种范式的社会影响提供地图坐标。相应地，库恩提及了在罗伯特·默顿（Robert K. Merton）传统下工作的社会学家所做的研究，他们描绘了现代科学的一些制度特色。他们注意到一些因素，诸如相同的教育经历、职业判断的高度一致性和服务于特定规则的出版物及组织，作为维持科学共同体社会凝聚力的外部条件。

然而，从强纲领的观点来看，试图识别一个独立于科学家所致力于的特别的实践形式，就是背叛了被范式概念所暗示的基本观念之一。根据彼此的需要而定义一个社会团体和一种实践形式的循环不是恶性的。当然，它接近于巴恩斯和布鲁尔所引用的维特根斯坦的"语言游戏"或"生命形式"。对于他们来说，探索各种给予其工作吸引力的、围绕实践的示范性模式而形成的共同体完全是出于库恩的意愿。这些团体会被认为比科学学科的数量更有限，当然更不如被默顿学派社会学家所研究的职业科学家的数量。库恩建议，研究其认同被对特定实践模式的忠诚所束缚的更小规模的团体是必要的。然而在制度或学科意义上，描述这些团体的社会位置是有可能的，其认同将不会在这种意义下被定义。当然，他们的定义特征是围绕他们研究科学的特别途径的统一。只有用这种分析方法我们才有希望揭示出社会关系是怎样渗透到科学实践的核心的。

　　库恩注意到，根据外部制度的标准定义共同体，对聚到一起研究特定现象跨学科团体的孤立起不到帮助作用。他举了一个"噬菌体小组"的例子——生物化学家、微生物学家和遗传学家的共同体，在 20 世纪 40～50 年代进行了细菌病毒研究（Kuhn，1962/1970：177）。巴恩斯谈论到"亚文化"的研究，这个研究库恩的工作中已叙述清楚。库恩声称：

　　科学的亚文化的意义，以及从业者群体组织所维持的公共活动的意义是多么深远和普遍。文化远非是科学研究的背景；它是研究本身。不仅问题、技术和存在的发现在文化上是明确的；理解和领悟现实的模式、推断和分析的方式，以及判断和评估的标准和先例实际上也都在研究过程中得到了应用。（Barnes，1982：10）

　　在库恩的分析中，最清楚的地方是他对发生在范式之间转变过程中的争论的处理。他宣称，在科学革命中互相竞争的范式的拥护者在辩论中是不能满足的，最后可能被证明是不能令人信服的。新范式的支持者几乎不可能继续为旧范式的辩护人提供他们更优越的决定性证明。这是因为范式本身就是未解决的问题，是那些解决问题的技术和评估解决方法的标准的来源。科学家的感知能力在为其特定的范式挑选有意义的数据的过程中得到了改善。此外，因为皈依于一个范式需要获得对特定仪器的使用技能，所以可以说不同范式的追随者生活在不同的感知世界。我们不应该期望他们能够在某一组数据上达成一致，因为双方的范式都对其有自己的评估。相反地，新范式可以容纳新的数据，而这些数据处于旧范式认为有意义的数据范围之外。

　　因此，库恩说，"再没有比相关共同体的赞同意见更高的标准了"，范式之外，在它们都能被衡量之前，没有中立的标准。这是一个"不可通约性"状况。"当范式出现时，它们必须进入一个范式选择的争论，它们的角色必定是循环的。每个群体在范式的防御中用它自己的范式去争论。"（Kuhn，1962/1970：94）在这种情况下，某一个范式的优越性的逻辑证明是不能被预期的。"两个科学学派关于问题是什么和结论是什么方面产生异议时，就其不完善同样重要而言，当争论他们各自范式的相关价值时，他们不可避免地通过彼此来谈论。"（Kuhn，1962/1970：109）库恩利用维特根斯坦的措辞来帮助他自己，他指出在竞争的范式间的选择是一种"不能共存的共同体模式"之间的选择（Kuhn，1962/1970：94）。

维特根斯坦式的措辞表明，在范式间的争论中，每个群体中有多少意义是处于危险之中的。它也暗示争论也许可依据涉入的亚文化的社会组织而被理解。这是建构论社会学家和历史学家从库恩那里学到的最重要的教训之一。在库恩的著作问世之后的 20 年中，出现了无数关于科学争论的研究，甚至比库恩所提出的偶尔发生的革命的图景还要频繁。那些被柯林斯（Collins，1985）引领的研究是用他们自己的方式进行的"范式"研究，证实了库恩的观察，即在这样的争论中根本性的价值会被揭示出来。在评估有争议的现象时，参与者表达了那些难以言喻的方法规则。库恩的通常被称为"意会知识"的概念在争论中逐渐浮出表面的观念，被证明是其著作中最富有创造力的洞察力之一。另外，揭示"共同体的生存模式"是如何被涉及的也被证明是有可能的。参与者在争论中频繁地展开关于其他科学家的专门技能和可靠性的社会假设，或关于他们合作和交流的方式是否适当。有时，争论确实看起来是关于研究共同体如何被组织的，或科学通常是怎么样被引导的。

20 世纪 80 年代，历史学家也开始从事关于争论的研究。马丁·路德维克（Rudwick，1985）和詹姆斯·西科德（Secord，1986）都用维克多时代丰富的地质文献来表明，关于地层顺序的理论如何因专家之间被延长的争论而获得一致接受。史蒂芬·夏平和西蒙·谢弗的《利维坦与空气泵》（Shapin and Schaffer，1985）带来了与被他们描绘为现代实验科学起源的转折点相关的争议研究的技巧。17 世纪 60 年代，波义耳和托马斯·霍布斯（Thomas Hobbes）之间的争论，聚焦于空气泵以及对其有所帮助的诸如空气压力等实验现象。但是，正如夏平和谢弗所展示的，通过否定波义耳所宣称的"事实"的可靠性，霍布斯含蓄地质疑整个使得实验知识成为可能的"生命形式"。通过认真考虑霍布斯的反对意见，使得从外部通过不将实验方法视为理所当然的方式来描述波义耳的建构实验知识的技术成为可能。实验被认为依赖于文化上的成功，该文化包含了特定的物质仪器、特定的修辞学和文学技巧，以及一个特定的社会组织形式。围绕皇家学会（霍布斯被拒绝的地方）内部的实验活动的条理性被认为与英国王政复辟时期为确保国民安全所采用的手段是类似的。夏平和谢弗的研究因此成为一种社会学研究，一种固定于争论的经验主义研究，而不是一种传统的社会历史：它开始于"技术"真相的争论，并在处于危险之中的广泛问题上被公开地争论，而不是从内部的社会环境到技术内容的争论。作者对于争论的研究，以及通过这种研究，达到库恩关于互相竞争的范式之间的不可通约的争论的描述是清晰的。

为扼要概括起见，我们能区分建构论进路所贯彻的库恩分析的三个特征。首先是形成科学实践的认识是通过权威的关系学习的，并通过使科学团体保持意见一致的社会纪律得到维持。就像金（M. D. King）在库恩的一个观点讨论中所写道的，这使得科学彻底成为"一个传统权威的系统"（King，1980：103）。其次是被某种问题模型的解决方式所支配的科学实践的图景，理论概念、方法和特殊仪器的使用暗含其中。然而这些暗示的价值在明确规则的形式上不是完全明确的。因此，新形势下的模型的应用不是通过逻辑推理，而是通过实用主义的判断来决定的。科学研究不是像计算机逻辑那样需要一步步推理，它更像传统行业中所实践的技术性判断。最后是支配科学实践的某些最重要的价值是相当狭隘的，频繁地被具体到比一个学科的所有从业者更小的亚文化当中（如所有的物理学家）。这些局部文化价值与社会生活形式紧密联系，而且在争论中会被一定程度地表达出来。

　　这些是对库恩的建构论解释的基础。当强调科学研究的"自然主义"进路论点的时候，这对强纲领的支持者们很有吸引力。当科学被认为是"一个传统的权威系统"、一个行业活动和一种"局部知识"的形式时，它与文化的其他方面等同的观点的合理性就被巩固了。自然主义或方法论相对主义似乎成为可采用的适合立场。我们似乎必须将真实和正当性的问题搁在一边，以便理解科学知识在不同文化环境中所呈现的形式。

　　然而，强纲领也有一些并非源于库恩的根本关注点。对科学信念的社会原因的兴趣就是其中最重要的关注点之一。布鲁尔解释了他和他的同事试图了解科学知识如何由社会条件所引出的。这事实上就是他为强纲领指定的四个权威原则中的第一条（另外三个是"公平"和"对称"——现在通常合称为"对称公设"——和"自反性"，即要求类似知识社会学的解释应该也适用于其自身（Bloor，1976/1991：7））。他强调说，没有任何迹象表明社会环境能单独解释信念："强纲领声称社会组成总是在知识中出现并构成知识的要素。这并不是说它是其唯一的组成要素，或它是那种必须被定位为任意一种变化的导火线的要素。"（Bloor，1976/1991：166）然而，纲领的整个趋势是通过参考社会领域向解释科学信念的方向发展，对于布鲁尔来说，这些解释在形式上有因果关系是很重要的。布鲁尔坚持认为，除非社会学的解释可以表露特定信念的原因，知识社会学可以对科学的地位做出声明，即知识社会学对科学的成功是至关重要的。这意味着科学无法了解它自己——"我们文化核心中最奇特且具有讽刺意味的一点"（Bloor，1976/1991：46）。

　　虽然库恩的范式概念有一个非常突出的社会维度，但它在完成其目标的过程中并未提供任何更多的东西。库恩并未将其研究工作作为科学知识的社会原因呈现出来；他的叙述也没有更多地提及科学共同体之外的事件。他利用了在当时的编史学讨论中很流行的"内部"技术因素和"外部"社会因素之间的二分法，对由哥白尼所引发的革命的"外部"原因的重要性一带而过："在一个成熟的科学学科中——当天文学已经成为古董——外部因素……在决定崩溃的时机中的作用是非常显著的，对其识别是非常容易的，并且由于被给予了很高的重视，其领域的崩溃最先发生。尽管这类问题非常重要，但他们不受该文本的约束。"（Kuhn，1962/1970：69；Shapin，1992）强纲领的实践者们因此被强迫从其他领域寻找其项目该方面的资源。

有两种策略被揭示出来。其中较重要的一个是识别被单独的或小组的科学家持有的"利益"，并用这些来解释他们所做的选择和判断。该策略部分地由德国哲学家尤尔根·哈贝马斯（Jurgen Habermas）（Barnes，1977）关于"知识-构成利益"的工作所激发，但其焦点具体地指向科学的社会动机的影响。一个突出的例子是唐纳德·麦肯齐（Donald MacKenzie）和巴恩斯的关于 20 世纪早期英国遗传学中"生物统计学家"和孟德尔学派之间争论的研究工作（MacKenzie and Barnes，1979）。在考虑到该争论的双方可被不同的证据组或专业训练的差异所解释后，麦肯齐和巴恩斯认为更广泛的社会利益应被涉及。为生物统计学家的平稳和持续的进化论改变的理论做辩护的卡尔·皮尔逊（Karl Pearson）认为，应将这些看作是其人类进化的优生学目标的合法化方式。对人类特质（如果这些特质随自然持续变化）的修改的蓄意干涉如果成功的话，将会使这种观点看起来更合理。威廉·贝特森（William Bateson）采取孟德尔学派的关于进化可以突然发生跳跃的观点，反对优生学的观点，并轻视其所服务的世俗的中产阶级利益。麦肯齐和巴恩斯认为，对该争论的解释应该将冲突中的社会目标作为其主要角色。

自强纲领以来的建构论研究中，利益的革新在因果关系的角色方面有一个混杂的命运。一方面，参与者的目的或目标通常被引用来解释他们的信念，尽管他们通常不会被正式地定义为特殊的因果关系"利益"。例如，安德鲁·皮克林（Andrew Pickering）在他的《建构夸克》（Pickering，1984）中，将这种解释与最近的高能物理的历史事件联系起来。他认为，他所讨论的物理学家被一种"语境中的机会主义"的态度所引导；他们通过发展新领域的工作来寻求使用其特殊的专业技能，从而做出决定（Pickering，1984：10-13，187-195，403-414）。这似乎是采用了夏平的理论所做出的解释，夏平认为科学家们可能是被复杂的技术技巧和"代表了一组可观的科学共同体内部的利益"所引导（Shapin，1982：164-169）。这里没有规定相关利益总是作为一种"外部"的种类；它们也许更多地被期待出现在特定的学科或亚文化之中。

然而另一方面，一些社会学家使得利益范畴受到严格的批评，认为它不能是一种可以将解释基于其上的稳定的实体。沃尔加（Steve Woolgar）认为个人不断地遵从他们的利益，而这些利益服务于在证明特殊行为过程中的基本修辞学功能（Woolgar，1981）。其他人认为任何种类的因果关系的解释，都不应成为对人类行为的社会分析的目标（Lynch，1993：57-60，65-66）。皮克林自己最近描述了在科学实践的交锋过程中有转换倾向的目标和兴趣。个体在抵抗物质世界为其在试图完成其目标的过程中设置障碍时，也许会修改其目标和方向（Pickering，1995a：63-67，208-212）。这些争论似乎并未引起历史学家的广泛注意，但是许多历史学家参与了近些年人文科学的主要活动，把提供事情的因果解释的企图和对人类行为的解释性描述引入歧途。就是因为这个原因，尽管对历史学科的目标和目的的非正式的定义仍然是历史学家实践的一部分，但是很少有人愿意详细说明作为独立行动原因的利益。

　　另一个因果解释的策略由使用社会凝聚力和社会区别分类的爱丁堡学派所探究。布鲁尔在讨论库恩对科学革命的阐述时提到了这种解释。库恩概述了一个革命所经历的阶段，他认为旧范式中的反常积累将导致突然的"格式塔转换"，从而形成一个新范式；但是布鲁尔和巴恩斯对此却几乎只字未提。在布鲁尔看来，政治革命与心理概念之间的模糊类比不能代替对范式转换深入的社会研究（Bloor，1983：142-143）。他指出，这种研究将会抵制一种观点，即反常的简单积累本身就会导致危机。最有可能出现的情形将是这样的：不是每个范式中的人员都能意识到这种反常，或者认为他们正在从事某种会危及范式本身的研究。考虑到范式可适用到新现象的这种可塑性，共同体的成员总是可以说只要对现有范式进行修改，就可以适用于某些人所认为的反常。由于辩护者有足够的创造力和充分的资源，现行的范式仍然可以得到无限期的保留。其他的观点，诸如完全忽略反常并坚持其他领域范式的发展，都是可能的。

　　那么，为什么一个范式还需要改变？布鲁尔认为，这个答案需要关注范式共同体的社会特质以及其内部各个力量的平衡。反常本身无力改变任何东西，除非有拥护者坚持其重要性并提出一个新的范式去解释它们。接下来会发生什么——或者一场变革发生，或者反常被忽略——将取决于共同体的社会结构。布鲁尔基于人类学家玛丽·道格拉斯（Mary Douglas）的工作成果，发展了一种共同体的类型学，试图用以预言一个权威范式的辩护者与反对者之间争论的成果。他认为，对一个共同体的层次和相对开放性的评估，可以用来预测反常将是多么容易被接纳，且多么愿意去替代一个权威范式（Bloor，1978，1983：138-149）。

　　布鲁尔关于范式共同体的"网格群"（grid-group）类型学还未被广泛采纳，或许是因为对于那些不认可他关于科学变革的因果关系解释的历史学家们来说，该观点过于纲要性。然而，他对库恩的解读指明了另一个其他人认为值得追寻的方向。注意力从这样的反常转移到了有特殊目的的参与者对这些反常的解读。与其问："反常是什么？"不如更适合地问："谁声称有反常存在？它们怎样成功地使其他人信服？"这类问题打开了通往探究科学共同体内部资源分配的大门。正如其常态科学的图景，库恩对科学变革理解的贡献是可以被解读的，不是作为一种"理论"，而是一系列通往更多探究的指向标。正是由于他将精力转向维持科学学科的权威和模型，所以他强调了反常作为科学变革的因素的出现。然而，关键在于人们认为反常不能被看作是独立运行的；它们只能作为人类手中的工具来推动具体领域的发展。这是对库恩的强纲领的解读中出现的一个重要观点。

正如我所强调的，这种解读很片面。毫无疑问，库恩本人并不同意。其《科学革命的结构》之后的研究工作并非都在该书所提出的强纲领所指示的方向上（如Kuhn，1978）。然而，正是由于对库恩的这种解读，科学研究的建构论研究工作大范围展开。该研究的主题包括：科学亚文化群的地域特殊性；围绕独特的实践模型和内在的方法进行的建构；逻辑上未确定的、可扩展性的科学工作；教学权威和社会控制在维持学科方面所扮演的角色；通过反常群体的流动所产生的可能变化对主流范式的影响。

正如我们所看到的，这些主题无论在时域还是地域方面，在研究中都得到了严密的关注。自库恩之后，科学的"微观历史"已经成为一个标准，在其中的一个单独的争论、制度、学科或者研究项目都在有限的时期内得到详细的审查。尽管部分地反映了其他历史领域的趋势，诸如社会和文化历史的地域性研究的逐渐盛行，这种紧密关注也是对建构论在库恩那里所发现的重要主题进行关注的结果。然而，这是被库恩自己未能贯彻其科学史的宏观叙述方式所预测到的。他的工作的权威（尤其是在社会学家和哲学家中）大部分源于其对从古代到 20 世纪自然科学历史的全面的支配；并且很显然库恩提出了一种新的形式，在这种形式中，大规模的宏观描述得以展开。读者可能期待看到一种编年史的关于每个学科中的主要革命以及相应的范式的叙述。但是期待的结果是令人沮丧的：库恩从未提供过这样一个阐述。当有人问及他文章中的一些必要问题时，他也不可能提供没有歧义的答案。当介绍范式的概念时，库恩提到了伟大科学家的工作，如哥白尼、牛顿、拉瓦锡和爱因斯坦（Kuhn，1962/1970：6-7）；但后来他又提到了大量的其他人名，如道尔顿和富兰克林等。他在其 1969 年的结束语中强调，他打算将"革命"这个术语应用到变化更频繁的少于 25 人的共同体中（Kuhn，1962/1970：181）。当然，这一术语也可运用于一个学科整体变换或创建的大规模事件中。在这种变化的观点中，连续的革命和范式的清晰图景不会呈现出来，也就不觉得奇怪了，即使在一个单一的学科中也是如此。而且在库恩之后，也没有人能创造出这样大规模的图景。

事实上，从库恩起，历史的宏观描述已经经历了快速的衰落。库恩将不连续性地引入普利斯特利和惠威尔所设想的流畅的进程，削减了辉格主义关于科学发展假说的正当性。但是没有人能提供一个合理的可供选择的编年史叙述。相反，历史学家把注意力集中在一系列具体的科学实践上，他们中的许多人与社会学家共同探索了库恩工作的建构论遗产。夏平和谢弗的争论研究是对相应的库恩主题的杰出认识，但是缺乏历史的视角。作者对作为现代科实验学基础的争论问题进行了描述和分析，但是这对发展和革新毫无意义，当然也就没有关于实验性的"生命形式"如何被维持下去的编年的叙述。将这种局部的研究结果整合成大规模的历史叙述的任务仍待完成。

1.2　建构论有什么社会性?

在 20 世纪 70 年代末 80 年代初,科学知识社会学起初沿着强纲领倡导者所预言的方向发展。当代科学的案例研究由诸如皮克林(Pickering,1984)和特雷弗·平奇(Pinch,1986)等研究者所提出,这些研究似乎例证了很多布鲁尔和巴恩斯通过对库恩的解读而提出的观点。科学实践成为一种开放性和无限定性的活动,科学家们既不必劳神于从现有观点进行逻辑推理,也不必在某一特定方向用一些不确定的证据来发展他们的观点。相反,他们做一些与地域亚文化相关的实践判断,在那里他们的资源与能力被发掘,并实现了他们特殊的目的。在争论中,这些(通常是隐藏起来的)承诺浮出表面。

新的论题也在被探索,尤其是那些在特定实验室中从事人种论研究的人,如拉图尔和沃尔加(Latour and Woolgar,1979/1986)、诺尔-塞蒂纳(Knorr-Cetina,1981)和林奇(Lynch,1984)。实验室研究使具体的局部实践以及研究成果与外部世界的交流手段更加明朗。建构论科学史的重要资源就是从这项工作过程中发展而来的。然而,关于导致 20 世纪 80 年代末科学知识社会学的衰落的原因仍存在重大的争议。诸如有关社会领域特征的这些关键问题被用来解释科学实践和已有解释的性质。拉图尔是解释科学实践观点的最出色的拥护者,其影响渗透到整个社会,从事具体科学知识的社会学家正在运用的范畴需要彻底的修正。那么需要什么样的修正呢?他建议,我们应该意识到应将非人类的实体作为社会参与者。由拉图尔的建议引起的争论相当激烈和广泛;他的建议对科学史应当如何撰写也有重要的启示。

当代科学最有影响力的开拓性案例研究是由柯林斯(Collins,1985)做出的。他的工作主要着眼于复制(replication),虽然它是关于科学知识普遍性的极为重要的传统观念,但以前从未被从实质上仔细观察过。标准的假设是,既然科学在本质上具有一般性,那么在理论上复制应该是处处可行的。柯林斯对此问题采取批判性和经验性的方法。他研究了那些已经被承认成功复制过的实验,以及那些在复制过程中仍具有争议性的实验。其中,他潜心研究的一次实验是在英国实验室中所重复的一种特定类型激光器的结构("TEA"激光器),据报道该激光器于 1970 年已在加拿大被建立(Collins,1985:chap.3)。在这个案例中,尽管决定何时可以成功地制作一台可工作的激光器是相当明确的,但实际上对于任何一个涉及该项目的工作小组来说达到这一点却远不止那么容易。柯林斯指出,为了在一个新地方重新制作一台该类型的激光器,大量的不能被记录的知识需要被传达。研究者参观其他的实验室以获取书面信息资料外的关于设备描述的信息,并且还要注意同行们的做法。有的技巧只能从那些经常待在有工作仪器的实验室中的研究人员和技术人员那里得到。换句话说，复制需要原始产品周边包含的大量亚文化的传递。一件复制品的成功更多是出自技巧性的判断和工艺，而不是遵循一系列的规则。就像柯林斯提出的，一个成功的重复没有一种"算法"（Collins，1985：143）——一种构成其怀疑态度的、可用计算机编程来指导实验研究的信念（Collins，1990）。

在其他案例研究中，柯林斯探索了复制是怎样失败的。这是一个试图证实 20世纪 70 年代早期约瑟夫·韦伯（Joseph Weber）声称探测到重力波的案例。在这个案例研究中，柯林斯强调了他所谓的"实验者的'倒退'"——一种不可能预先描述所有实验条件的情形，而这些条件则是该实验成功所必需的（Collins，1985：chap.4，5）。实验的结果只能通过参考一组复杂的相关因素才能被估定；只有方法被认为是适当的，仪器的选用也得当，调查者也能胜任等情况下，结果才能被接受。对所有这些问题成立与否，以及一个实验与结果是否一致的裁决，不依赖于此类复杂因素的判断。简而言之，因为后来的实验总是有些方面不同于原始实验，所以总是可以认为由于相关方面表现出的不同使得其与原始实验的比较是不公平的。虽然实施再次实验的人强调他正确地重复了先前的实验，并证实或描述了它的结果，但最初的实验者总是可以说第二次试验在某些相关方面出现了不同，因此不是一个有效的重复。对一个结果是否被真正地复制的评估总是取决于判断方式。对一个实验的两种版本之间的差别，总会被一个希望能够否定成功复制的批评家发现。柯林斯认为，在原则上说这种争论将无休止地持续下去。

事实上，争论并不会持续很长时间，许多新知识毫无争议地被接受。柯林斯认为，这主要归因于存在一种回避和解决争议的社会原因。科学家们并不总是挑战其他实验者的结果，因为大多数情况下，他们愿意把信任寄托在同行身上。那种把科学亚文化群绑在一起的社会关系是一致被接受的知识产生的基本条件（正如库恩的分析，权威之间的关系是常态科学的基础）。大多数科学家大部分时间生活在一个相互信任的基质中。只有当这种信任被打破时，其社会机制才会显露出来。争议可能并不总是冗长的或者频繁的，但柯林斯将它们置于科学社会学的首要位置，因为它们揭露了权威和信誉之间的隐藏在被广泛接受的知识中的关系。正如柯林斯著名的隐喻，它们使我们看到"一艘船是怎样驶入瓶子中的"。

将科学家置于信任网中是一种主要的方法，在该方法中柯林斯为他们提供了一个社会语境。该方法认为，正式的研究制度并不见得比科学共同体成员间的非正式联系更重要，例如"核心"研究者之间关于某一具体的有争议问题的交流（Collins，1985：142-145）。柯林斯所借助的社会关系对于科学家网络来说是相当内部的；考虑到被爱丁堡学派所偏爱的诸如等级位置或社会稳定性这些因素，他没有提到大范围的利益。最近，夏平在他的《真理的社会历史》（Shapin，1994）

中研究了 17 世纪与科学知识相关的信任网络的重要性。同柯林斯一样，他指出，科学知识的永久性和延展性取决于实践者彼此间对事实陈述的信任。除非研究者所报告的内容中有一大部分被他们的同事所信任地接受，否则将不会存在一个自然知识的真正实体。然而在科学共同体的形成时期，一般来说这些关系不能被认为是已经完成的并独立于社会的。夏平因此认为信任与信誉的关系不得不在 17 世纪的自然哲学家内部建立，并且是通过利用绅士的礼貌和信誉的普遍假设而完成的。在夏平看来，一个可靠的讲真话的绅士形象对于互信的实验自然哲学家共同体构建来说是一笔宝贵的财富。正是通过这种方式，夏平认为，爱丁堡学派对更广泛的社会图景的开放性对历史学家仍是重要的，至少当他们在研究现代科学共同体形成时期时是重要的。

　　然而一般来说，科学知识社会学的转移在很大程度上远离了社会的关注。在一些方面，柯林斯亲自例证了对地域性科学活动的范围限定的分析。在大量的研究中，实验室被定义为自然知识产生的关键要素，也是这种知识的社会维度被最好地理解的地方。据称在实验室中，自然的真相是通过运用该处集中的仪器和技术这种特殊资源而产生出来的。尽管依然有社会参与，实验知识在其产生阶段仍然是相当私密的。

　　在大量的研究中，在实验室的私密空间能够看到人种史研究者的身影。正像一个人类学家研究异国文化一样，实验室的观察者位于一个精心设计的位置，在单纯的无知和完全接受看待事物的"本土主义"方式之间保持平衡。在他们的颇具影响力的研究中，拉图尔和沃尔加（Latour and Woolgar，1979/1986）在刻画人类学家形象方面花了很大的工夫，开玩笑地谈及他们所研究的圣地亚哥生化实验室中的"本土主义"是否遭遇了用牺牲动物来安抚一些愤怒的神祇或为了占卜的目的而检查他们内脏的行为。拉图尔随后承认，这个"天真的观察者的天真版本"（Latour，1990：146）是某种虚构的装置，但是其他分析家也发现该虚构是有用的。夏平和谢弗通过提出"担任陌生人角色"（Shapin and Schaffer，1985：6）介绍了他们对波义耳、霍布斯以及实验生活的研究，用以描绘出一个其实验的意义和正当性仍在形成过程中的文化。

　　撇开玩笑，人种论学者的态度对于维持对实验室实践的可观察的外部情况和局部特征的注意力是很有价值的。有两个基本观点已经得到了形成这些条件的实验室研究者的持续支持。首先，工作中的科学家们似乎并不是通过他们特殊的认识能力，或者对某一种科学方法的持续应用而被区别的。他们更多的是实用的理性主义者，其判断力不是由逻辑推理而是由实用主义和偶然性决定的。诸如林奇（Lynch，1984）和诺尔-塞蒂纳（Knorr-Cetina，1981）等学者的研究尤其强调科学家在使用与普通人一样的推理能力。我们都会使用实用主义的和偶然的判断能力来解决我们所面临的问题。

其次，实验室的地点对于区分科学家的工作与广泛分布的实践推理成就是很重要的。我们都会做出相应的判断，但并不是每个能够运用实验室特殊资源的人都会这样做。物质和人力资源在这里集中，人和材料进出的通道被严格地限制，并且复杂的实践在与更广阔世界交流研究结果的过程中被极力地主张。拉图尔和沃尔加强调了"铭文"（inscriptions）的重要性——由各种仪器所产生的可见的线索，随后会在文献中陈述出来以支持作者观点的合理性。这些观点在被不同的形式（发表的论文、书评、最终是教科书）重新包装后就会获得更大的权威，逐渐被剥夺了"形式"——对其起源环境的提出，降低了所谓绝对事实声明的合格者。通过强调其研究的解释性声明，拉图尔和沃尔加写道："现象不仅仅是依赖于相应的物质仪器，而是彻底的由实验室的物质装置所组成。参与客观实体描述的人工实在，实际上是通过对'铭文装置'（inscription devices）的使用而构成的。"（Latour and Woolgar，1979/1986：64）

另外一些分析家承认，对实验室研究工作的关注揭示出科学家参与了"人工实在"的创造，那就是说，物质世界的结构是真实的，但不可被先于人类的介入而存在的"自然"所定义。哲学家哈金将实验看作是"创造"且固定现象并使其可再生的行业。他认为，现象不应该被认为是"等着被采摘的夏日的黑莓"，而应该被看作是被仪器所创造的和物质世界交流的实体（Hacking，1983：230）。而实验室是出产现象（被法国哲学家加斯顿·巴什拉（Gaston Bachelard）称为"唯象-技术"——植根于技术实践的现象）的场所（Bechelard，1980：61）。实验室的特殊人力和物质资源，使其成为构造人工实在的特殊场所。

实验室人种论的两种基本观点——科学研究在特定的环境中是有实用性的论证，并且人力和物质资源是实验现象的必要构成——可追溯到路德维克·弗莱克（Ludwik Fleck，1896—1961）的研究工作，他是一位波兰/犹太免疫学家和微生物学家，也是一位人类社会学领域中被长久遗忘的先驱。弗莱克的《科学事实的起源和发展》（Fleck，1935/1979）在第一次出版后就被忽略了，但是自从其著作被翻译成英语后就引起了相当大的关注（Cohen and Schnelle，1986）。

弗莱克认为知识的产生，甚至"最困难"的经验事实，都是一种社会事业，因此也是社会学分析的合适对象。在他的一个纲领性观点中，他声明："认知是人类最具社会性的活动，并且知识是最至高无上的社会活动。"（Fleck，1935/1979：42）知识的社会特性被其产生的环境所揭示，其产生是在一个具体的互动的共同体（一个"思想集合"或思维集体（denkkollectiv））中，这个共同体维持了一个独特的推论模式（其"思维模式"或思维式样（denkstil））。弗莱克有时将思想集合作为一种相对的宏观实体，如政治党派、民族，或者某一科学学科的所有从业者；但是他绝大部分的分析依赖于对更小一些的实体的应用，如亚文化或者与实验室打交道的研究者群体。相比于试图用外部的标准来定义这些群体的社会轮廓，他更倾向于将其认同和凝聚力与其遇到的普遍任务和拥有的共享知识联系起来。科学社会学追随维特根斯坦的生命形式的概念，这是弗莱克对其期待的一个方面。弗莱克对自己的实验工作细节的丰富引用，雄辩地表达了知识是如何参与到实践和不言而喻的技能之中的，以及这些技巧的传授在多大程度上依赖于实践中的具体例证。

弗莱克认为，实验事实是在一个特定的思想集合的环境中产生的。他写道：

研究者寻找在面对它们时感到消极的抵抗和思想束缚……这是他作为思想集合的代表继续寻找……的坚实基础。这就是一个事实是如何产生的。首先在混乱的初始思想中出现一个抵制的信号，然后感知一个确定的思想束缚，最后直接领会到了一种形式。事实常常出现在历史语境中并且总是一个明确的思想风格的结果。（Fleck，1935/1979：94-95；原文中强调）

虽然一个事实是一种被动的经验面对物质抵抗的后果，但是它只有在推理、使用仪器、论述等的特定局部实践的语境中才会遭遇到。事实不是想象和错觉集合起来的结果，但是它们独立于科学家的活动而存在；它们是作为客观实体而参与的，但它们只出现在特定的实践背景下。根据弗莱克的理论，当实践者寻找事实时，他们就是在寻找"被动联系"——出现在他们特有的思想方式中的行为特征。总的来说，"事实因此代表了一种思想中有独特风格的抵抗信号"（Fleck，1935/1979：98）。

然而，弗莱克认识到，要把实验事实描述为具体的结果，具有局限性的实践就产生了一个重要的问题，一个可能会妨碍到科学知识的所有语境说明的问题：如果科学是一种片面的生活形式，它如何能成为一种通用的应用？如果实验知识是通过使用特殊场所的资源而得出的，它为什么在其他地方也是有效的？由于这个问题的普遍重要性，以及各种被提出的解决方案，所以我将它称为"建构的问题"。就某种意义上讲，这与传统的科学哲学在"归纳的问题"这个标题下处理过的问题是一样的，并假设这是一个使争论的形式合法化问题，即从一个现象的特殊的实例变成一条普遍的法则。尽管如此，柯林斯的工作屈服于有说服力的证据，即找不到这个问题的普遍理论解决方案。一般的规则好像不足以确切说明复制是如何完成的。弗莱克认为，这个问题需要一个更加实用主义的方法——通过将现象从其初始地点转移，对实践的详细检查得以完成。对在实验室中所获得的事实如何能够在实验室外得到证实进行研究是非常有必要的。要想使得实验现象从它们所建构的地方转移出去，需要做哪些工作？弗莱克就这个问题提供了两个答案，这两个答案后来都在建构论研究中得到了应用和发展。一个是有关沟通的机制，另一个则是持续的思想集合的文化向新地点的转移。

首先，弗莱克说明了将实验知识转移到可称之为推论水平的过程。他在思想集合的亚文化之中，尤其是在其边界处来审视交流的形式。在这里他认为，一种重要的影响出现在被他称为"神秘"王国和"开放"王国之间的交流之中。因为事实被从专家之间使用的语言翻译到了适合外行观众的语言，作为知识它们就会得到强化巩固。因为专家把他们的发现向非专业人群进行描述，事实就被简化了，并且变得更生动，它们所承载的确定性也得到了加强，即使在专家之中也是如此。正如弗莱克所说的，"确定性、简单性、生动性起源于通俗知识……其中包含了大众科学的普遍认识论的意义"（Fleck，1935/1979：115）。相同的过程也发生在从科学类杂志里的报告到"手册"或者教科书中的科学翻译的进程中。在教科书中，事实是巩固的、简化的，并且忽略了对其起源的特别环境的提及；因此它们作为知识就更具有确定性。甚至不同领域的专家之间的交流也以同样的方式处理事实。例如，一个显微镜学家，在向试图帮助其诊断的一位医师所做的关于细菌培养的观察报告，也会简化结论，并使其与疾病症状的联系更加直接（Fleck，1935/1979：113-114）。柯林斯将弗莱克所描述的过程总结为"距离产生美"。他说明"当穿过空间和时间的边界的核心时，确定性的程度被归因于知识的突然增加"（Collins，1985：144-145）。

　　语言的交流过程只是科学知识拓展和巩固的故事的一部分。弗莱克当然不会认为确定性归因于实验事实只是一种文字游戏。实验知识从其初始位置转移到第二个条件是物质现象本身的运动。在这里弗莱克声称，现象被作为一个包含了物质和文化因素的整体包裹被转移。只有其包含在生产中的仪器和技能都准备就绪的情况下，实验室产生的现象才能在另一个场所被重现。弗莱克的细节描述丰富的例子是，发展于 20 世纪头十年的奥古斯特·冯·瓦塞尔曼（August von Wassermann）的关于梅毒的血清学测试。

　　瓦塞尔曼的做法为弗莱克提供了一个非常好的建构实验现象的例证。这个发现不仅与先前对梅毒的理论理解相关，而且基本上对该疾病的概念进行了重新定义。与同一时期的细菌学成就一起，该血清学测试超越了混乱的且有争论的临床症状、治疗反应和实验结果的领域。以前被人所接受的梅毒与淋病和软下疳有关联的观点被推翻了，同时其他诸如硬下疳和进行性麻痹等症状，都与梅毒一起被认为是被同种细菌苍白密螺旋体（*Spirochaeta pallida*）所感染的结果（Fleck，1935/1979：1-19；Bloor，1983：34-37）。然而这是一个经过高度协商而达到的成就。细菌学和血清学的观察结果经常被相互比较，并且会根据彼此情况做出调整；自从瓦塞尔曼的测试被精炼后，这些比较和调整一直很有必要。这个测试的发展本身遵循着一个完全不可预测的轨迹。抱着一个显而易见的目的，弗莱克确定了一个基本的转变，从对梅毒病毒本身（抗原）的检查到对感染血清中产生的抗体的检查。瓦塞尔曼与他的合作者在第一本出版物中指出：该程序对前者更有用，但随后后者被认为更重要。对这种技术的进一步调整，即从健康器官而不是感染的器官里提取酒精，不能在瓦塞尔曼最初的对该反应的免疫学理解的范围内得到解释。对弗莱克自己来说，关于为什么该测试得到了成功的理论解释仍然不清晰（Fleck，1935/1979：52-81）。

尽管如此，这个程序作为一个有效的测试仍然是起作用的，其作用在于调整所应用的技术并将其作为一个整体来传播。这个测试的灵敏度被故意降低，以减少错误的数量并加强其临床效用。与临床观察进行广泛对比的方法，对于消除其他多种产生错误的疾病来说仍然必不可少。对这个测试的应用需要提供纯正的材料和一系列用于对比的样本。要想成功就需要定量分析技术方面的训练，以及神秘的"有经验的眼光和血清学上的感觉"（Fleck，1935/1979：53）。对弗莱克来说，这种实验室制造的知识的成功是一个社会流程的结果——一种通过思想集合的扩张而得到拓宽的思想风格。他写道：

这些发现是稳固的且没有个性的。这种思想集合使瓦塞尔曼反应随着酒精提取的引入而变得有用。它用真正的社会方法使技术流程标准化，总的来说是通过会议、出版社、条例和立法等措施来实现的。（Fleck，1935/1979：78）

劳斯利用了弗莱克的经典叙述，以及更近一些的哈金、柯林斯、拉图尔等的著作来描述此进程。他把实验室描述为"现象的微观世界"创造之地，即物质和文化条件被人工操纵以便创造实验现象的地方（Rouse，1987：101）。然后现象就在实验室之外，通过把在"微观世界"中通行的条件转移到其他语境下，从而得到复制。在传统哲学分析中被视为理所应当的科学知识的通用范围被视为艰难的"标准化"过程的结果，包括了实用技能的训练、物质资源和仪器的大量生产以及测量单位的规范。劳斯坚持他的观点，"并非科学知识没有普遍性，而是其拥有的普遍性是一种总是植根于特殊建构的实验室环境的局部的技术成就"（Rouse，1981：119）。通过这种局部的实用技术诀窍而产生的知识"不是通过对在其他地方也可得到例证的通用规则的归纳，而是通过对新的语境下局部实践的采用而延伸到实验室之外的"（Rouse，1981：125）。

当劳斯将实验室的研究结果用哲学的语言描述时，夏平和谢弗（Shapin and Schaffer，1985）已经把它们用于编史学实践。通过扮演人种学的陌生者，他们详细地研究了波义耳的实验室中的工作。他们像社会学家一样检查了推论的和技术的实践，借此波义耳建构了实验事实：他使用空气泵和互补的修辞学及社会学"技术"来训练并说服目睹了其结果的观众。波义耳对其实验的文字叙述，以及相应的插图，具有特殊修辞学的重要性。他的冗长的和公开的"谦虚"修辞为他的关于事实的声明赢得了认同，同时在事实和解释之间竖立了边界，将哲学的理论问题归类到推测性观点的中间地带。由于霍布斯反对这种强加的障碍，如同他对通过人工设备创造自然知识的反对一样强烈，所以他针对波义耳的观点也是值得听从的。

但是通过追随霍布斯的抵抗，可能更加深了我们对波义耳的理解。尽管霍布斯关于政治和宗教问题的声明在波义耳的绝对哲学观前处于危险状态，但波义耳还是成功说服了很多观察者，这只在空气泵这种情况下才成立。他将"空气的活力"（spring of the air）展示为实验事实王国的描述提供了一个坚固的支撑。正如拉图尔所指出的（Latour, 1990: 151-152），夏平和谢弗实际上已经采取了一个相似的策略：将波义耳与霍布斯的争论转移到空气泵的事情上；同样的，夏平和谢弗将历史学家的注意力集中到了实验室的技术细节上。正是在这个环境下，他们认为，科学实践的社会属性的问题必须得到处理。

通过这种方式，两位作者开拓了争论研究的潜力，用以展示科学的技术内容的社会维度。他们也提供了一个实验室产生的事实向其他地点转移的分析样本。他们用了很长的章节（第六章）来描述包含 17 世纪 60 年代在诸如英国、法国、荷兰和德国等其他地方所做的波义耳的空气泵实验的文化再现中所付出的劳动。他们展示了持续产生与气压相关的现象的实验文化是多么的脆弱，以及这种文化为何只有在书面交流被其他技术手段所补充时才能有效地被传播。设备也不得不从一个地方运送到另一个地方，人们也来回旅行以传播如何操作它们的第一手经验，见证者们也在每个地方被安排来证实他们所看到的现象。正是通过这些工作他们扩展了物质和文化的语境，在其中现象被建构以便使其能逐渐地得到更广泛的复制。

因此，我们可以利用弗莱克以及夏平和谢弗来吸取实验室研究的重要教训：科学知识起源的本土环境是很关键的，但是在起源之外的更宽阔的领域也可以被视为知识建构的舞台。人种论立场似乎只强调了特定实验室的微观研究，但建构论不应该把范围限定得如此狭窄。已经显露的科学的普遍性可被描述为一种人类的创造，是局部生活形式大规模扩张的结果。两种策略被提出以研究这个过程。首先，深入考虑现象在局部的技术和文化实践中的嵌入。其次，详细研究为什么语境本身被用于维持现象在其他地方的复制。换句话说，就是寻求技术、工具、材料和技能的标准化；并且考虑物质、社会和推论"技术"结合的影响。

这些观点中有许多都已经得到了发展，并且在拉图尔的《行动中的科学》（Latour, 1987）一书中得到了巧妙的表达。在许多方面，拉图尔的计划都是建立在他非常熟悉的科学知识社会学基础之上的。然而，正如夏平在一篇尖锐的评论中所指出的（Shapin, 1988a），尽管拉图尔的论点能被科学知识社会学先前主题的某些方面所吸收，但他的计划作为一个整体还是呈现为一个候选者，使其彻底地远离了它曾持有的社会学方案。在随后的章节中，拉图尔继续扩大了他对这些不同之处的说明。他对整个科学实践社会学解释的目标提出了质疑，认为这种解释的目标和通常被社会学家所采用的分类都不该继续维持下去（Latuor, 1988b, 1990, 1993）。他认为他所需要的是科学论中的"社会转向之后的再一次转向"（Latuor, 1992）。由于拉图尔方法的原创性，其工作既贡献了新的资料，也提出了科学的历史研究领域的新问题，所有这些总的来说都源于社会学研究。因此，通过对建构论理论及其社会领域中的隐含模型的调查，更深入地讨论拉图尔的观点以及其观点所引出的一些争论似乎还是很有必要的。

通过追溯最初对拉图尔先前的社会学研究的吸收的路径，我们可以看到他通过对"建构问题"的解决所提出的东西。他的工作确实对实验知识从其初始地方的转移过程的理解做出了贡献。最先由弗莱克所定义的关于交流的推论和辨证机制都在《行动中的科学》中得到了生动的描述。第一章致力于描述科学文本的修辞技巧。在这里，拉图尔解译了大量的通常伴随着用来支撑作者观点的、有前人及同行权威的科学论文的参考文献。科学修辞是一种有特色的通过提高异议的代价来加强文章论断的可靠性的方式。反对一个文献丰富的文章的观点的方式就是从其所引用的所有论据中找出一个争议点。拉图尔指出，就其动员了最多数量的权威人士的意义而言，最"技术的"文献就是最具"社会性"的文献。其事实性会随着被随后的作者所引用的程度而增加，他们对声明的复述通过使其远离其产生地的特定环境而加强了其真实性。这些是"事实"——至少在其原文的表现形式中——被建构的推论性意义。在一个很可能是弗莱克自己所写出的句子中，拉图尔总结道："当后来的文章不仅由批判或变化也由证实所组成时，一个事实就会在众多的争论中得到共同的巩固。"（Latour，1987：42）

拉图尔很快地消除了关于他在建议科学文献是纯粹的文学虚构的所有印象。若读者仍不接受文献中的论断，他可以求助于产生原始的"铭文"的实验室器材。无论它与其他写作形式共用了什么样的修辞学工具，科学也利用了关键的非推论的资源。拉图尔对如何运用物质资源的分析与其科学文献的修辞学要素采取了同样的描述形式。仪器是一种"黑箱"——被认为是可以展示自然现象的工作机器——于是被从一个使用者传递到另一个，在远离其初始位置的过程中加强了它们的权威性。例如，温度计在 17 世纪是一个有疑问和有争论的研究对象，但后来逐渐成为人们在研究化学及气象现象时理所当然会使用到的仪器。到了 18 世纪晚期，温度计已经变为一种毫无疑问的、可借助它来探测其他现象（如化学反应过程中的热量变化）的工具。黑箱机器，像书面声明在文献中不断被引证的过程中获得事实的地位一样，随着人们的使用变得越来越有效。拉图尔写道："黑箱只有通过众多人的使用，才会随着空间上的移动以及时间的流逝变得更加可靠；不论有多少人在多长时间内曾使用黑箱"，如果没有人继续使用它，它将会停止并崩溃。"（Latour，1987：137）

在拉图尔看来，事实和机器都是以同样的方式传递的，即在一系列有联系的人或物中传递，这就是他所谓的"网络"。网络从实验室中区域性的知识向世界范围内"技术科学"（拉图尔所选择的代表科学和技术不可分割的一种术语）的转变中起着基础的作用。它们包含拉图尔对建构问题的解决方案。在很多方面，拉图尔关于世界被更大的技术和科学的网络所包围的图景，与其他科学社会学家所描述的图景是一致的。而在这个网络的扩张过程中，世界似乎被重塑为类似于制造实验的人工制品的特殊环境。因此，客观事实与机器得以在实验室以外的世界生存。

就是在我们更详细地考虑拉图尔关于网络如何被建造起来的描述时，他的观点与其社会学同行的观点之间的区别才开始变得显而易见。对拉图尔来说，对技术科学网络的理解需要我们认识到非人类的与人类的力量。这种观点对科学及人类社会的传统理解都提出了质疑。

拉图尔的网络是人与物的异质联系，即人与非人实体之间的联合，拉图尔借用了符号学中的名称，将其命名为"行为体"（actants）。于是我们被告知，路易斯·巴斯德不得不学习如何控制细菌的培养（这些细菌需要一种合适的营养物质媒介才能在其巴黎的实验室中存活）和密切关注炭疽菌在乡下爆发的农民（通过宣传和仔细的分阶段的展览，这些农民才接受了巴斯德可以给他们提供的帮助）。1914年，贝尔公司建立了第一条跨大陆电话线，被认为是依靠了把在罗伯特·A.米利肯（Robert A. Millikan）的芝加哥实验室中受过培训的物理学家，与在电子中继器中传播放大了信号的电子联系在一起才做到的（Latuor, 1987: 123-127; Latuor 1988a）。拉图尔认为，人类与非人类因素的多种多样的结合组成了大规模的系统，在其中科学和技术的人工制品在时间和空间上得以延伸。

在最近他们对"行动者网络"方法的辩护中，拉图尔和他的合作者卡隆解释道，他们对人类和非人类"行为体"庞杂的网络的建构感兴趣，是因为它提供了一条从争论到被接受的知识的道路（Callon and Latuor, 1992）。他们批评了以柯林斯的争论研究为代表的关于科学知识社会学的非正统的研究进路。他们提出：柯林斯典型的论点是，既然"自然"不是科学家们关于将什么接受为知识这个问题的确定的结论，那么"社会"就一定是。他用信任和信誉网络来解释这种社会的约束如何对科学家做出的判断产生影响。卡隆和拉图尔认为，困难在于单纯的社会关系对于此项工作来说似乎太弱小了。想要声明是什么决定了争论的结果，就要决定接受某一组证据而不是另一组——一个基于共同体中的个人之间的社会联系的决定——是将一个解释置于不可靠的基础之上。卡隆和拉图尔认为，此种观点会导致对"纯粹的社会性"解释处理的失败（Callon and Latour, 1992: 352-356）。

更肯定的是，行动者网络的提倡者们建议应当把他们的方法看作是对科学知识社会学潜在原则的扩充而不是与其相矛盾。他们试图找到一种在争论的过程中实体的本体论认同本身就是一个开放性问题的路径。关于什么是真正的目标，人类错误的影响是什么，仪器人工制品是什么，以及被改善了的人类技能揭示的现象是什么，这些问题的解决只建立在争论被消除的基础上。当争论被解决时，实体才能被分配到人类及非人类领域。因此，在对称原理的扩展中（这是科学知识社会学的基础），卡隆和拉图尔建议，分析学家应该对事物在本体论的分类中应隶属于哪里的问题保持开放的思维："如果工程师们和科学家们能在那些社会学家们声称不可跨越的界限上互相交流的话，我们宁愿放弃社会学家而去追随我们的信息提供人。"（Callon and Latour，1992：361）

　　这里有许多行动者网络所提出的关于建构问题方法，并且就像人们所期盼的那样，这些方法已经引起了相当多的争论。在这里我只探讨关于此争论的两个领域：一个是被提出的分析的形式和地位问题。有时，卡隆和拉图尔似乎将其行动者网络理论作为一种符号学来发展，换句话说，作为一种描述他们定义了其功能的行为体在推论领域如何成为一个象征符号来发展。在科学家和工程师们的讨论中，影响可能波及人类或非人类当中，同时这两种实体种类可能会互相交换象征性的角色。人类可以代替非人类，反之亦然。拉图尔的许多关于巴斯德工作的分析就是用这些术语表达出来的，使用巴斯德的文本，其中有像"炭疽杆菌""牧羊人"等这些文本符号，在一个新的关系之中被操纵，重新分配以及集结（Latuor，1988a）。但是有人不禁要问，在现实世界中这些是怎样与行动联系在一起的？在真正的实践中，非人类因素被认为能够完全代替人类吗？反过来也是吗？当然，有许多次看起来拉图尔似乎已经超越了符号学而开始发展一种全新的本体论，在其中非人类实体被视作与人类实体有相同程度的力量（Lynch，1993：107-113）。

　　大多数评论家发现这是难以置信的。符号学与本体论的结合，看起来像是一种在区分重新刻画对科学家自己的描述和给出一种无关的社会学分析这两者上的失败（Gingtas，1995）。可以说，人类的社会生活被非人类的参与彻底塑造了，但是要得出两个种类之间没有任何区别这种结论就是另一回事了。许多当代的进步，比如计算机的普遍使用、人造肢体、遗传工程以及对动物合法权益的关注，都表明了非人类实体与人类世界的复杂关系。这些都是唐娜·哈拉婉（Donna Haraway）指出的一些进步，见于她的一篇有关当代所流行的"赛博"（她给那些人类实体与非人类实体的异类联合所起的名称）的文章中（Haraway，1991）。在他们仅仅指出社会生活被这种联合所影响的方式的情况下，卡隆和拉图尔所说的就有了一个很强大的论点，"如果没有非人类因素，尤其是机器和人工制品的参与（在该词汇的所有含义上），就没有可想象的社会生活。没有它们我们会像狒狒一样生活"（Callon and Latour，1992：359）。

　　但是，参与社会生活并不意味着介入的程度与人类的平等。否认人类生活与物质世界的相互作用，以及物质的东西有时会阻碍人类的渴望是不合常情的。近来，技术变革的经验已经非常清楚地表明，各种功能已经在人类与非人类因素间做了重新分配，比如，从技术工人到机器。但是，这并不意味着分析家能够消除人类活动与非人类活动之间的区别。比如，柯林斯（Collins，1990）认为对计算机在社会中地位问题的大量研究表明，它们不应被赋予与人类感知同样的作用：在许多方面，它们的接受能力视人类学习使用它们的新技术而定。当然，计算机已经参与到教我们如何与它们打交道的活动中，这一点也很确定，而且计算机也使得人类技能重新调整为一种如果没有它们就不可能实现的状态。如果说机器没有与人类相同的作用，那么，它们至少有改造人类力量的能力，并使自己不完全屈从于这种力量。在这种意义上，卡隆和拉图尔提出了一个有力观点。

已经有一些深远的哲学问题处于危险的关头，比如，近期浮现出来的有关人工智能的讨论。但是，对于历史学家来说，一个更紧迫的问题是历史记录是怎样根据行动者网络方法进行表达的。这是我想要探讨的争论的第二个方面：历史叙述的问题。在对拉图尔和卡隆的工作的一个批判性评价中，柯林斯和他的合著者史蒂文·耶利（Steven Yearley）梳理了他们的一些案例研究中的语言（Collins and Yearley，1992a，1992b）。卡隆对由布列塔尼（Brittany）的圣布里厄湾（St.Brieuc Bay）的海洋生物学家所建构的网络的描述进行了非常详细的解读（Callon，1996）。卡隆声称，他所探寻的这一网络只有当参与进来的科学家们能与其同事——在海湾工作的渔民关于他们想要收集的扇贝进行平等的"交涉"时，才能被充分地理解。他们说服他们的同行，他们雇佣的那些采集者会将扇贝固定在一个重要的位置上；他们使渔民们相信他们的经验对渔业不是一种威胁，因此不应干涉；他们还通过与收集者们"交涉"使其相信扇贝与他们相关。但是，柯林斯和耶利认为，卡隆讲故事的方式中有一个在基础对称公设方面的缺陷。在将一个角色赋予扇贝以解决关于它们在多大程度上与采集者相关的争论中，卡隆已经有了一个偏向于争论一方的立场。由于不是保持一种平衡的中立，这位分析家已经给扇贝分配了一个决定性的角色。

根据柯林斯和耶利的观点，这个对中立立场的背离问题是其重归实在论者的描述风格，从而对称公设被蓄意破坏了。卡隆的描述能够容易地转化为辉格派现实主义者的历史描述，在其中争论的结果总是被暗含在唯一可被揭示的事实当中。柯林斯和耶利展示了这种转化是多么的简单：仅仅需要变换几条词汇（Collins and Yearley，1992a：315-316）。伊夫·金格拉斯（Yves Gingras）对这一点的详述与由行动者网络学派成员所提出的其他解读很相似，这种解读提供了一种稍微伪装了的"新实在论"（Gingras，1995）。因此，柯林斯和耶利似乎很有道理地认为，拉图尔和卡隆将非人类角色引进他们的叙述的这种特殊方式存在着严重的问题。他们已经认可了科学争论的"赢家"的情况，因此使得他们把争论消除的过程，解释为不同于对先存现实的揭示变得不可能。

在一篇对拉图尔关于巴斯德的专著的评论中，谢弗已经说明了这一点是怎样影响历史叙述的框架的（Schaffer，1991；Latour，1988a）。拉图尔的"物活论"（hylozoism）——将生命归属到非生命物质的理论——被谢弗揭示出来，从而导致了一个不平衡的历史叙述。谢弗注意到，拉图尔使用了令人怀疑的"理想读者"的形象给他所描述的各种符号学实体赋予了角色。在这样做时，他基本上应用了巴斯德的符号学策略。但是谢弗指出，如果我们想要认真对待巴斯德的长期对手罗伯特·科赫（Robert Koch）的观点，就必须有一个不同于拉图尔的解释。当拉图尔将巴斯德以及成功加入的微生物都描述进他的网络时，科赫是不会同意的。谢弗强调，只要人类还忙于非人类因素属性的争论，对称公设就要求分析家保持中立。对争论的叙述不应归因于非人类因素决定问题的能力，因为作者只有通过将自己定位为胜利者的一方时才能这样做。毕竟，微生物并没有表明它们在这件事上的立场；是巴斯德被任命为它们的"发言人"。

对这些评论的建议是，拉图尔和卡隆已经将非人类因素定位于他们根据仍在进行中的争论的结果所描述的正在建设的网络中。他们对非人类因素的卷入的回顾性描述，通过继续讨论争议被解决之后的情况，抹杀了围绕在正在制造中的科学的开放性和不确定性。这个建议认为，我们所需要的是进一步研究科学实践如何随时间而开展，以及科学实践是如何将物质世界卷入到人类社会的。要明白非人类实体是如何参与并改变了人类的社会生活的，就需要对与物质世界打交道的实践活动进行认真的重建。揭示敏感的历史叙述是一大挑战，人类角色在与世界打交道的过程中所体验到的开放性和阻力充分说明了这一点。

遇到这种挑战的历史学家可能会继续利用社会学反馈所提供的资源。近来有两个观点似乎与超越行动者网络及其批评者之间的争论尤其相关：第一，被苏珊·利·斯塔尔（Susan Leigh Star）、詹姆斯·R. 格利塞莫（Griesemer，1989）和琼·H. 藤村俊郎（Fujimura，1992）发展的"边界对象"的概念；第二，皮克林的"实践的轧布机"（mangle of practice）（Pickering，1995a）。两种观点都提供了思考人类行动与非人类世界相互渗透的方式。第一种概念趋向于强调实践者社会群体的维度；第二种强调实践的暂时性。

斯塔尔和格利塞莫把"边界对象"的概念应用于分析 20 世纪早期加利福尼亚大学脊椎动物学博物馆的创立，藤村俊郎也把这一概念应用到他近期对癌症基因或"致癌基因"的研究中。边界对象是将不同的社会群体连接起来的东西，这可能使其用完全不同的方式来看待和使用它们。比如，脊椎动物样本的收集，对于专业的动物学家、大学教授和业余的收藏者来说可能意味着是不同的东西。边界客体也可能会包括概念和描述、人工制品或自然生成的物体、物质环境的因素或对仪器的描述。这些对象被其相应的群体根据他们不同的理解程度、发展不同的目标，而存在于不同的"社会世界"中。然而，与其关注是什么划分了这些群体，不如关注强调了它们是什么的分析，尽管他们对此有不同的看法。斯塔尔和格利塞莫确信这个正在讨论中的对象必定有一定程度的坚固性，以便在他们所属的分离的社会领域之间移动，并将其结合在一起：

边界对象是一种既有适用于局部需要的可塑性，又对各方面有约束性的客体，甚至跨越不同的领域都足以保持一种共同的认同……它们在不同的社会世界中有不同的含义，但它们的结构却足够普遍，使其在不同的世界中都能够被识别，这是一种转化的方法。（Star and Griesemer，1989：393）

这种分析描绘了通过将物质世界的因素引入人类实践之中而制造知识的过程。这种稳定性不是通过一种简单的一致同意，也不是通过外部的单一来源的网络构建，而是通过不同社会领域边界之间的客体交换而完成的。根据这种观点，事实是通过游走于具有一定自主程度的社会知识领域之间才被构建的，然而它们对边界客体的共同使用也促成了事实之间的联系。近期对这种观点在历史案例研究方面的应用是由安妮·西科德（Secord，1994）提供的，她展示了诸如植物学样本和分类学计划等客体是如何将 19 世纪早期英国泾渭分明的绅士风度和蓝领博物学家联系在一起的。

皮克林的"实践的轧布机"强调与科学实践相关的时间维度。随着拉图尔和柯林斯之间界线的划定，皮克林宣称他希望把某种程度的作用并非是有意地归因为非人类因素。他通过坚持认为物质作用是"随时间自然发生的"，而使他自己远离于怀旧的实在论：这是在实践过程中遇到的，在这过程中，人类行动与非人类行动互相作用并向着稳定态的方向发展。从人类的观点看，实验调查采取了"反抗与和解的辩证法"的形式，直到稳定性导致对由机械技术构造的现象的"实在论"的孤立（Pickering，1995a：9-27）。但是，在他并没有看到由稳定的人类目标所带来的调查过程这种意义上讲，皮克林的理论也是一种"后人文主义"理论。这些调查者的意图和兴趣，也可能通过"实践的轧布机"被改变了。

这是一个有趣的模型，它承认实验实践中行动与反抗之间的摆动，参见（比如）弗莱克先前的引用。它也说明了受调查的对象与人类调查者使用的仪器工具之间的相互关联，只有当稳定态形成的时候，双方才表现出区分性。现象和其仪器框架之间出现的清晰与稳定的区分的出现，往往倾向于由后见之明的优势而展现出来。因此，在这种情况下，科学实践历史因其追求战胜后见之明和实验调查的原始实验的观点，受到了特殊的挑战。

由于其与暂时性问题的交锋，对历史学家来说，皮克林的观点成为一个需要进行思考的重要问题。我将重新思考在本书的结尾对科学实践重构的叙述的含义。它代表了科学史与构建论社会学之间关系的一个鼓舞人心的信号。这两个学科之间的交流是双向的：当有关非人类力量的社会学争论在历史叙述面前提出难题时，叙述被看作是可能给出理论问题解答的竞技场。皮克林已经致力于其著作中所提到的这一系列案例的研究中。卡隆与拉图尔、柯林斯以及耶利之间的争论的双方，把精力投入到夏平和谢弗所支持的历史学家的主张上来。或许这是因为历史学家丰富的叙述成功地表达了科学实践及其对物质客体的处理经验的开放性。波义耳的空气泵是一个明显的实在客体；由于被提供了合理的文化背景，所以可将空气跃动现象传递到新的地方。但是，这个泵的密封剂可能是防漏的，也可能不是防漏的；著述家称，只有波义耳承诺空气泵是防漏的，而其他人却对此提出质疑。夏平和谢弗慷慨地将一些物质实体充实到他们所描述的世界中，然而，在其他实体仍然是讨论主题的情况下，它们难以满足读者想要知道什么"真实地正在发生"的愿望。

在我们发现社会学家将历史实践作为例证这一点上，我们能恰当地得出我们对建构论的评论。人工制品的社会角色的问题、它们服从人类力量以及改变人类力量的程度，会在对科学调查的重建的叙述中得到解答。历史学家及其实践的建构论的含义，正是我们现在应该关注的方向。

第 2 章　认同与规范

但是当我进行科学活动时——当我从事我和其他人很少在社会上从事的活动时——那么我就是社会的人，因为我作为一个人来从事活动。不仅仅是因为我活动用的物质是社会的产物（行动中的思想者所用的语言也是）：我自己的存在也是社会活动，因此我使得自己以及自己的意识成为社会存在。

卡尔·马克思《经济和哲学手稿》（Marx 1964：137）

2.1　社会认同的制造

第 1 章的一个主题可陈述如下：对科学的建构论研究已经帮助我们认识到，为何人类对"自然"的理解是利用了本地文化所提供的资源的人类劳动的产物；但他们也指出了改变我们对"社会"观念的需要。在建构论方法的发展过程中，科学实践的社会语境已经被研究过了。应用了维特根斯坦关于"生命形式"观念的分析家描述了被科学实践的特定结构所定义的社会形式（如"范式"或"核心设置"（core sets））。这些是相对不固定的实体，与科学社会学家传统上描述的制度或专业团体不是非常一致，有时大体上和社会是独立的。拉图尔在传统社会学方面做出的突破是很关键的，他认为科学和技术的实践者们在建立其自然图景时重建了他们的社会世界。不是所有人都愿意接受拉图尔由此得出的结论——通常的社会本体论应该摒弃它并且应该接受"社会转向后的另一次转向"——但很明显，某些新的描绘科学的社会属性的方法也是必要的。

在本章中，我们考虑科学共同体以及个人在其中地位的历史研究的一些含义。在这些传统上通常是科学社会学家和社会历史学家专享的主题分析上，比如，科学职业和学科的结构、专业化以及科学制度的产物，建构论观点应该为我们提供些什么？科学实践在产生新知识的同时改造其社会环境的过程会产生什么样的描述？我将特别参考科学史的两个关键时期的研究来回答这些问题。首先是现代早期，在学院或大学等直到今天仍然很重要的制度中，由自然哲学家群体所实践的实验科学在欧洲刚刚诞生。其次是包括了 18 世纪末和 19 世纪初的这段时期（有时被称为"第二次科学革命"），在这一时期许多学科和科学制度形成了现代的形式。

我通过与另一种观点的比较来更明确地定义建构论的观点。20 世纪 60、70 年代所产生的科学的社会历史有很多都受到默顿的影响。默顿在哥伦比亚大学从事教学几十年，作为美国科学社会学系主任获得了声誉并对其历史保持着浓厚的兴趣。他的编史学方法建立在对科学的认知语境和其社会语境严格的区分的前提之下，这种方法是他在 18 世纪 30 年代受他在哈佛大学的老师，历史学家乔治·萨顿和社会学家皮蒂里姆·索罗金（Pitirim Sorokin）（Shapin，1992）的影响而创建的。默顿通过划分关于科学的什么是"内部的"和什么是"外部的"的界线，来约束特定科学的发展归因于社会因素的程度。他写道："具体的发现和发明归属于科学内史并且在很大程度上独立于纯科学之外的因素。"（Merton，1938/1970：75；Cole，1992：3）他的学生伯纳德·巴伯（Bernard Baber）后来把科学变革之内部和外部因素的差别进行了区分："包含那些变革的内部因素通常发生在科学和理性思考之中；而外部因素则包括大量的社会因素。"（Shapin，1992：340）

内因与外因的区分主要被那些致力于使科学免受社会力量腐蚀的哲学家和历史学家所使用。他们已经站在默顿所划分的"内因"一方来抵制任何"外部"因素可能对科学发展的侵蚀。尽管这种二分法适合这种分析，但默顿并不是第一个将这种方法用于这种目的的人。对他来说，在内部和外部领域之间存在重要调和因素使其建立一种虽然微弱但仍存在的联系。这些联系曾是在一种特定语境中维系了科学追求的社会固有价值。该价值被呈现在周围的文化中，或者在科学制度中被牢固确立，从这种程度上讲，该价值能够影响科学进步的速度甚至修正科学发展的方向。然而，调查的具体结果（科学的认知核心）没有任何问题受到外界的影响。从这种意义上讲，默顿真正地把理想主义历史学隔离开来，以防它受到社会学的冒犯。

默顿被广泛讨论的关于 17 世纪英国清教主义对科学的影响的论题，致力于表明广泛传播的文化价值如何能够鼓励在先于独立科学制度的存在之前对自然知识的追求（Merton，1938/1970；Abraham，1983；Shapin，1988c）。从 17 世纪开始，他预见了这些制度自主权逐渐增加的过程，借此他们把对于科学进步极其重要的道德准则逐步内在化了。这就是托马斯·基恩（Thomas Gieryn）所称之为的默顿的"制度差异化假定"（postulate of institutional differentiation），根据这个假定，评估和奖赏的程序在科学共同体中开始被例行执行（Gieryn，1988）。

统治科学调查的道德准则被称为规范，默顿声称有四个规范能够在"科学家的道德共识……以及在对道德义愤导致的抵触"中找到（Merton，1942/1973：269）。第一个规范是"普遍性"，它声称真理应独立地得到其支持者的价值判断的评估——正如默顿所说的："《纽伦堡法令》①不能使哈伯法②失效，仇英者也无法对抗万有引力定律。"第二个规范是"集体主义"，它意味着对知识保密和知识私有财产权的否认。发现者只会在科学共同体内部得到荣誉和纪念的奖赏，而非对发明的东西持有私有权而得到奖赏。第三个规范是"无私利性"，被看作是对自我夸张的野心或者故意欺骗的深入检查。第四个规范是"有组织的怀疑论"，是一种对科学家精神的习惯性的期望，即使其可能与文化和宗教传统的支持者产生冲突。

　　总的来说，这四条规范构成了一种"精神气质"，如果科学要想繁荣，或者真正地为了科学家们所从事的社会角色，这种精神气质必须占统治地位。这种精神气质的历史根源可能在广泛的文化价值中都能被找到，但是这些规范一旦被建立，就会由一系列的个人所维持，这些个人通过成为适当制度组织中的成员从而学会像科学家一样行动。正如诺曼·斯托尔（Norman Storer）在默顿论文全集的引言中所解释的，当个体作为科学共同体的成员参加活动时，其行为就被这些规范所塑造了：

　　这种类型的规范主要与一种社会角色发生联系，因此当它们被个人内在化时，它们才开始在社会角色被行使并且得到社会的支持的情况下得到展示。当科学家们意识到他们的同事被指引到这些相同的规范上——并且懂得这些规范在"日常"的科学环境中提供有影响力和合理的准则——那么他们的行为就很有可能和那些规范相一致。（Merton，1973：xix）

　　在科学社会学中，默顿模型给予了制度一个重要而又封闭的角色。根据差异性假定（differentiation postulate），制度的出现源于它们对科学社会思潮的更广泛的文化包容性的反映。例如，在17世纪的英格兰，皇家学会仅仅是一种传播普世文化价值观念的渠道——在默顿看来就是清教主义的特征。从那以后，它们变成了向新成员传授规范的工具，因此鼓舞了长期的科学实践；它们把个人引入"科学家"的社会角色中。但是它们仍然是有求知欲的非物质性实体。像学会或者大学那样特定制度的特殊的局部特征，并不决定科学如何实践，或者在其环境中会有什么样的结果。相反，默顿学派的社会学家们倾向于把注意力指向维持这种科学思潮的普适条件，如奖赏体系或审核体系。实际上，他们把科学的语境视为某些环境，在那些环境中允许科学进步而没有任何特殊社会压力的阻碍。尽管有功能障碍的组织会阻碍进步，但正常功能的制度是传达灌溉了科学田地的价值观念的简单渠道。

---

　　① 译者注：《纽伦堡法令》是1935年9月15日德国议会在纽伦堡通过的种族法令。这些法令成为德国反犹种族主义政策的法律基础。《纽伦堡法令》不仅提供了法定的法律机制将犹太人排斥出德国主流文化，而且为纳粹党在前几个月里实施的反犹暴乱和逮捕找到了合理借口。

　　② 译者注：哈伯法（Haber Process，也称Haber-Bosch Process或Fritz-Haber Process）是通过氮气及氢气产生氨气（NH_3）的过程。

默顿学派的社会学家们忽视了任何局部环境对科学内容可能产生的影响，因为他们把制度看作是强制的价值观念，而且这种观念不是局部的，而是普遍的。他们对制度的定义亦导致其无法将注意力集中于特定场所的物质特征，或分布在其中的权威人士。正如格雷·亚伯拉罕所指出的，默顿倾向于将制度看作"代表文化价值的持续形式的组织"，而不是物质环境、地方群体或者是正式的组织（Abraham，1983：374）。默顿学派的社会学极少提供用来分析特定场所和小群体的资源，而自然知识正是在其中产生的。

要了解哪种历史来源于这样一个方向，我们可以参考约瑟夫·本-戴维（Joseph Ben-David）的《科学家在社会中的角色》（Ben-David，1971/1984）。本-戴维并非恰巧是默顿学派的成员，但是他的历史中所隐含的假设与默顿极其接近。例如，本-戴维认为他理所应当能够毫无困难地识别出贯穿他所描述的时期内那些标明了"科学"的东西，从古希腊一直到 20 世纪。从这种意义上来说，他的书在概念上类似于从库恩后逐渐消逝的哲学的宏观科学史（"大图景"说明）；它通过假设关于"科学是什么"的超越历史的概念，换来了其对科学所谓的理解。

由于其基本主题是关于科学通过外部影响获得自治权的过程，所以本-戴维的工作也可以说是默顿学派的。换句话说，并且有些自相矛盾地来说，它是一部旨在表明科学家们如何从社会压力中获得独立的社会学史。这个过程的三个阶段亟待定义：为科学家创造的社会角色；科学的"智力自治"的成就；制度内致力于该课题的组织自治权的构建。按照默顿的方法，制度在分析过程中假设了一个位置，在价值观的支持系统中它对于科学角色的创造是辅助性的。

在该书第二版的导言中，本-戴维小心地将其课题与"科学知识内容的社会学"区分开来（Ben-David，1971/1984：ix）。在他看来，自从科学调查的实际产物的社会学影响变得脆弱和分散后，后者成为一个极其缺乏可能性的计划。在他的主张中，他将默顿式的"内部"/"外部"区分与史学和社会学这对同样有争议的对比结合起来：

这个争论……并没有否认调查和发现在许多场合被科学外部的条件所影响。它仅仅坚持内部纪律传统的影响是长久和普遍存在的，由于那些传统在任何时间或多或少地决定着在科学领域中能够做的事情，外部影响是暂时的、随机的。因此，外部影响是历史调查的恰当主题，而历史调查在传统上关注一次性的事件，而社会学不是这样，社会学对规则的、"有系统的"的联系感兴趣，而非一次性的事件。（Ben-David，1971/1984: xxii）

因而，作为一种可替换的选择，本-戴维提出"一种制度性的科学活动社会学"（Ben-David，1971/1984：14），其中至关重要的范畴将是科学家这个"角色"，调查将会致力于追踪进展。他当然意识到"科学家"这个术语是 19 世纪早期的一个发明，但是他坚持认为这个词所指定的社会角色最早是于 17 世纪中叶在英格兰被确立的。在那里，英国皇家学会首先将无利害关系的经验主义研究的目标制度化，并且确保了足够的社会包容性使其项目有可持续性。在此之前，科学家这个职业仅被少数个人作为目标——事实上，这是一个抽象的东西，只对社会中的少数人而言是通俗的——但是个人的目标并未被转化为社会认可的职业。本-戴维用了一个章节来探讨这样的问题：尽管某些特定的人已经为科学的进步做出了潜在的贡献，但为什么这种情况在古希腊不会发生呢？

从历史学家的角度来看，本-戴维的很多观点可被看作本质上的辉格史。希腊人认为在力争得到社会的认可，这种认可的后面紧紧围绕着他们所做出的贡献。17世纪期待着命名了它所创造的社会角色这个术语的产生。关于这些人自己怎样看待他们所做的事情，以及在他们的文化中这个术语如何被理解等许多问题，在这样一个目的论的模型中并未得到解答。目的论者也描述了本-戴维关于早期现代科学制度发展的叙事。对他来说，这个时期的主要问题是："在17世纪的欧洲，是什么使一些人历史上第一次把他们自己看作是科学家？"（Ben-David，1971/1984：45）。各种进步的趋势引起了大学一定程度上长久的独立，如机械艺术的文艺复兴的鼎盛，意大利首个智力学院的创办以及向北欧的转移，所有这些都以皇家学会的极盛期为目标。甚至新教改革也在这个目标叙述中被纳入其位置之中：读者通过"活跃的科学游说团在清教徒活跃的欧洲也许是最早的表现形式"（Ben-David，1971/1984：72）这种说法被告知天主教对伽利略的迫害的事迹被利用做宣传了。

不足为奇的是，在皇家学会中本-戴维认可的默顿学派的科学行为规范正在被付诸实施。包括"公正性"和"普遍性"在内的这些规范是制度中所进行的"官方项目的一部分"（Ben-David，1971/1984：76），它在汤姆斯·斯普拉特（Thomas Sprat）的《皇家学会史》（Sprat，1677/1958）中被表述出来。17世纪，英国更广泛的社会背景除了为这些观念提供一个容纳性的环境之外并没有什么重要性。本-戴维指出：宗教多元主义和社会变革的氛围能够容忍新观念的自由传播，且愿意适应新技术。社会的角色将自治权赋予"一个能够相对地独立于非科学事务而建立自己目标的科学共同体"（Ben-David，1971/1984：43）。在这里得到应用的默顿学派关于自治权的假定内部和外部领域的界限，是自我定义的科学共同体存在的直接产物。由于在莫顿学派的方法中关于"科学"的定义没有本质的问题，所以一旦人们决定成为"科学家"，他们就会在这种情况下尽力完成未竟之事。

这种皆大欢喜的结果的获得与要求其成员坚持实验方法的制度的形成是分不开的。然而在本-戴维看来，理论的争议被转移了，而且共同体的团结性被加强了：

（实验科学）产生了包含无可争辩的事实基础，并且使得所有哲学争论都变成无关紧要的变革。实验科学不仅是导致变革的一种方式，而且也是社会和平的一个途径，它使在某些特殊问题的研究步骤能够达成一致，而无须在其他问题上意见相同……不需要实验方法上的一致……一个有自主性的科学共同体有可能不会出现……通过坚持实验上可证实的事实（最好是可控的实验），这种方法使得其实践者们即便没有统一的共同接受的理论，也能感到他们是同一个"共同体"的成员。（Ben-David, 1971/1984: 73-74）

从表面上看，这听起来是夏平和谢弗在《利维坦与空气泵》（Shapin and Schaffer, 1985）中所讨论的实验文化形成的前身。这些人同意罗伯特·波义耳在皇家学会制造实验"事实"的行为通过摒弃形而上学的思辨加强了组织的社会凝聚力。他们通过对那些实践者所暗示的特定的事实创造和对事实与观点之间的划界的"技术"的接受，构成了一致意见的基础。但是，在本-戴维和夏平、谢弗的方法之间有大量的区别，对他们的差异的思考能帮助我们看到建构论者的观点是如何与默顿学派社会学传统相背离的。

其中一个明显的区别是，不同于夏平和谢弗的观点，本-戴维太轻率地假定实验方法的价值毫无疑问是被领会到的——似乎每个人都乐于放弃哲学争论且认可实验的权威。当然，通过对霍布斯观点的仔细分析，夏平和谢弗表明事实并不是这样的（Shapin and Schaffer, 1985: 80-109）。霍布斯认为，哲学教条只有通过已证实方法的争论和展示才是有效的；对仪器的操控，对他来说是不能产生任何必然意义上的自然知识的。所以，通过使用争论研究的方法，夏平和谢弗检验了实验科学的建构，而没有受目的论的诱惑。他们并未将"科学方法"认定是先验的，从而试图追寻其历史的根本，而是从波义耳和霍布斯关于基本原理的争论出发来阐明他们的观点，其结果完全不是被预设的。其意义在于对科学实验创造及其确立的制度的严格的历史描述，不得不注意到各种有着巨大分歧的科学图景之间的冲突。

这种方法的另一个特点是对默顿学派的内外区别的严格解构。这并不是说要用温和的姿态来看待这种区别，而是这种区别正如夏平（Shapin, 1992）曾指出的那样，自从二分法首次提出后每个人都在做。问题不仅仅是找到把科学内外联系起来的方法，而且要详细检查边界划定的方式及其之间的交流。因此我们看到，波义耳在实验产生的"事实"与形而上学的"观念"之间画了一条线，并用操作仪器的技术来支持这种划界，用以构建其口头描述，并用来说服听众。当然，这种技术是修辞性的和政治性的；但其结果是孤立了那些将被宣布为与修辞和政治无关的实验的实践领域。忽视这个成就也就是忽视实验实践的特殊性；忽略产生于其中的文化工具也就是未能完成对其历史理解的使命。关键是把内外界限看作一个需要解释的已构建的实体而非事先给定的。正如夏平和谢弗所解释的：

那种将政治传输到科学之外的语言正是我们需要理解和解释的。我们发现自己站在了科学史流行观点的对面，即我们应该少谈科学内外的区别，我们应该超越过时的分类范畴。恰恰相反，我们根本没有理解其中涉及的那些问题。我们仍然需理解这种传统界线是如何形成的：作为一种历史纪录，科学研究者是如何根据其界限来分配项目的；作为一种记录，他们是如何根据其所分配的项目来行动的。我们也不应该把一种界限体系想当然地看作是属于那种我们称之为科学的东西。（Shapin and Schaffer，1985：342）

同样，建构论观点倾向于把默顿学派的规范看作是一个史学的考察对象，而不是毫无问题的资源。方法的基本价值与原理建立在公共认同的情形下，对于争议的研究表明公共认同的地域性和暂时性。关于事实的争论，可以看成对方法、能力、材料的问题的质疑。在这样一种情形下，"科学方法"的原理是不足以作为辩论的基础的。尽管参与者们也许都会认为自己是科学家，但是他们在相关的方法准则上，或者这些方法如何应用的问题上不可能达成一致。取而代之的是一系列的方法论的和道德的规定被阐明，这些规定相互矛盾，甚至背道而驰，它们是不可能毫无争议地被用来解决问题的。这些规定存在于复杂且依赖语境的关于事实的陈述中，而这种陈述据称应当是正确的；它们不应该被认为是优于事实陈述的，因此不能作为历史解释的基础（Schuster and Yeo，1986）。

对默顿学派规范的解构帮助我们澄清了对制度的理解。如果制度并不是实行普遍价值的渠道，那么它们大概就不会为在其中工作的人提供一个现成的认同。制度本身就应该被看作是建构物——参与者们交流和妥协的结果，也是宏观力量作为一个整体影响社会的结果。建构论的焦点是科学的局部制度环境——学院、法庭、大学、实验室或演讲厅——以及那些形成实践特征的特性，但是组织并不被认为是个体行为的决定者。个体也许被期望在一个特定的制度中展现出对其角色的多样化理解，以及对其目的的一系列预期。他们很可能会在执行环境赋予他们的义务的同时寻求推进各种各样的个人目标。正像基恩所说："制度是社会的建构，普通人在普通环境中相互协商而产生了其定义、关系、价值观和目的……制度对多重的不连续的描述和解释是有效的。"（Gieryn，1988：588-589）

要想知道采纳这种方法所产生的后果，我们可以参考最近对早期皇家学会的研究。尽管不是所用的观点都明确地具有建构论的倾向，但其总体的趋势与我刚刚描述的观点是一致的。正如默顿和本-戴维所指出的，最近的研究指向了对包含了这些价值观的档案的严格的文本解释，而不是将制度描述为是被共同接受的必然价值观所统一的。其言外之意是，方法论的规定不能被直截了当地解读为规范。同时，皇家学会之中的不同个人表现出他们一直在追求自己的研究事项，并且在组织内协商其自身地位。一旦争论爆发，公用规范似乎就变得缺乏约束力，反而被当作适用于不同目的的修辞武器了。

然而，尽管斯普拉特的《历史》（1667/1958年）被当作是对皇家学会的描述，并且清楚地表达了其杰出成员的目标和理想，但是这不能被认为是组织共同认可的规范的陈述。保罗·B.伍德（Paul B. Wood）指出，该书是一本坦率地自我辩护的文本，目的在于回应来自各个方面的对皇家学会的批判，其中包括那些原则

图 1　托马斯·斯普拉特《皇家学会史》（1667 年）封面

注：皇家学会将焦点集中在一些皇家学会参与其中的形成了现代早期科学从业者
认同的最新研究上面，由剑桥大学图书馆理事授权再版

中的张力甚至矛盾在内可以被看做是其来源。该书正如斯普拉特自己描述的："不
完全是清晰的历史方法，有时候也是辩解性的。"（Sprat，1667/1958：B4v）而且

正像迈克尔·亨特（Hunter，1989a）所指出的，该书在任何意义上都不是皇家学会整体创作的，而是在一小群人的授意下由一个雄心勃勃的年轻教士执笔，并且在创作过程中这些人只是相当冷淡地对其进行了指导。任何试图将其作为一种对纲领性规范的表述来解读该文本的尝试，都需要将该书产生的环境考虑在内；同样的约束适用于解释其他由诸如约瑟夫·格兰维尔（Joseph Glanvill）和波义耳等皇家学会成员所著的公然地辩解的著作。

罗伯特·艾利夫（Iliffe，1992）关注了皇家学会内部的默顿学派"共同体"规范所存在的权威问题，特别涉及 1675 年罗伯特·胡克（Robert Hooke）和克里斯蒂安·惠更斯（Christiaan Huygens）之间关于机械表的发明优先权之争。对默顿来讲，这样一个知识产权之争是一个令人遗憾的"异常行为"，是个人原创的交流性和补偿评估规范之间的不可忍受的紧张关系的结果。然而，关于规范对个人在多大程度上受到流行价值的约束上给出误导性建议，艾利夫认为：

> 凡是默顿写到"规范"的地方，在这篇论文中我指称"惯例"。优先权的争议完全取决于对出版物中主导了行为规范的系列"规则"的改进和理解。反对者可能喜欢这些标准，他们可以重新解释，还可以创造新的标准……我在此建议，我们应该以史学的眼光审视那些参与者在获得某个文本的作者身份或者某个物体的拥有权的过程中操纵这些优先权传统的方式。（Iliffe，1992：30）

艾利夫指出，对胡克来讲，一整套与自然哲学家所喜欢的标准不同的传统习惯是很容易得到的，也就是说在数学和机械艺术中是很普遍的。根据这些传统，知识产权的私有化是可被接受的，一种发明的交流传播是严格地受法律限制的，如用密码写作。更流行的观点是，"胡克和惠更斯都不受这些传统和行为准则的约束……他们更愿意以适当的方法来使用这些准则"（Iliffe，1992：55）。艾利夫的描述在细节上展示出知识产权的争议人有多少资源可资利用。他们操纵物质对象，重新改写对它们的描述，重新指定在特殊场合所说的、所想的和所看到的，并且经常修正是什么构成了其发明背后的关键"想法"，是什么满足了一条"线索"以至于其能够被复制。争论的结果——客观事物本身、对它们的口述以及从该发明得到的荣誉——通过对这些可塑性极强的传统资源的操纵，就被建构起来了。

胡克的行为过程一直是许多学者研究的对象，这些研究重现了他艰苦的实验工作，以及他在皇家学会内为获得认可和应有地位而不断谈判的各个方面。在胡克个人（与波义耳一道）的实验工作对皇家学会早期的研究项目做出绝大部分的贡献的同时，他也是学会内不太受欢迎的成员（Shapin，1989；Pumfrey，1991）。由于没有贵族血统，胡克宣称的上流阶层认同也令人怀疑，所以其作为一个穷学者在牛津接受教育，后来仅仅凭其作为一个发明家的建造师的智慧来维持生计。在 1650 年晚期和 1660 年早期，他以仆人的身份与波义耳在牛津进行气泵实验，1662 年他成为有报酬的皇家学会"实验管理者"后，其赞助人便不再资助他。虽然他作为实验者的能力为他赢得了良好地位，但是他发现自己仍然被学会内有统治力的精英们以专横的态度对待，他经常在会议上被要求设计实验以满足他们的娱乐目的，并且时常由于未能完成其任务而被警告。在他的日记中，他表露了一个一直以来的焦虑，即他得不到其他同事应有的尊重，而且他从未被那些人认为是一个"哲学家"。胡克在学会中的"角色"并没有因为其正式的职位而被认可；相反，他不得不努力工作来保持他已有的地位和成就。

很明显，胡克并没有因皇家学会成员的身份而获得平凡的科学家角色。他必须利用自己所处环境在物质和文化上的有利条件来为自己构建这样一个角色。这种角色实际上几乎算不上是一种认同。胡克这种特有的个性（包括我们现在知道的亲密焦虑症）是由他所处的特定环境所造成的；但他不是一个被动地接受外力冲击的人。他积极地在充满资源和限制的环境寻求为自己建构一个身份。他当然受其可用的传统资源范围的限制，但他用一种充满活力和创造性的方式来选择和重新配置了这些资源。

胡克的形象从最近的研究中浮现出来，与普遍地聚焦于个人动机和个人认同建构的研究相一致的群体规则，在诸如斯普拉特的《历史》之类的资料中不再有明显的代表性，并且至少在一些争论的解决中也不再体现其有效性。迈克尔·亨特（Michael Hunter）是当前最活跃的皇家学会史学家，他的工作在定位上不是特别的建构论，通过对该机构早期发展的特殊性和偶然性的持续研究确定了这个大体的方向。亨特追溯了机构的财政状况，其在持续性的基础上组织实验研究的尝试的失败，成员之间关于研究方向的争吵（Hunter，1981：chap.2；1989c：1-41）。他强烈反对任何认为实验科学的制度是一个直接的、有着清晰定义和共同认可目标的过程的假设。毫无疑问，这种对本-戴维模型中暗含的目的论的批判被广泛接受，但如果推进得太远，它们就留下了这样的印象——学会的存在和延续完全是一种偶然。建构论的观点事实上似乎会排除任何这样的假设，即成熟的学会形式或现在的角色是继承于体制化的过程中的，然而历史探寻仍可将其主题看作一个持续的制度的创造共识和文化机制。

如果要寻找早期的皇家学会中公共价值是如何形成并固化的，我们也许可以考虑亨利·奥登伯格（Henry Oldenburg）所扮演的角色，他的生涯表明一种公共目标如何通过个人的行为被创造出来。奥登伯格是一个德国移民，在 1663 年成为皇家学会的一个很活跃的秘书，直到 1677 年去世以前一直担任此职。由于获得了大量的与欧洲学者的通信，他发起并编辑出版了皇家学会刊物——《哲学学报》（Oldenburg，1965—1986；Hunter，1989b；Shapin，1987）。对于许多通信者和投稿者来说，奥登伯格代表了皇家学会的共同目标和价值观。他明确了学会主要成员共同承认的适当科学方法的普适概念，不断审查那些被英国人看作是令人遗憾的、趋势的、在一些大陆作者上体现的投机和教条主义。他调节了一些有关优先权或事实的争议，例如，约翰尼斯·赫维留斯（Johannes Hevelius）和阿德里安·奥祖（Adrien Auzout）关于 1665 年观测到的哈雷彗星的轨道之争。他指导去国外的旅游者应该观察什么以及应该如何报告。奥登伯格显然为保住自己在皇家学会中的关键位置发挥了相当大的主动性，但他是通过成为整个组织的喉舌而做到这一点的，特别是在国外代表皇家学会的时候。他的秘书工作事务在为整个机构创造一个认同地位的过程中扮演了相当重要的角色，他在《哲学学报》中的编辑职位也有助于巩固科学写作的修辞形式，使其名留史册。

对早期皇家学会的研究是重新评价早期现代欧洲科学的历史事业的一部分。在探寻文艺复兴和巴洛克文化时期的科学运动的根源时，建构论的观点再次发挥了重要影响，但从那些建构论者不明确的研究工作，例如，那些利用了文化历史和人类学的研究，可以看出指向了相同的方向。这种研究极大地丰富了我们对现代早期自然哲学的理解，开始揭露出一项复杂的对制度环境的考古学研究，在其中实验哲学家的认同得以形成（Porter and Teich，1992；Moran，1991a）。

从这项研究中可以看出，许多对早期现代科学开拓者所处社会环境的多样化的拾零补缺工作正在浮现出来。英国皇家学会毫无疑问的是合法颁发实验知识成果的一个重要的地方，但它绝不应该被看作是唯一的地方，也不该被当作一个非常多元化的运动的终极目的。学会和学院的大图景已经被绘制出来：一些是正式组建的，另一些是非正式或临时的；一些是国立的，另一些是地方的；一些依靠不断变化的个体赞助者，另一些则是由一群积极分子来维系的（Lux，1991；McCellan，1985：41-66）。另外，更多传统的机构比以前所认为的更加支持科学活动。耶稣会成员在 17～18 世纪自然哲学领域中令人惊讶地异常活跃（Dear，1987；Harris，1989）。同时期医学行业也在实验者中也占有重要地位（Cook，1990）。大学在科学革命的传统编史学中的作用被低估了，在科学知识增长的领域中也不完全是一片荒漠（Brockliss，1987；Feingold，1984；Frank，1973；Gascoigne，1990）。最终，随着博物馆和个人"好奇柜"（cabinets of curiosities）因对物质世界有着新奇的经验主义敏感性而获得更大的关注度（Daston，1988；Findlen，1989，1994）。

一个被分散成许多不同分支机构的委员会明显不会共有任何现成的认同。像这样的一个"科学家"就不是一个被承认的存在；所以在这样分散的组织里面成为一个科学家就不是一个可供个体工作的选择。相反，我们会发现他们用每个领域所提供的文化资源来拼凑出各种认同，如学者、物理学家、艺术家或者朝臣等。早期现代阶段的科学实践者们都致力于在保持"自我风格"的同时也努力创造自然知识（Greenblatt，1980）。他们的"角色"和他们创造的知识都不仅仅是他们所处的环境所给予的。

然而，他们不是孤立于他人之外工作的。尽管现代科学共同体的制度结构不应该背离于这个时代，但是把自然哲学家们彼此联系起来的整合性力量已经被近期的研究所确认。由文艺复兴时期人文学者所开创的通信网络被诸如奥登伯格、马兰·梅森（Marin Mersenne）和塞缪尔·哈特利布（Samuel Hartlib）等多产的通信者们带入了 17 世纪。该网络与交换礼物的网络相重叠，借此，书籍、手工艺品和物质珍品从一个人传到另一个人，普遍地成为社会规模的回馈礼物的习惯（Biagioli，1993：36-59；Findlen，1991）。这些交换礼物的网络的运行被一种假设所支配，即送给社会上层人物的珍贵礼物会使赠予者获得互惠的利益。直到 17 世纪 60 年代，仍有稀奇的磷光物质被呈送给英国国王查理二世，他被称为"由于理解这些稀世珍品而值得拥有它们"。许多"高贵的稀世珍品"被当作礼物送到皇家学会，还有一些因赠予者被授予会员而作为回报送给皇家学会（Golinski，1989：27-30）。

从底层加固这种礼物的交换是赞助的基本结构。这种关系模式在早期现代社会是非常普遍的，而且对热衷于从事自然知识制造的人们来说是其基础。马里奥·比亚乔尼（Mario Biagioli）曾形容这种赞助是该时期"没有障碍的社会机构"——一种并非局部性的高度仪式化的社交形式。赞助人将声誉和物质支持授予委托人从而被回报以礼物、乐趣、启蒙或者其他形式的地位的提高。在这种关系的另一方面，科学实践者们通过与其潜在的那些资助者们进行复杂的谈判从而得以形成其认同或自我风格（Biagioli，1993：1-30）。赞助者们在整个 18 世纪都是科学共同体的基本构成要素。在那个时期大部分时间中皇家学会被连续三位巨头所主宰：伊萨克·牛顿爵士、汉斯·斯隆爵士以及约瑟夫·班克斯爵士。但是在欧洲文艺复兴和巴洛克时期，该渠道是由皇家、贵族和教会赞助的，社会力量在其中川流不息。这种力量正是科学实践者要寻求去操控的，他们需要在这种关系中掌控方向并表现自己（参考 Eamon，1991；Moran，1991a；Smith，1991，1994a，1994b；Westman，1990）。

对赞助力量的操控可以清楚地在诸如实验的实践者们所处的属于贵族地盘的工作环境中被观察到。例如，比亚乔尼分析了西曼托学院（Accademia del Cimento），该机构曾在 1657～1667 年被佛罗伦萨的利奥伯德·德美第奇（Leopold de Medici）所支持，他将其与早期皇家学会进行了有益的比较。由于比较依赖其赞助人，该学院的活动与其伦敦的正式组建的对照者相比更加短暂和随意。许多实验示范只是充当了宫廷娱乐、消遣或谈资的角色。其参与者在对这个过程的记录和描述中仍处于匿名状态，其地位的显示依赖于贵族们，只有通过他们实验结果才能最终得到证明。这种同皇家学会的对比是明显的。对于伦敦的团体来说，国王纯粹是形式上的赞助人，他不参与任何会议。相反，这种有绅士风度的实验者们的独立地位正是保证其所见证事实的有效性的关键资源（Biagioli，1992：25-39；Findlen，1993a；Tribby，1991）。

在早期现代赞助关系的背景下，最持久的自然哲学实践讨论是比亚乔尼的《奉承者伽利略》（*Galileo，Courtier*）（Biagioli，1993）。在这部革新性的著作中，作者使用了建构论以及其他文化史和人类学上的流行观点。他的目的是展示伽利略作为一个自然哲学家和数学家的科学实践和自我塑造如何能够在巴洛克宫廷的环境中被理解。他追述了伽利略自 1610 年起在托斯卡纳的科斯莫二世大公（Gnand Duke Cosimo II of Tuscany）的宫廷中的生涯，以及随后在罗马教皇乌尔班八世（Urban VIII）的宫廷中被调遣的情形。比亚乔尼解释说，他关心的是伽利略自己认同的建构，而不是人们对其传统上所理解的传记："在某种意义上，伽利略通过在 1610 年前后成为大公的哲学家和数学家而重塑了自己。尽管通过这种行为他借取和重新协商了已有的社会角色和文化准则，但他为自己建构的社会职业认同绝对是原创的。伽利略是一个'杂凑'（bricoleur）。"（Biagioli，1993：3）

"bricolage" 这个词是比亚乔尼从人类学中引用过来的，他将其定义为"对早先存在的社会现象的元素的一种机会主义的重新安排（Biagioli，1992：18），这在他的分析中占有重要地位。他认为伽利略没有重新创建他的社会世界；在面对其影响时他也不是完全被动的。他创造性地整合和操控了形成自己认同的文化元素。在宫廷里宣称自己成为一个数学家，这在意大利的大学里是无法做到的。同时，他创造了自然知识，而这反过来也为他塑造自我助了一臂之力。

一个显著的例子是 1610 年对科斯莫宫廷的关键行动，使伽利略在那一年前半年对木星、卫星的发现成为可能。显然，伽利略没有假想这些物体存在——他确实通过他的望远镜观察到了它们——但他仍然将其建构为发现，把它们作为合适的"礼物"呈送给大公，同时也展现自己作为其发现者有资格获得资助。比亚乔尼指出了伽利略如何将其发现的好处最大化。他把这些卫星命名为"美第奇星"，声称木星的这些随从（被认为从星占学上与科斯莫相关联）显示了天体本身就展示了美第奇星的荣耀。这些卫星与美第奇家族的声望如此成功地联系起来，以至于它们同奖章、壁画甚至宫廷化装舞会成为一体（Biagioli，1993：103-157）。

伽利略用其闪光的天资换取了美第奇的资助，然而他发现自己身陷佛罗伦萨宫廷争端之中。他同比萨大学的教职员中亚里士多德派的自然哲学家们卷入了一场关于浮力的一系列辩论中。比亚乔尼认为，这些纷争应该被解读为了保卫荣誉而进行的修辞学决斗，而比分的争夺被那些参与其中的赞助人作为娱乐而享受。然而这些赞助人不能果断地介入其中而不冒失去其地位的风险，如果他们被证明是错误的话。所以，宫廷纷争对关于事实取得一致意见是徒劳无功的。比亚乔尼展示了伽利略同耶稣会的数学家奥拉齐奥·格拉西关于彗星的真实纷争，在这里面他的卓越的文字技巧和对迂腐之人的旁敲侧击，使他在教皇那里赢得了尊敬（Biagioli，1993：159-209，267-311）。

就是在这样的纷争的背景下，伽利略逐渐确立了他在哥白尼宇宙观物理体系中的地位。比亚乔尼认为，哥白尼主义对伽利略来说不是一种先验的认同；那不是其所有行为所根源的基本哲学。相反，在他努力将自己数学家以及自然哲学家的认同合法化的同时，他也把自己的哥白尼主义明确了。在这种情况下，坚持日心说在物理学上的正确性，就很有助于树立数学家可以成为合格的哲学家的观念，因此就能逃脱加于其身的学术规则的等级限制。比亚乔尼在这里的观点并不是要澄清直接且偶然的纷争，他也不是暗示宫廷环境强迫伽利略采取了哥白尼的理论。尽管如此，伽利略接受哥白尼主义的行为还是被认为有助于提高他在宫廷的地位。比亚乔尼写道："我们并不是要寻求一个原因，而是要探索伽利略的新社会职业认同与其对哥白尼主义的皈依之间这种相互增强的过程。"（Biagioli，1993：226）

比亚乔尼以 1633 年罗马教会对伽利略的审判作为其研究的终点。他认为如果把这个著名的事件放在与赞助和宫廷文化对立的位置上的话，就可以被重新解读。他将这种模式称为"得宠者的没落"（Biagioli，1993：313-352）。尤其在非皇朝的罗马教皇宫廷中，运气的倒转是快速且富有戏剧性的。对于赞助者来说，一个受欢迎的客户当时可以是一种财富，但在危机中为了维持权威可能会不得不牺牲他们。然而，这种模式并不完全适合伽利略。尽管他同乌尔班八世的关系具有这种模式的特征，但伽利略绝不是教皇唯一的宠儿。在审判中提出的这些复杂交错的事件也不能被弱化为个人背叛。正如比亚乔尼认识到的，这个审判仍然需要结合其他诸如神学、哲学和外交上的背景来解读。

尽管这个审判为比亚乔尼的著作画上了圆满的句号，但是其结果——对伽利略的定罪以及他对哥白尼理论的被迫放弃——否定了他过去几十年作为侍臣的勤勉的自我塑造。该事件也强调了自我塑造这个观念的一些微妙的细微差别。对比亚乔尼来说，伽利略不是一个完全自发的、利用赞助人作为资源来追求自己已经存在的目标的主体；他的选择甚至他的动机都是由他所处的环境形成的。并且正如这个引人注目的审判事件所展现的，伽利略也经历了其认同对他的限制，最终妨碍了他愿望的实现。比亚乔尼的分析让读者接受认同形成的一种模式，即个体在他们所处的环境下形成自己的欲望，但是为了追求自己的目标仍然能够操控其关系网（甚至那些地位底下的人也是如此）。尽管利用文化资源创造了他们的认同，但他们仍然依赖于体验变动的环境作为其行动的约束。这样一种模式似乎引发了一系列的目标和动机，有的长久有的短暂，有的自发产生有的被环境所塑造而成。这也暗示了个体和环境之间含糊和多变的关系，这种模式可能产生可资利用的资源，也可能造成障碍。这样复杂的一种模式无疑可受益于更准确的表达，以及在历史案例研究中更加深入的应用。

尽管很困难，然而一旦我们开始质疑默顿学派的假设，即科学家的社会角色会毫无问题地、有目的地展开，那么这些个人认同如何形成的问题就会不可避免地浮现出来。如果我们致力于研究现代早期的科学实践者如何建构其认同，那么我们就不得不处理自我展现的风格与本身就不稳定的社会文化环境之间复杂的相互作用。关系到个人可能凭借的资源范围和他们可能遇到的限制的问题，就要求某种程度上的理论衔接；但是他们只能从经验主义研究的语境出发来着手处理具体的案例。我的目的并不是要在这里解决这些问题，而是要通过指出可能有助于这个主题进一步研究的两种资源来总结这一部分。

第一，是一些已经被传统传记所利用的私人写作纪录。许多现代早期的学者留下了文本，记录了自己每日的行动和思想或者是关于道德认同的深思熟虑的问题。新教徒传统的忏悔和对道德的检讨，以及人文主义者的诸如散文和老生常谈的著作之类的文本形式，都被经常用来构成这些文件。胡克的日记和波义耳的道德文章已经被从传记的角度做了许多详尽的研究。

然而正如夏平所指出的，对社会认同建构的研究尽管能够利用传记所使用的文档材料，却并不能完整地分享其目标。首先，贯穿个人人生历程的主题的连续性不应该被假定。对于如何表达认同，也许环境的偶然性或临时性以及地方的限制，比童年的经历或早期的志向更加重要。其次，所使用的文档的状态必定应与其实际或潜在的读者以及形成其形式和内容的传统相关。这些文档与其说是透视作家心灵的窗户，不如更恰当地说它们可能被看作在完成公众自我表述的假定模式的过程中而形成的个人认同的练习。用这种方式来解读，波义耳在 17 世纪 40 年代末所写的文章通过展示自己的真诚和无私，通过将自己与那些"绅士""哲学家""基督圣徒"等社会角色相对照，使人们能够追溯其对自己认同煞费苦心的创造（Boyle，1991；Shapin，1993，1994：chap. 4；Shapin，1991）。

第二，近代科学中对性别问题的研究也产生了关于认同形成的有价值的资源。在这个研究领域的先驱者卡洛琳·麦茜特（Merchant，1980）、伊芙琳·福克斯·凯勒（Keller，1985）、朗达·史宾格（Schiebinger，1989，1993）和柳德米拉·乔丹诺娃（Jordanova，1989）已经成功地建立了性别形象在近代欧洲科学论述中的重要性；他们也认为性别研究对了解男性自我塑造来讲也是有重要意义的。几乎所有的科学家都是男性的事实——长期以来都被看作是"自然的"或者不重要的——已经被证明是非常重要的。那些成功进入属于男性领域的科学共同体的少数女性的生涯，非常有利于揭示男性认同在这些环境中建构的方法。可以利用这种方式进行详细考察的女性的范例包括：17 世纪英国自然哲学家玛格丽特·卡文迪什（Margaret Cavendish），18 世纪意大利物理学教授劳拉·巴斯（Laura Bassi）和 18 世纪法国数学家沙莱特侯爵夫人（Emiliedu Chatelet）（Schiebinger，1989：47-65；Findlen，1993b；Ehrman，1986；Terrall，1995）。这些女性是在她们那个时代的科学共同体中获得了一些认可，并在自己所在的机构中确立了角色（虽然是有限的）的女性中的一部分。对她们的研究阐明了她们得以成功的策略，她们可资利用的家庭和个人关系，以及她们所遇到并战胜的男性偏见。

但是这些研究的价值远远超出了个体的特殊案例。其重要性在于通过展示性别因素的中心作用，从而进一步揭示科学实践者自我塑造的过程。在科学共同体内部进行自我展示的模式是与男性气质紧密相关的，不论这种相关性是通过"荣誉""独立"抑或是"谦恭"的概念造就的。从意大利宫廷普遍存在的装模作样的举止，到波义耳所展示的谦逊和禁欲主义（Tribby，1992；Haraway，1996），不同的自然哲学家认同的建构，利用了不同的关于什么才是男人的观念。他们也利用了诸如弗朗西斯·培根所倡导的性别语言，用侵入性和强制性的术语来描述对自然世界的调查研究。被男性学者所揭示的女性自然图景有一种普遍的意识形态的角色（Schiebinger，1989；Jordanova，1989）。与这种男权主义论述相反的观点是女性生理和心理理论的出现，其内容中有一项解释了为什么女性天生不适合在科学界工作。

性别的论述和行为似乎以一种亲近的方式进入了男性科学实践者自我塑造的过程中。在对此更深入的探索中，建构论的研究会得益于与性别研究的密切联系。迄今为止，这两个领域之间的联系并非一贯地接近；但是其对认同形成的关注提供了一种共同的关切。在最近几年，科学社会学建构论者已经抛弃了历史演进以及学术机构毫无问题地预先给定社会角色的观念。相反，科学实践者被认为是自我塑造的个人，创造性地利用其文化环境所提供的资源从而形成他们的角色形象。一个平行的研究趋势描绘了性别研究的特征，从初期对女性史的关注到以文化和认同的范畴来考察性别普遍的重要性。近期的研究将女性角色看作是特定文化的历史建构，而不是将女性的认同看作是由自然属性决定的。这个发展对男性的研究也有编史学的影响，可以显示出性别因素对认同形成的作用。在这个主题上的进一步的研究会为理解个人认同的形成提供新的资源，即使是在像近代科学一样由男性占主导地位的领域中也是如此。

2.2　规范性的塑造

尽管传统的"大图景"解释将科学看作是有连续历史的单一实体，但自库恩以来的编史学已经强调了其发展的不连续性，库恩的不断革命的观点并未被接受。特别是 19 世纪早期出现的把近代科学分离出来的缺口已经日益明显。1780～1850年，被称为"第二次科学革命"时期（Kuhn，1977a：147，220；Hahn，1971：275-276；Brush，1988）。这是一个诸如地理学、生理学和心理学等新学科刚刚建立、已有的学科（尤其是物理学和化学）发生剧烈变化的时代。随着机构环境自身的转型，其概念内涵和实践也发生了显著变化。在法国，科学和医学训练在大革命时期的机构建立和改革中被彻底重组。在德国，大学通过研究机构重新修订学术规则并为实验室添加新设备而被根本性地重新塑造。在英国，启蒙运动中古典个人主义的传统得到持续发展，但是大范围新的教育和研究机构的建立也在急剧的技术和社会变革中得到检验。

威廉·惠威尔（William Whewell）于1833年创造的"科学家"这个术语可以看作是这些变化的象征，这个称呼在该时期对科学实践者来说确实比18世纪更加适用。但惠威尔的愿望是将其应用到许多不同的领域，并且作为科学哲学家和科学史家得到公认，其并未实现（Yeo，1993）。相反，在知识的制造过程中不同学科的界限越来越分明，这体现在大学院系和研究机构的组成以及专业科学学会和新的期刊中。这不简单的是一个可能通过建议使用"专业化"这个术语就能够对知识图景进行逐步的划分。相反，全新的知识领域（启蒙百科全书中未记录的）通过自己对实践的定义和对边界的规定而创造出来。学科边界尽管有时会被打破或被重新调整，但是依然在所有其被创造出来的地方成为自然知识的构造特征（Stichweh，1992）。

这些变化在制度层面上有时会被描述为一个"专业化"的过程。这个术语表明，科学在这个时期作为一个职业已取得一个当然的独立地位。明确的进步通常由这些信号指示出来：定期的训练项目、稳定的工作资源、科学家自己对其工作质量的控制、为社会服务的理想。然而，"专业化"的模式确实有其限制，即我们已经注意到的与默顿学派所宣称的科学因外部影响逐步获得"自主性"相关限制。它暗示科学沿着唯一的一条路径发展，来自不同专业群体成员的一个专业的形成是一个重要的里程碑。这种发展模式的提出使这个术语包含了目的论的暗示，即这种变化可以通过对特定目标的定位来解释。

莫雷尔（Morrell，1990）承认这个缺点，但他认为如果小心地使用，将这个时期科学的社会层面的重要变化隔离开来，专业化的概念仍然是有用的。莫雷尔认为，人们不应该假定转变是在每个国家每个领域同时发生的，或者是用同一种方式发生的。也不应该假定专业地位的获得是任何组织的目标。虽然如此，我们也许会期待发现——事实上确实发现了——在19世纪前半叶，欧洲和美国对该模式的应用显示出了至少六种变化的特征：①在公共和私人机构中科学专家有薪酬岗位数量的增长；②专家资格门槛的提高，如哲学博士学位；③实验研究室中学生训练项目的扩张；④专业性出版物的增加；⑤用以支持从事科学事业而建立的机构的崛起，如英国科学进步协会（1831年成立）；⑥在科学机构内部为科学家职业所设立的自主性奖励体系。另外一个特征也可能增加到莫雷尔的清单中：将女性从科学专业的活动中严厉地逐出。他认为男性科学家职业领域的划界为女性对科学事业的追求设置了新的障碍。在职业专家与公共"业余爱好者"之间的一个更稳固的界限（如在植物学上）趋向于限制女性做出贡献的可能性，剥夺了少数女性在19世纪中还能够抓住的机会（Schiebinger，1989：244-264；Shteir，1996：chap.6）。

关于这些进步的发生很少有疑问，然而问题仍然是：将其按专业划分究竟有多少好处？无论怎样小心地使用，这个术语仍然暗示了一种本质上对许多不同学科共同的作用，即它们可以借此实现对自己内部事务的自主控制。该暗示是一种社会性的过程，但也明显是定位于通过外部社会力量实现独立的目标。忽略不同科学学科具体的实践问题——我们将其看作默顿学派的社会学的一个特征——在这里也是很明显的。建构论观点认为候选方案是必要的，有些人可能会对地方环境敏感，包括具体的实验和教学实践，然而也会在不同地点探索进步之间的联系。要替代含蓄的目的论，我们也许需要考虑如何将变革解释为不协调的，甚至是相互矛盾的力量相互作用而产生的意外结果。

建构论的分析产生出来的一个貌似合理的分类是"规范性"。其含义不单是科学规范在这个时期的重新组合，也是在更大的力量形成过程中的根植性。规范的形成需要分享特定实践模式的共同体的团结，反过来意味着规范行为的模式可能有着更广泛的应用，比如在学校、监狱或工厂中。"discipline"这个词的含糊性在这里是至关重要的：它既指人们服从的某种形式的命令，也有控制行为的含义。这个词在词源学中有深刻冲突的双重含义。重提这种与教育权力的原始联系是有意义的，免得我们激烈地争论知识的规范分类仅仅是"天然的"（Shumway and Messer-Davidow，1991；Hoskin，1993）。

对不同自然科学规范的认可至少与亚里士多德一样古老。历史学家已经研究了规范分类的不同方法，以及用于定义其实践和监督其界限的技巧（Livesey 1986；Westman，1980；Dear，1995b）。库恩用"规范基质"这个术语来描绘一同构成"具体规范的从业者的共同财产"这个概念的特征的元素（Kuhn 1962/1970：182-187；Kuhn，1977b）。那些从规范性考虑第二次科学革命的主张不认为这样的规范是新的，或简单地认为新规范成为现实存在，而是认为用于训练其实践者的对规范教育和使其不朽的技巧发生了改变。对该时期这些术语的变化的考虑，提供了广泛的经验主义研究——科学教育、研究训练、实验室、仪器的使用、规范修辞学等——与有潜在启发性的理论图景相联系的可能。近来最杰出的工作属于哲学家和历史学家福柯，他对大多数近期关于规范研究的工作都产生了影响，正如简·哥德斯坦（Goldstein，1984）所认为的，福柯关于规范性的思想为理解科学专业知识的社会维度及其社会延伸提供了专业化模式的变通办法。福柯的论著作为整体并不容易被同化到建构论的图景中，仅凭此原因其关于规范的观点就值得关注。

1971 年，福柯在法兰西大学的就职演说中介绍了这个主题，当时他提出，规范通过参考想法、传统和作者的论著——所有他认为被"主体的主权"这种假设的概念玷污了的范畴——提供了一个满意的整理思想史的变通办法，这种观念被认为是自治的产物和充满自我意识的人类思想（Foucault，1971/1976）。规范包含了管理在一个特定的散漫环境中应该说什么的"控制体系和话语边界"。福柯写道："一个规范的存在，必须有阐述新命题的可能性。但一个规范不是所有关于某些事的真相的总和。"规范中同时包含着谬误和真理；被其所认可的命题必须满足除了真理和错误以外的其他条件。它们必须涉及一个确定的客体范围，利用一种意义明确的概念性技巧，并适合特定的理论性理解领域。规范范围之外是一些没有那么多绝对不可想象的错误的陈述："在其自身的极限之内，每个规范都有正确和错误的命题，但其排斥那种对知识的怪异研究。"（Foucault，1971/1976：220-223）

对规范的了解，仍然很大程度上建立在思想史内部，在福柯随后的《规范与惩罚》（Foucault，1978）中其内涵得到了扩大。他研究了在散漫生产中约束条件与诸如工厂、医院、监狱等明显除去了学院性的环境中权力运转方式之间的关系。他研究的焦点是在 19 世纪早期一种新的刑罚体制实践的创造以及与之紧密相关的"人文科学"论述。他坚决反对在惩罚实践上的彻底转变直接反映"人性化"这种观点。那引人注目的公共处决，包括肉刑和折磨，是 18 世纪的特征，用后来的标准看是极其野蛮的（正如福柯用生动的图片描述所展示的 1757 年对弑君者达米安的处决）；但他们在古代的社会体制中遵守的是他们自己的逻辑并服务于一个明确的政治目的。从 19 世纪开始持续替代的监狱制度仍然是权利体制的产物——用于管理、检查和不断监视罪犯主体的权利。

不仅是罪犯，根据福柯所述，在刑事改革方面投入实践的规范手段有着更广泛的应用。它们在军队、工厂、学校和医院被用于产生"驯服的人"；并用于生产关于这种管理者的知识。"权力微观物理学"同时是知识生产的一种手段——形成关于受过训练个人的标准信息的一组方法。控制的技巧包括通过时间和空间的细分方法、身体姿态的重新塑造以及对机构的重新调整使其像机器一样运行。监视或"等级观察"活动被建立起来成为特定机构的特有架构。"圆形监狱"——一种从每个点都能观察到每个罪犯的圆形的监狱设计，是由杰里米·边沁（Jeremy Benthan）在 1787 年提出的，是简化为其理想形式的权力的机制构图（Foucault，1978：205）。福柯总结道："'规范'也许不能被看作是一种制度或是一种设施；它是一种权力，一种训练的模式，包括工具、方法、程序、适用水平、目标等一整套东西；它是一种权力的'物理学'或'解剖学'，一种技术。"（Foucault，1978：215）

规范被福柯作为具有生产处于其控制之中的关于人类世界知识这种功能的权力制度来理解。为犯人的地域性、规章制度和监督所允许的监狱建筑原料，表达了与生产了犯罪个性知识或犯罪社会学的人文科学同样的权力关系。控制的技术是知识生产技术的一部分。生产出来的包括人们的自我认识在内的知识隶属于这种权力技术：他们的"主观性"是他们"服从"的产物。作为该技术的一个例子，福柯考虑了检查的过程：

谁将会书写……"检查"的历史？——它的仪式、方法、特征和作用，它提问和回答的剧本，它标记和分类的体系？因为从这个微小的技术可以发现知识的整个领域以及权力的整个类型。人们经常用或者谨慎或者冗长的方式讲到人文"科学"带来的意识形态。但他们特有的技术——这种微小的有着单一机制和权力关系的操作方式已经传播得如此广泛（从精神病学到教育学，从疾病的诊治到劳动的雇用），这种熟悉的考察方法、器具——能否使提炼和构成知识成为可能？（Foucault，1978: 185）

这种技术在应用方面的要求是很精确的，然后很快被应用在许多不同的领域。规范类型的扩张已超出学术界的范围。许多地方的权力制度采取了一个共同的模式，使用了相同的知识生产技术。这个过程被福柯看作是对主要历史因素的回应，比如，人口统计学的增长、生产关系的改变以及描述（如修道院和军队等机构中的多样化规范传统）。但他否认这个过程可以被减弱为来自单一源头的权力扩散，如国家或统治阶级。福柯认为，权力不是某种可以集中在某一个地方再扩散到其他地方的东西：它是"战略性"和"毛细现象"的，是根据行动者在具体情况下的处置而不断地重新制定的。

当学科实践在科学领域创立时，它们不仅属于已经被认识的事物，而且还属于新规范类型的认识者。劳斯指出，允许构建关于规范的人文学科知识的技术——比如，隔离、实证、核查以及福柯称之为"规范化"的东西（某种通过参考暗示性评估标准的判断）——也适用于实验室中的非人类对象。"我们所生活的世界被围墙、隔墙所分裂，被测量、计算和定时所标记，被新形式的可见性、文件编制和叙述所追踪，所有这一切都是为了使科学知识成为可能。"（Rouse，1993a: 143）实践者参与其中亦受其规范。受科学规范训练的学生们的态度和举止受到监督，需要以标准的形式报告结果并接受考查。福柯对于权力关系的物质基础的强调表明，我们应该检查新的实践被教授的建筑学环境，以及通过要求学生以具体方式操纵机器来规范他们的活动。在实验科学中有关实践研究的培训中的所有组成部分，事实上在 19 世纪早期已经出现，最初是在改革后的德国大学，随后出现在欧洲和美国的其他研究机构中。

有关科学训练研究的起源问题在一些方面仍然不清楚。但是，威廉·克拉克（William Clark）将这一问题的根源追溯到 18 世纪在德国建立的古典哲学研讨会上首先倡导的教学风格，在哥廷根和哈勒[①]尤为突出（参见 Turner，1971）。在许多层面上来讲，核查实践是这些机构中必不可少的一部分：学生由导师检查，相应地，导师有责任以标准的格式报知政府机构。学生的工作习惯被严格规范，必须定期上交书面工作成果用于考核评价。书面文件的传递构成了"分级监测"结构体系。

到 19 世纪的第二个 10 年，这些教育的实践已经通过德国大学体系授予正式的哲学博士学位的制度被传播开来，旨在奖励有大量独创性研究成果之人。威

---

① 译者注：德国城市，位于莱比锡盆地的西北边缘，距首都柏林大约 130 公里。

廉·克拉克称，对独创性（在学术界的新事物）的要求和学术论文的写作形式的规定反映出"对于学位候选人的审美化和官僚化要求"（Clark，1992：99）。这就要求学位候选人必须提出独创性的想法来展示其思想的深度，这在文献学研讨会的环境下是首创。它为其自身提供了一种福柯化的分析，根据这种分析，个人主观感觉的培养很大程度上是由规范的结构所致。正如威廉·克拉克指出的：

尽管将研讨会成员按照惯例和研讨会报告像教学机构那样分类，但研讨会的成员仍被认为属于自治领域。部长和理事会强迫成员获得独一无二的个性……他把自己培养为标准化的但又与众不同的人……他必须清楚自己感兴趣的学术领域，并且必须在写作中保持这种伪装以便进行评估。（Clark，1989：127）

科学训练随后应用于大学学院和致力于研究自然科学的研讨会中，其中包括分级监测和核查。除了文件流通和教学空间的分配之外，另一个训练设施元素被加入进来——仪器的使用。通过学习使用设备、生产需要的实验现象并进行观察和测量，学生们学会操作规程并掌握具体的技术。因此，学生所接触的物质仪器承担了一部分教学任务。

由尤斯图斯·冯·李比希（Justus von Liebig）于1826年在吉森大学开设的培训药剂师和化学家的研究所，在实验科学中是一个影响力极大的实践研究训练的典范。李比希的研究所一直被许多历史学家视为"研究学院"的范例，尤其是在莫雷尔（J. B. Morrell）随后所做的开创性研究之中（Morrell，1972；Geison，1981，1993；Geison and Holmes，1993；Holmes，1989）。它符合了盖森所描述的一种模式："一小群有经验的科学家与学术水平较高的学生在同一机构中组成小组，共同探索非常明确的研究方案。"（Geison，1981：23）但是，正如约瑟夫·富顿（Joseoph Fruton）已经证实的，李比希的大多数学生不会成为学术研究者。那些成为药剂师以及从事诸如医生、工业化学家和高中教师等职业的人数，远远超出获得高级学术职位的人。富顿得出结论："从1830年到1850年这一时期的吉森实验室的主要教育功能是训练未来的药剂师和工业化学家。"（Fruton，1988：17）对于这些学生来说，在合作研究中所获得的任何经验都是片面和暂时的。

但是，对于他的所有学生来说，李比希所提倡的进行规范训练的实践效果显著。这些实践包括严格分配学生时间、每周考核以及让他们使用由李比希明显改进过的有机化学化分析方法来完成所分配的任务（Holmes，1989：127-128）。在这个轮廓分明的试验工作领域中，学生们被分配给与他们技术水平相适应的任务；1832年后，他们中的优异者就可以在李比希创办的杂志《化学年报》上发表他们的研究成果（Morrell，1972：30）。李比希也调整他的实验室的物理空间，确保在对学生进行必要监督的同时能够便利学生的手工操作。1839年复造出的一幅实验室的图可以显示学生在为实验任务所配置的工作台旁工作时彼此距离很近——有些很显然是两人一组。李比希在自己的工作区旁观，他的工作区与学生的工作区

图 2　尤斯图斯·冯·李比希于 19 世纪 30 年代在吉森大学分析化学实验室的内景

注：图片表现了在实验室中对学生训练和监督的场景。在后方正中是李比希在其部分封闭的工作场所中往外看。该场景由霍夫曼（J. P. Hofman）重현，《化学实验室》（Heideberg，1842），由宾夕法尼亚大学范·佩尔特-迪特里克图书馆埃德加·法斯·史密斯收藏中心授权

域部分隔离（Holmes，1989：159；Geison and Holmes，1993：卷首插图）。李比希后来用一个恰当的比喻，回忆他监督学生工作的场景："我分配任务并监督其实施，每个学生如同以我为圆心所画的圆周上的一点。"（引自 Fruton，1988：18）

　　在李比希的实验室规范培训综合中至关重要的是一套设备，即用于有机化合物定量分析的氧化仪器。这套设备是李比希在盖·吕萨克（J. L. Gay-Lussac）和贝采利乌斯（J. J. Berzelius）的早期模型的基础上改进而成的（Holmes，1989：131-142）。正如莫雷尔所说："借助实践，任何有毅力的学生都能够使用李比希的氧化仪器获得可信的结果。"（Gay-Lussac，1972：27）在监督管理下，通过学习如何操作仪器，学生们可以获得正规方法和技术；通过自己动手，学生们明白了有机物的化学构成以及定量分析的程序。实际上，李比希的部分教学任务由他的硬件完成——仪器本身承担了训练使用者的部分任务。

　　当研究训练的规范模型在其他地方应用时，其他仪器系统承担了这一功能。许多 19 世纪中期在德国大学建立的生理学研究制度依靠的就是应用于动物、植物

标本的一系列设备系统，从显微镜检测到更加详尽地应用到电学或化学刺激的对活体组织进行的制备以及结果测量。生理科学基本上依靠此类实验，将现象和仪器包装在一起（Lenoir，1986；Coleman and Holmes，1988b）。学生们通过学习这些实验设备认识该学科。浦金野（Jan Purkyne）于 1839 年在布雷斯劳①建立了德语世界第一个生理学学会，开创了手工培训器械使用方法的传统。浦金野的方法是受了瑞士的教育学家约翰·裴斯塔洛齐（Johann Pestalozzi）所强调的"在实践中学习"思想的启发（Coleman，1988）。当 19 世纪 40 年代改进的显微镜出现后，它就成为浦金野实验室训练，以及海得堡的雅各布·亨勒（Jacob Henle）等同事们的中心角色（Tuckman，1988）。在随后的十年中，伦敦大学学院的威廉·沙比（William Sharpey）将显微镜安装在一个旋转台上，使其可以在实验室工作台上从一个学生传到另一个学生手里（Geison，1978：55）。到 19 世纪 70 年代，托马斯·亨利·赫胥黎②（Thomas Henry Huxley）就已经在皇家矿业学校正规的培训中使用显微镜了。赫胥黎解释了如何培训他的学生正确使用显微镜观察：

我们将工作台适当安放，用于放置显微镜和解剖器械以便于采光，我们研究大量动、植物结构……学生首先会在自己面前看到一幅他应该看到的结构图；然后自行完成结构图的绘制；如果有了这些帮助以及指导老师所能提供的必要的解释和使用提示，他还不能弄清在所提供的材料背后的事实的话，他最好去从事其他的职业而不是生物科学的研究。（引自 Gooday，1991：339-340）

在生理学之外的学科中，仪器可能一直都是综合实践活动中相对不重要的部分。凯瑟琳·奥列斯科（Olesko，1991）已经详细分析过哥尼斯堡大学弗朗茨·诺依曼（Franz Neumann）物理研讨班 1834～1876 年的情况。这里更注重的是手工技能的培训而不是个人独创性的培养。这一目标与其说是教育（人文主义的自我认识）不如说是培训（训练或操练）。诺依曼通过传授适用于许多不同的实验现象的精确测量方法来实现这一教学目标。奥列斯科着眼于使用诸如最小二乘法之类的技巧进行教学过程的错误分析。对诺依曼来说，掌握这些技术将带给准物理学家或物理老师们用于解决一系列问题的基本技能。尽管这些方法只能在集中的实验工作的背景下，借助特制器械对现象进行机械学、光学、电学的测量才能获得，但是这些方法已被证明可移植性强并适用于其他地方。

于是，奥列斯科开始关注某些容易清晰表达的技术的可传递性。诺依曼的方法可移植性强，是因为能够用书面文件将这些方法详细地记录下来；借助必要的操作技能很容易将它们从任何特殊的实验器械中分离出来。与更直接地依赖于器械操作或具体的技术从而局限在某一特定领域的知识相比，这种差别显而易见。

---

① 译者注：波兰南部城市。
② 译者注：英国博物学家、教育家。

然而这并不能说明，抽象的方法不能与具体的综合实践相联系。它们可能一直都在以多种方式详细地说明如何才能够移植到其他地方，但只能与特定的实践对象联系才能习得这些方法，它们也许在其他地方被不同配置的实践环境所吸收。因此，格雷姆·古戴（Gooday，1990）描述了 19 世纪后半叶英国在物理学教学实验室中如何采用精确的测量方法。例如，在格拉斯哥①的威廉·汤姆逊的实验室中，和哥尼斯堡大学一样，精确的衡量标准被视作物理学规范训练上的一个重要部分。但是，在格拉斯哥，测量却直接与大西洋电报计划的设备和问题相联系，汤姆逊引人注目地参与到这项计划之中。在这种背景下，从其他地方吸取过来的方法被用做特定的用途。

这是一种我们期望重复出现的模式。一个规范综合体——时间、空间的划分，身体行为及操作技术的监督、观察，检验以及特殊的仪器设备——都集中在同一个特定的地方。但是记录的信息及人工物质制品能够传播，并且它们可能携带着综合体的要素。它们甚至可以被很好地应用于实验室之外的工作环境中。因此，古戴（Gooday，1991）追踪了显微镜进入维多利亚时代英国的学校以及家庭的途径。他表明，仪器的应用依赖于已经广泛扩散开来的关于自然的普遍文化假设，也依赖于那些生产、销售、宣传以及指导消费者如何使用设备的人们的努力。德国的学科结构不可避免地没有赫胥黎的教学实验室严格，但并不完全是茫然的。设备本身会传递一部分必需的操作技术，但也需要规范网络的扩展对其支持。显微镜转型进入维多利亚时期的家庭不仅依赖也延伸了建立在实验科学教学机构上的规范性结构。

不同场合的学科形式的共性的关键——众所周知的，福柯没能做出解释——有可能会在学科结构的那些要素的传递中获得。如第 1 章所示，从弗莱克到拉图尔的建构论，社会学家已经在理论层面上对这一问题进行了研究。当然，在实践科学领域中可以进一步进行关于地方规范训练的特殊性的史学研究。我们需要更多身体技术、物质设施以及正规指导如何在不同时间、地点和学科中相互联系的信息。这种更深入的研究将会使我们更加明白地接近规范结构扩展的问题。

尽管本章强调规范性是第二次科学革命的一个主要特征，但是依然可以使用认同和自我塑造的概念来理解早期现代科学。但是，这样做需要背离一些福柯的分析范畴。他的观点将个人认同视为权力的规范性结构的产物，而个人认同被看作是主观性的要素。按照福柯的看法，甚至独创性也可以视为训练的结果而被解读。可是，现代科学史学家能够很容易指出个人例子来反驳。这些人处于现有学科之外、学科交叉点或者在他们自己所在的学科中与现行潮流相对立。电脑运算先驱阿兰·图灵（Alan Turing）、20 世纪 40 年代变成生物学家的物理学家们（如

---

① 译者注：英国城市。

弗朗西斯·克里克（Francis Crick）），以及特立独行的遗传学家芭芭拉·麦克林托克（Barbala McClintock）转向了心灵研究（Hodges，1983；Keller，1983）。他们的自我塑造不能解释为规范力量的支配性结构的结果。相反，这似乎需要对于自我表现能力的认可。尽管规范性对于科学实践者个性产生了影响，但以上的这些例子告诉我们，这些个人通过创造性地使用身边可发现的资源，可以构造自己的职业个性。甚至在规范性的年代，对科学家们认同的理解可能涉及诸如爱好和杂凑之类概念的理解。

第 3 章　生产知识的场所

萨尔维亚蒂：在你们著名的兵工厂中，你们威尼斯人显示的持续的行为暗示，勤奋者专心于大范围的调查……

萨格雷多：你说对了，我的确天生好奇，仅仅为了观察这个工作的乐趣我就频繁地参观这个地方。

伽利略《关于两门新科学的对话》（Galileo，1954：1）

3.1　自 然 工 场

第 2 章结尾回到了与科学知识相关的局部性问题。规范性基质的概念暗示实验性训练存在于一组由特定局部环境构成的背景中。这些环境可能包括诸如此类的特征：设备的安排受空间限制，其中程序支配着人们的行为举止。实验结果在别处的复制似乎需要这个基质要素的某些转移，不论以文本、原材料制品或具体技能的形式。

正如第 1 章已经指出的，这个科学知识局部特殊性的概念已经成为建构论研究的一个一般性主题。库恩的著作第一次把注意力指向实践者研究共同体，他们共享同一个理解自然的"范式"。在库恩看来，自然现象可以解释为一种情况，其中包含一定的预先假设、方法论的约定、制度的束缚等，它们在特定的实践模型周围贯穿起来。科学知识社会学家们把局限的主题发展为一个更为具体的方向，强调实验室是工作的专门场所。他们的设想是可以用特定物理场所的专门资源得出并解释实验现象的。他们声称，在指定的实验室空间里，集合人力和原材料资源来解决并分析现象，同时将其打包起来以便在别处复制。

建构论的视角清晰地表现为对实验室历史构成的主题的探索。其他人会想到以下的问题：实验室的区分特征是什么？这个制度是如何出现的？如何控制其界线，以允许集中资源而不是因其存在而保护它们？实验室工作结果与外部世界的交流是如何管理的？物理场所是如何束缚人类角色的行为或至少是限定了他们充任的角色的？最后，实验室与其他一些生产自然知识的场所有什么相似性，包括博物馆、诊所、文化剧院以及一些明显更加分散的科学领域，诸如地质学、博物学和生态学？

　　在本章中，我们考虑这些以及其他一些问题，开始特别集中于实验室上，然后把视野扩展到其他一些生产自然知识的场所。我将回顾以下历史学家的尝试，他们给出了这些问题的答案；同时我也评估一下他们发现的论题的含义，即自然科学是一种地方性知识。我反复强调这一点，即我将提到的从事这个工作的历史学家都不认为自己特别亏欠建构论。特定实验室、天文台和科学协会的历史在特别独立于建构论社会学的科学机构史中有相当长的传统。同时，我从其他领域获得了许多新观点，并对这些主题产生了影响，例如，在人类学或建筑史中，地方性知识的观念已经相对普及（Geertz，1983）。虽然如此，下面可以做一个推测：建构论观点已为这个兴趣提供了一个理论上的基本原理，并为经验主义局部研究与更为普遍的关于科学知识的建构之间的联系提供了前景（Agar，1994）。

　　当然，断言科学是一种地方性知识，比说阿赞德人①的巫术信念是一种地方性知识这种主张更为激进。默顿关于纽伦堡法则对哈博法②的效力有重要影响的警语有一些内在的（或至少是遗传的）合理性。它给了关于科学是"无处不在和不存在"的观点以警示的力量，即科学的效力普遍延伸扩展，而它的产生地在一定程度上却不知在哪儿（也就是说，没有一个特定的地方）。为了说明这个主张的第一部分，建构论者们一直进行实验室之外的研究，使其在科学知识仍然适用的更大领域范围接受详细调查。他们的工作可以说是趋向于显示这个声明的普遍性可能是人类行为的结果而不是神的恩赐。

　　实验室调查是表述该声明第二部分的一种方法，即"不存在知识的社会场所"（Shapin，1990：192）。在西方文化中存在已久的关于自然和精神知识的传统把它描绘为基本心理进程的结果，这个进程发生在据称与物质分离的领域中。这些传统借助一些处于孤独之境的哲学或精神学科的实践者得到了加强。圣贤们把他们自己从人类社会分离出来，不管是到沙漠、山巅，还是火炉一般炎热的房间，他们断定自己会因此更为紧密地接触真理王国。设想一定程度的隐居可以导致智力上的深思熟虑似乎很合理，甚至也有案例，即一些试验性的调查需要或者得益于相关事物的隔离。但是，这些发现并不能表明对知识可以在人类社会之外得出这个观点的赞同：故意地反社会并不等同于不合群。甚至寻求孤独也要与特定的社会习俗相一致，这种行为也许的确服务于展示人们需要采用一个特定的社会认同的目的。证明一个人寻求并期待孤独是假设其致力于寻找真理的角色的一种方式。就像夏平所指出的，"孤独通常是一种极度公开的姿态……没有观众它就没有任何意义，它的意义完全依赖于大众化理解的语言和评价标准"（Shapin，1990：195）。

　　要说明这一点，我们可以简单地考虑两个个体：艾萨克·牛顿和查尔斯·达

---

① 译者注：居住在扎伊尔、苏丹、中非共和国的中非地区民族。
② 译者注：一种工业制氨法。

尔文，他们对孤独的深思熟虑的耕耘，对其科学工作为世人所接受的程度有着重大的影响。这两位伟大的科学家寻求的隐居有时被认为是从社会学分析的可能性中移除了他们的工作。但是，关于他们的近期史学研究显示这种假设是错误的。相反，他们的隐居可看作是特定的文化传统使其变得可能并有实际意义。

牛顿从 1661 年作为一名大学生入学到 1696 年在伦敦担任一个文职期间，几乎一直生活在剑桥大学三一学院。当然，他不是完全孤单的。该学院的仆从和秘书照料着他的日常所需；在早期的几年中，他的导师和别的教师对他的智力进展很感兴趣；有段时间他卷入了一场大学政治活动中；作为卢卡斯数学教授的同时，他偶尔也做演讲（即使根据传说他经常是"对着围墙"）。然而，在很多方面牛顿选择了一种隔离的生活，并以此形象将自己展示在同时代人面前。在 17 世纪 70 年代与皇家学会关于光和颜色现象的交流中，他将自己描绘成一个单独的实验者，从他"黑暗的寝室"中产生出了无可置疑的成果。在 17 世纪 80 年代埃德蒙·哈雷扮演了牛顿的《自然哲学的数学原理》一书的"助产士"的角色，该书可以看作是用极大的智慧从孤独中所诱出的。

牛顿特别谨慎地保持着与他的炼金术相关的隐私。在一个与他的学院房间相连的花园建造的一个小实验室中，他自学了基本的化学操作方法并照料着他的熔炉。在 17 世纪七八十年代，他试图解码那些有寓意的语言，因为他确信作者在其中隐藏了他们的学说，为此他详细地研究了许多化学资料并收集了数千页笔记。这个学说与普通"粗俗的化学"操作相比，是"一种更隐晦、更神秘且高贵的工作方式"（引自 Golinski，1988：151）。在牛顿看来，灵性炼金术的知识流传下来一个古代的秘密传统，应该使其远离公众的注意。出于这个原因，他小心地建立了一定程度的隔离，这使历史学家们感到棘手，因为他们希望可以更多地了解牛顿与其他炼金术士的接触。

一个适当的哲学秘密王国的划界被"粗俗"所掩饰而不详细检查，也支撑了牛顿的规则，即他关于数学的自然哲学的工作应如何理解。他认为，除了一个小的专家精英圈之外的任何观众对其工作的评价都是没有意义的。在 1672 年他的光学实验出版后的争论中，牛顿坚持他的发现，即白光是由不同颜色的光线构成的结论是"实证的"（Schaffer，1989）。因此，对他的实验的复制以及证据的增加都不是必需的。通过否认重复实验或目睹者的相关性，牛顿实际上质疑了科学作为一种公众活动的模式，而波义耳、胡克、奥登博格和其他皇家学会的创办者们支持这种模式。再次引用夏平的话："当波义耳和胡克的公众形象习惯于权衡、考虑、修饰经验主义主张时，牛顿写出的公众读物是作为指导者赞同适当的数学证明……波义耳等经验主义者们所保证的科学的客观性的公众读物，在牛顿的实践中，成为一个持续性潜在的讹误和扭曲的来源。"（Shapin，1990：206；Iliffe，1989：chap.6）很明显，牛顿发挥了其孤立状态的作用，将其作为一种深奥的关于数学和神学问题的工作呈现给他的同辈们。

当达尔文于 1842 年移居肯特郡唐恩庄园时，他就表明，同先前在伦敦的经历一样，他在寻找与都市的喧闹相隔离的生活。他撤向乡村的隐居生活，发出了退出首都科学共同体的信号。他写道，他定居在"世界的最边缘上"，虽然事实上该地离市中心不到两个小时路程（Desmond and Moore，1991：305）。搬迁后不久他就宣布："这个地方的公开性目前是无法忍受的"，并开始增强其隐私性（Desmond and Moore，1991：306）。他花了大价钱让工人把房子前面的路改到远离他住处的地方，同时在他书房窗户的外墙上装置了一面镜子，以便他可以看到在门前按铃的人。

阿德里安·戴斯蒙德（Adrian Desmond）和詹姆斯·摩尔（James Moore）似乎合理地把这些防备措施与达尔文关于公众会揭露他关于物种演变的异端思想的焦虑联系在一起。在一个对激进唯物论有相当程度上的恐惧的社会背景下，公开宣称物种可变的信念正如达尔文所描述的，"就像招认谋杀罪名一样"（Desmond and Moore，1991：314）。更多地推测，戴斯蒙德和摩尔认为至少在一定程度上，同样的焦虑是导致达尔文长期明显不可治愈的不健康身体状态的原因。因而，可以既把达尔文的孤立看作是文化的遗传，也可将其看作是对所感受到的社会压力的反应。通过表明自己要寻求乡村的隐居，他亲身实践了将隔离的地方看作是显示真理的地方的古代传统，例如，与更接近的乡村牧师这种角色模型有着相同的文化来源。撤退到唐恩，帮助达尔文既保持了与外部世界的隔离，用他的话来说又为揭示其异端思想做了准备。

然而，达尔文拥有的社会境遇绝不是绝对孤立的。他仍然与科学共同体保持着紧密的联系，频繁地接待着访问者，并偶尔去伦敦旅行或参加其他地方的科学会议。他是一位非常多产的通信者，不仅与科学同行通信，而且和分散在全世界各地的标本供给者与报告者通信。詹姆斯·西科德（Secord，1985）展示了达尔文对信息是如何的依赖，这些信息由众多的鸽子爱好者、园艺家、养蜂人和牛羊饲养者提供，他把他们的经验和知识翻译为相关数据。《物种起源》本身压缩了达尔文的信息提供者的全部社会世界，包括从报告狗的饲养情况的西班牙的"巴罗先生"，到"长期留意蜜蜂生活习性的纽曼先生"（Darwin，1859/1968：93，125）。

那么，对于达尔文和牛顿来说，寻求孤独是一种调节人类干扰的方式，而不是一种不合群的行为。为了减少干扰或不良活动的侵入性监视，隔离有着明显的实际益处。根据有意义行为的特定文化集合，这种行为也讲得通，表明自己从社会隐退的行为被理解为一种可以更靠近抽象真理王国的手段。他们隐退的这个地方可被看作适当地为追求知识而进行的自我隔离的行为。牛顿在学校里的房间和达尔文在乡下的住所，在人们看来并不仅仅是简单地由砖块和泥浆所搭建的，而是被世人认为正是生产自然科学知识的恰当场所。

自 17 世纪开始，经验科学中的实验室被认为是产生知识的绝好地方。它处于私人场所和公共展示领域之间，而且还担当控制两者之间过渡的功能。一方面，在实验室里重要的仪器被隔绝于世，实验室是技术人员寻求不被打扰的工作场所，是不欢迎外来人员闯入的。牛津词典对它的定义是：进行实验操作的"一座隔离的建筑"；它被认为占据了"相关隐私的统一体"的其中一端（James，1989：1-2）。另一方面，在那里产生的是公开的"公共知识"；它被认为应当是普遍的、正确的和放之四海而皆准的。实验性知识因此必须成为从实验室到公共陈述领域的过渡。然而，尽管实验室的隐私性在实际中是必要的，但还是成为某种观念上尴尬的情况。

处于私人和公共领域之间的实验室的模糊地位，在其所发源的现代早期欧洲已经明朗起来。正如汉纳威所证明的（Hannaway，1986），将一个场所专门作为操作实验的地方在很大程度上是基于实践炼金术的传统。"实验室"这个词在整个 17 世纪都被严格地作为放置化学操作熔炉的场所而使用（Shapin，1988b：377）。这意味着实验室带着隐居性和神秘感——它们通常建在地下室，这隐喻着炼金术士一般想要进行实践的秘密性。17 世纪初，化学家、人文学家安德烈亚斯·利巴菲乌斯（Andreas Libavius）谴责丹麦文学家第谷·布拉赫（Tycho Brahe）仍然保持他的地下实验室作为秘密之地。布位赫认为，那里产生的实验科学知识需要的是一种简约的循环；他随时准备与贵族或智者分享必要的东西，他写道："假如我相信他们的好意并且相信事实上他们会将这些事保密。因为这些事并不方便或适合成为公众知识。"（引自 Hannaway，1986：598：参见 Shackelford，1993）。这种把化学实验室当作秘密之地的旧习一直被沿用到接下来的两个世纪。直到 18 世纪 50 年代，哲学家和经济学家亚当·斯密（Adam Smith）仍在谴责那些晦涩的论述，如"那些……是与熔炉生活的人"（Smith，1795/1980：47）。

这对于那些宣称试图将实验知识公之于众的人来说是一种令人棘手的传统。从文艺复兴开始，一种关于"开放性"的修辞开始在某些技术艺术实践者中被表达出来，尤其是在一些从出版社涌来的技术类著作的作者之中（Eamon，1984，1990，1994；Long，1991；Eisenstein，1979：543-566）。从像弗朗西斯·培根和托马斯·斯普拉特这样的新科学的倡导者的著作中可以看出，他们把将实验知识公开的承诺调整成为一个目标。根据这些开放性的典范，皇家学会为其目睹实验的行动作证，其他活动家喜欢编纂艺术和商业的"历史"。例如，实验的目击者、《哲学学报》的读者、会议中的讨论者、通讯记者、调查问卷的回应者等，这些新科学的观众在其产生过程中被赋予了一种积极的角色，因此新科学的产生被证明是一个公众活动。

这个作为公共活动的实验科学理想，由于其被表达出来并在某种程度上被实践，所以皇家学会在两方面都受到了批评。一方面，霍布斯否认皇家学会是公共领域。他发现自己被阻止进入，并以此为证据说明实验知识并非真正地对所有人公开（Shapin and Schaffer，1985：112-115）。另一方面，试图建设公共知识的企图遭遇了那些想要保守技术"秘密"的人。亨利·斯德宝（Stubbe，1670：89）和霍布斯一样对皇家学会进行了批判，认为其活动太公开了，以至于不能保护工匠和商人的利益。斯德宝暗示，他们的方法已经接受了调查，他们有理由害怕其有价值的信息泄露给潜在的竞争者。他提出在公共领域里对知识的复制是对知识产权的严重威胁。

这些有争议的问题全都把矛头明确地指向实验室——这个传统上都是私有的，（也许也是必要的）但也必须向公众公开的地方。对于这种左右为难的状况没有十全十美的解决方法，但在实际中采用的方法是帮助实验室辩解并验证其模棱两可的状况。口头描述和视觉图像传播并代表着实验室的内容以及在其中所进行工作的成果，因此向公众展示其开放性成了一种验证知识在其中产生的手段。程序也因对进入实验室的方式所进行的调整而形成。波义耳和胡克都习惯于管理其工作场合的出入。波义耳把实验室设在自己家里，明确这些房间是回避社交的私人空间，开发了其文化上的认知，即虔诚的个人需要一个精神港湾。他觉得必须坚持他的实验室不向所有人开放，即使他的工作会因此受到妨碍，但他还是允许人们进入他的实验室的，如社会组织或持有特别介绍信的人（Shapin，1988b）。胡克相比较而言较低的地位因他对其工作的地方缺乏同样的控制出入的手段而显示出来。因为他受雇于皇家学会，他的工作很容易受同事检查的影响。如果这种事情很少发生，那很可能是因为胡克在格雷沙姆学院的工作室被认为不适合绅士地到访。相反，胡克被召集到像波义耳和克里斯多佛·雷恩（Christopher Wren）这样处于上流社会的人士的家里，或者被责成将他的仪器搬到学会的会议室里来展示他的实验发现（Shapin，1988b）。

波义耳和胡克都调动了可用的社会规范，使特定的能产生自然知识的场所得以生效。他们操控同代人关于那些特定的场所的认知——绅士的公寓、大学教室、修道士的房间、艺术家的工作间——以保障他们关于自然的主张的声望。他们习惯于利用自然界和社会习俗之间的联系，以及物质空间的适应性为他们的目标服务。17世纪的实验室已经不仅仅是大学教室，或祈祷室，或完全意义上的工作室，而是通过利用人们如何认识这些地方及在这些地方形成的文化习惯，来重现安排这些地方的空间材料组成。由奥菲尔（Ophir）和夏平提炼的理论重点是，"空间的物理分割——无论它们为社会事务提供怎样的抵抗——都充满了文化并以我们文化中的象征而存在（Ophir and Shapin，1991：10）。这是因为物理空间的安排塑造了人们的行动，并且适应了服务于人类的用途，所以他们可以被调整用来帮助人们接受关于自然知识的观点。

从17世纪起，对实验室的特殊地位的认识以及对其功用的理解开始广泛普及。莎伦·特拉维克（Sharon Traweek），一位在加利福尼亚斯坦福直线加速器中心指挥野外实地调查的人类学者，发现实验室入口处在外表上看并非是"准军事化"的，并且安全警卫有些松懈，然而实际上安全人员非常警觉，不允许陌生人进入。那些被正常组织批准的外界人员进入时"表现得就像有了特殊的准许去访问科学圣殿的内部和其中最博学的牧师"（Traweek，1998：19-23）。像特拉维克这样的人类学家来到实验室的目的是为了消除对产生科学的地方的这种类似宗教的敬畏。

当代世界对科学机构日益增加的尊重要部分归因于献身于科学的全部建筑的物理存在。然而，对科学机构的体系架构的研究是史学研究中相当近期的发展方向。苏菲·福根（Forgan，1986，1989，1994）已经研究了 19 世纪英国的科学社团、大学实验室及博物馆的体系架构。她强调架构形式可以被看作是对实践需要的一系列回应和一种象征性的成就。后者功能的发挥不仅是通过装饰及"风格"，而是通过对地点、建筑材料、进入方法及内部设备安排的选择。因此，福根认为维多利亚时代的城市为科学学会所建立的建筑，代表了"从物质上和隐喻上对领土的要求，并且在一个具体的意义上体现出那种要求并为它穿上崇高的制度外衣。公众的认可紧紧跟随着机构领地的划界"（Forgan，1986：91）。

科学机构的体系架构的比较研究包括玛丽·威廉姆斯（Williams，1989）关于俄罗斯帝国普尔科沃（Pulkovo）天文台①及大卫·卡恩（Cahan，1989）关于柏林帝国技术物理研究所的研究。在两个人的研究案例分析中，功能性和象征性的目的都由地点的选择、基础、原料和风格所决定。每一个机构都可以看成是被设计用来为那里所从事的活动提供方便的，同时与外部世界交流信息。位于邻近圣彼得堡的普尔科沃的建筑物，设计于 1834 年，其外观经过精心选择，因为"通过其特殊特征，清晰地表现出该建筑的科学角色"（Williams，1989：120）。那种角色包括为航海问题提供非常准确的天文位置以及测量大面积领土的项目。建成于 1880 年的帝国技术物理研究所象征着德国人在精确测量的方法上以及他们工程学的应用上的领先地位。在这两个地方的内部设施安排上反映了同样的双重目的。在普尔科沃，房间的设计反映出那里的天文实践类型——有对观测设备的直接近距离的数据推导——并展示出其中人员的认知状态差异，这是特拉维克（Traweek，1988：33）发现的一种至今仍影响科学机构的特征。

通过绘制实验室内部格局，福根也阐明了 19 世纪学科结构的空间维度。就像我们在第 2 章中所看到的，空间关系是组成福柯"规范"模型的一个重要元素，

---

① 译者注：普尔科沃天文台位于俄罗斯圣彼得堡以南约 19 公里，海拔 75 米，目前是俄罗斯科学院下属的一座天文台。

在边沁①的圆形监狱的范例上体现得最为明显。在追求权力结构与空间构造之间联系的问题时，福根注意到（Forgan，1989：424）19 世纪英国大学的教学实验室的建造是怎样模仿李比希的平面图风格（在第 2 章中提到过）的。长桌被从墙角挪开以便于指导者在它们之间来回溜达从而监测学生们的工作；它们也经常被排成一行以便可以从同一个位置被看到，或者面向一个适合望远镜的自然光源。另外，演讲场地被建成阶梯式的，通常安排在一个半圆形的场地中。这种安排提倡了一种与福柯的全景视角相反的做法，因为学生们的目光应当集中在演讲者身上。但是福根也注意到利物浦大学化学课的情况，那里实验室的工作台被摆成一个围绕演讲台的阶梯式的圆形场地。这种安排在很大程度上体现了一种在"一个非常有教育性的、有控制的和有组织的教学形式"中从中心进行监督的场面（Forgan，1989：426-428）。

我们回忆一下"规范性"，包括对在一个特定的环境范围内的人和物质仪器之间的关系的调整。实验室提供的物理空间意味着把在实验室工作的学者之间相互作用组织起来。史学家们已经开始考虑实验室人力资源的不同组织方式。比如，特拉维克的调查研究显示，在目前的机构中，明显的状况差别是在员工副手、技术人员、科学家、管理人员和秘书方面。状况的差别与不同角色在实验室中的工作直接相关，但是他们也被更微妙的准则所强化，如衣着风格或机构中不同的群体在不同场合的社交所适用的惯例。许多差异也是因性别而加强的，女性通常被派遣到被认为是地位较低的职位上。处于秘书职位的女性比例比管理者要高；技术人员中比例比科学家要高。这种现实状况的历史渊源正逐渐被发掘出来。

即使会不时地向人们展示科学实验，女性显然还没有得到 17 世纪实验室的认可。波义耳向女性们展示的审美上令人愉悦的现象包括光现象及化学溶解中的颜色变化，但是只是一种家庭化的展示，与严肃的实验工作有明显的不同（Golinski，1989：26）。另外，技术人员是必不可少的，即使他们大部分在对实验室描述中是"隐形"的（Shapin，1994：chap. 8）。"劳动者"或"操作者"也许是因为其特殊技能而被雇佣来的男性，如药剂师、玻璃工人、钟表匠等，或者是从家庭仆从中招募来的。作为缺少独立社会地位的绅士，他们在原创思想上没有得到普遍认可；也没有正式的作者认同他们，即使他们也许实际上是执笔撰写实验报告的人。理性（脑力工作）被看作是分离于体力工作的；两种活动可以是不同个体完成的。技术人员时常出现在记录上只是为了谴责他们的错误。在指导一个调查工作的合理程序中，他们应该得到的独立性可以成为导致失败的根源。

罗杰·斯图尔（Stuewer，1985）重新计算了一条现代平行线。20 世纪 20 年代，剑桥和维也纳的团体之间关于原子衰变原理的长期争论，当错误被定位在女性技

---

① 译者注：英国哲学家。

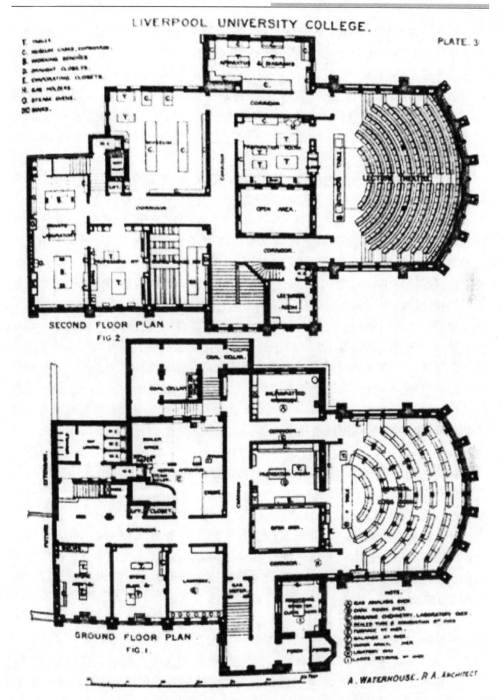

图 3 利物浦大学学院平面图（包括实践化学教室）

注：福根（Forgan，1989）在这个教室中实验室工作台如何被摆成一个围绕演讲台的阶梯式的圆形场地。
复制于罗宾斯的《技术学校和学院建筑》（Robins，1887），plate 30，剑桥大学图书馆理事授权

术人员所使用的闪烁计数器的方法上后，在双方地位都没有遭到破坏性损失的情况下得到了解决。换句话说，后勤人员要为观测中令人担忧的不符负责。这被发现是一个比责备双方科学家更让人容易接受的解决方式，想必至少部分原因是技术员没有被咨询过，而且他们的判断也更容易受到怀疑。正如阿欣施泰因（Achistein）和汉纳威所注意到的，在介绍斯图尔关于这一事件的描述时，"对劳动者的隔离将观测者的视线与实验者的思想分离了"（Achistein and Hannaway，1985：x）。

20 世纪 20 年代将维也纳技术人员与波义耳实验室中的无名"操作者"分离开来的历史，无疑是漫长和复杂的。分离劳动力的体制在一定程度已经上成形，但其具体结构因不同的设备系统和不同形式的实验室工作而变化。西蒙·谢弗（Schaffer，1988）追溯了一直延续到 19 世纪早期的，使用从工业化管理中借鉴过来的方法对实验室人员进行规范的系统性尝试。他研究了该时期对那些被雇佣的天文助理的观察进行标准化的"人差方程"的使用。这种方法是为了确定个体反应时间以便能够纠正每个观察者记录凌日、月食等时间的误差。对该方程的使用确保使所有观察回到同一个标准上。其在规范结构体系内占有了一席之地，寻求将实验室中的实践变成像机器一样的操作，使得任意实践者都可以互换操作。艾里（G. B. Airy）在格林尼治皇家天文台介绍的管理体制提供了一种工厂式的规范模式，被巴黎、布鲁塞尔、哥廷根、普尔科沃及其他地方的天文台所复制。谢弗写道："天文台开始成为一座工厂，或者一座'全景监狱'。'仅有的'观测者被降低到管理和监督等级制度的最底层，被其上级所审查，而其上级对此事的关心程度和天上的星星一样。"（Airy，1988：119）

彼得·加里森（Galison，1985）已经展示了在过去几十年中人事管理机制是如何应用到高能物理研究中的，这与气泡室的使用有关。该设备最初由唐纳德·格拉瑟（Donald Glaser）于 20 世纪 50 年代发明出来，精确地拍摄了大量的关于粒子物理项目的照片。由于这些照片中只有一小部分能够展示重大的新发现，一个数据瓶颈也因此形成。路易斯·阿尔瓦雷斯（Luis Alvarez）在伯克利的加利福尼亚大学回应了这一个在数据分析技术和人力资源管理方面有着一系列创新的挑战。他设计了一个系统，使得未经训练的相关技术人员（大部分是女性）也可以执行将粒子轨迹的照片转换为可以输入计算机的数据这种常规操作。物理学家只需分析这一过程的产物——中间的过程交给机器和无相关技能且有规范的人来做便可。伴随着传统工程学的实践，"人体工程学"已使新知识的产出变成了工业化的过程。阿尔瓦雷斯在人力管理方面的革新为近年来多数的"大科学"定下了基调。

正如加里森所指出的，对诸如实验室中工作安排问题的关注，增加了对作为理论发展和实验实践的一个结合体的科学史的更深一层的分析。他强调，"对专业

化小组的管理以及对工程人员、编程人员、扫描仪的结合同气泡室一样，只是 20
世纪 50 年代末和 60 年代初不断发展中的实验物理学的组成部分"(Galison，1985：
356)。而且不同层次在诸多方面都相互作用着。新技术和新方法使得人与机器间
的技能分工成为可能，包括对人员的"去技术化"使得他们成为设备系统的一部
分。由柯林斯、拉图尔以及其他人提出的关于在什么程度上机器代替人的问题这
一点上是相联系的。实验室所显示的理论体系、材料集合和人类活动的整个历史
是复杂且冗长的——也许传统的叙述性的编史学形式将不足以描述（Galison，
1988）。然而，正是实验室制度的历史本身在激励我们去书写它们。

3.2　实验室围墙之外

　　实验室总是由于与外部世界的联系而存在着，这在某种意义上来讲是真的。
首先，如果没有外界支持就不可能有实验室；经济上、物质上和文化上的资源必
须被集中来维持实验室中的活动。其次，实验室必须被刻意地从特定的周边影响
中隔离出来，包括无尽的参观者的打扰和物理干扰源。卡恩（Cahan，1989）对帝
国技术物理研究所大楼的说明特别强调了要阻隔机械震动和电磁流造成的影响。
为了试图阻止柏林电车公司在大楼前铺设电车轨道，他们进行了冗长的谈判。虽
然最终没能成功，但这些谈判将电车轨道的建设推迟了足够长的时间，使得屏蔽
设备不受影响的方法被研究出来。

　　最后，也是最明显的一点，实验室中得到的知识不会只保存在那里，而是会
被外界所知。一个最普遍的方法就是在某些观众的面前展示该实验的效果。正如
柯林斯所指出的（Collins，1987a，1988），一个展示在本质上与最初的实验是完
全不同的；那是对已经得到的现象的重复排练，其结果是提前就知道的。通过操
作物理装置并加上散乱无章的包装，从而将其意义传达给观众。这也需要使展示
者与观众之间建立某种特定的关系，好让观众知道期待什么样的结果和怎样来实
现。空间关系和"剧场"的行为特征经常为了这样的目的而被利用，虽然有时关
于模型的可适性会有所保留。

　　公共实验哲学与剧场的关系早在 17 世纪就被发现了。弗朗西斯·培根对与实
验科学相关的"剧场偶像"的危险性提出了警告。他认为，已建立的哲学体系描
述了"在一种不真实的舞台形式后面他们自己所创造的世界"（Bacon，1960：49）。
沉迷于描述舞台叙事的朴素性和场面的戏剧性特征，传统哲学忽视了对奇迹的批
判和好奇心。虽然培根的目的是将实验研究从这种腐蚀中解脱出来，但这种偶像
没有像他希望的那样容易被驱逐。早期皇家学会的成员继续衡量了那些涉及公众
实验的戏剧化演示中不可或缺的元素。当聚集的参观者们的惊叹成为一种潜在的
有用资源时，它就需要被小心地限制和处理。正如霍布斯挑衅地指出，皇家学会

当然不希望被那些"不给钱就不能看的倒卖珍奇动物的人"所迷惑（引自 Shapin，1985：112）。克里斯托弗·雷恩在 1863 年描写的关于查尔斯二世被建议拜访皇家学会的计划中，直接指出了这个问题。在这种场合下，他写道："应该有些值得炫耀的东西。"但是，"仅仅去创造技巧和产生奇迹的事物，比如……甚至到处是变戏法的人，都不会成为这种场合的中心"（引自 Shapin，1985：31）。

18 世纪时，许多科学活动转向尤尔根·哈贝马斯[①]（Habermas，1962/1989）所说的"涌现出的公共场所"等有特色的环境中，如咖啡店、酒吧、休闲度假胜地和礼堂等。在这种环境下，尽管有纠缠不清的道德上的牵连，但很多实验的展示继续使用剧场模式。信奉牛顿学说的公共演说家，如约翰·哈里斯（John Harris）、威廉·惠斯顿（William Whiston）和西奥菲勒斯·德札古利埃（John Theophilus）等都曾努力将他们与"通俗的放映机"和故事贩子区分开来（Stewart，1992）。其他从事者，如电疗师詹姆斯·格雷厄姆（James Graham），并不是那么小心谨慎的，而是更大胆地开发了大众娱乐的方式（Altick，1978；Stafford，1994）。关于电效应的展示的争论反复进行，因为演讲者被指责把自然现象变成了一种奇迹或是一种不恰当的神力展示（Schaffer，1983，1993）。甚至低调的化学家约瑟夫·普利斯特利，也被他的对手布莱恩·希金斯（Bryan Higgins）指控将实质上很平凡的现象弄得在别人看来"相当神秘且令人惊奇"（Golinski，1992a：89）。看起来似乎公开展示实验知识的努力天生要与戏剧性场景的诱惑相妥协。

18 世纪 90 年代，英国围绕在戏剧性形式的公众科学周围的问题有一种强烈的政治意味。法国大革命爆发后，在政治两极化的形势下公众科学受到史无前例的压迫，这种压迫对公众科学的塑造一直持续到下个世纪。一方面，科学的表演技巧赢得了工人阶层中更广泛的观众，计划中甚至包括催眠术与骨相学。另一方面，更加专业的实验型科学在新建立的机构中产生了，并开发了在技术上更加先进的仪器。然而，专业化科学仍然面向公众——被看作是潜在研究资助者的上层阶级和中产阶级（Cooter and Pumfrey，1994）。汉弗里·戴维（Humphry Davy）在伦敦的皇家学会为富人观众所进行的有着谨慎的舞台管理和讲究措辞的展示，引导了一种新的剧场模式。他的有礼貌的观众为 19 世纪参与大学讲座的观众的行为规范做出了表率（Forgan，1986：102-103）。然而，戴维的实践保留了源自 18 世纪的特定标记，比如，对女性入场参观演讲的许可，以及对进入实验室目击实验研究用以展示目的的人员选择（Golinski，1992a：chap.7）。

戴维的继承者迈克尔·法拉第在皇家学会更加严格地维持了个人工作与大众展示地点的划分。他创造性地运用了两个空间的过渡来巩固他的实验发明，并使其相互交流。大卫·古丁令人印象深刻的研究（Gooding，1985a，1985b）已经展

---

① 译者注：当代德国重要的哲学家之一。

示出从实验室到演示场的转移如何加强了法拉第自己对电磁学现象的理解，以及如何帮助他说服其他物理学家。为了证实弗莱克关于从"深奥的"到"大众的"领域转移效果的论点，古丁展示了法拉第在试图放大实验现象的同时掩饰了现象产生过程中所付出的劳动，以便能够看起来是大自然在直接与观众对话。古丁评论道："为了被接受为科学家实验中的一部分，（自然）现象必须从个人领域转移到公众领域，在那里它可以被复制并被所有人看到……法拉第精通于将他的发现从偶然的个人领域转移到显而易见的且不言自明的公共论坛。"（Gooding，1985a：105）杰弗里·坎托（Geoffery Cantor）近期已经将这种对个人和公共领域关系的谨慎处理与法拉第作为桑地马尼安教派成员这个宗教信念联系了起来。这个桑地马尼安教派成员典型地保持着对日常世界一定程度的冷漠，虽然法拉第不是一位隐士，但他仍然小心地保护着他的私人生活领域，当他出现在公共场合时采用了一种略微程式化的外表伪装（Cantor，1991b：110-118，151-154）。

　　像这样特别的因素无疑会塑造私人和公众空间的结构，以及两者之间的关系，尤其是在实验工作方面。托马斯·A. 马库斯（Thomas A. Markus）曾对演讲礼堂做了一个详细的象征描述，提出了建筑内空间安排的技巧与在知识产生的过程所体现和开发的力量之间的联系（Markus，1993：229-244）。实验室和剧场的普遍模型作为两种理想类型的空间，人工制品和展示从其中一个转移到另一个，这似乎适用于生产自然知识的任何情形。夏平曾说过，"实验知识的生涯就是在个人与公共空间之间的循环交换"（Shapin，1988b：400）。实验科学最初在各种必要资源较集中并保护得好的地方产生，但是只有把实验转换为人工制品和展览品并展现给观众时它才能稳固。

　　尽管这的确是一项应用广泛的模型，但并不等于说它能涵盖自然科学构建的各种情况。从实验室过渡到剧场的道路可能是典型的，但不是普适的。例如，很多向公众传达知识的场所并不符合剧场模型。科学学会的聚会场所（古典寺庙或教堂）常会激起他们的奇想，因而他们会试图找出除理论之外引发该行为的其他模式（Forgan，1986）。路德维克关于 19 世纪早期伦敦地质协会按照国会的形式安排座位的方式的讨论（Rudwick，1985：18-27），暗示了从政治制度借鉴的空间形式如何给科学争论制定框架。更基本的，我们也应该考虑这样的情况，即自然知识根本没有经过一个私人到公开领域的过程。在本章的剩余部分，我将要讨论两种情况：博物馆和野外工作场所。第一种是自然知识完全通过向人们做出展示而得以形成的环境，并没有任何前人的相关实验工作作为参考。博物馆呈现的都是那些马库斯所谓的"看得见的知识"；那里的东西是通过展示而被人知道的（Markus，1993：171-212）。人工制品和自然物从不同的地方被收集到一起，它们可能被理解为其他没有被我们直接认识的事物（如自然世界）的反映，但是这种直接的展示才使人们了解那些东西。这有别于戏剧化的展示和证明是对预先已经在某处发生过的知识制造的行为的复制。芭芭拉·斯塔夫将这种对预先不知的领域的暗示，作为演讲或展示的"明显的不可见"而提及（Stafford，1994：73-130）。

近来一些历史学家极力主张将更多的注意力集中到把博物馆看作自然知识的发祥地来看待的观点上来。它的根源可追溯到早期古玩家的"珍藏阁"（Daston 1988，1991；Findlen，1989，1994；Impey and MacGregor，1985），在那里来自远方的数量和种类惊人的人工制作或自然形成的收藏品，都是以明显无秩序的方式被加以陈列。化石、骨架、动物标本、古币、精细雕刻的樱桃核、纪念品、美洲印第安人的手工品、宝石、书画等，在这些收藏中都可以找到。其标准包括稀有性、价值、源于远方或者定义有些模糊的"奇异性"。最后这个标准是收藏者自己决定的，所以"珍藏阁"显示了个人的癖好和成就。持有一定的收藏品并将它们展示给不同的参观者，是一种显示他们认同的方法，特别是在地位至上的文艺复兴时期（Tribby 1992）。收藏品这些客体来源的涉及领域——自然世界，最初并不是很直接的，虽然洛林·达斯顿（Daston，1988）强调"珍藏阁"鼓励了一种排他主义的唯名论，这是 17 世纪一种新兴的以经验感觉为主的自然哲学的重要组成部分。

作为优雅的交际和市民交流的场所，早现代博物馆有一种特殊的社会文化地位。它们被认为处于个人和公共领域之间，但属于一种与实验室不同的方式。博物馆起源于隔离性研究或者文艺复兴时期人文主义者用于回避现实并开始沉思生活的密室。这些都是个人的、家庭式的、非常男性化的空间，至少据利昂·巴蒂斯塔·阿尔贝蒂（Leon Battista Alberti）所描述的 15 世纪早期建筑模型可以看出来是如此（Findlen 1989：69）。然而，后来他们将其向宫廷利益世界开放，参观者的娱乐性变成了一种主要功能。宝拉·芬德伦（Paula Findlen）写道："到 17 世纪时，博物馆更多的已经成为一个展览馆而非工作室：相比于空间封闭的工作室的安静原则，它成为一个人们可以通行的空间。"16 世纪后期一位参观博洛尼亚的乌利塞·阿尔德罗万迪（Ulisse Aldrovandi）收藏品的游客赞扬道："这是自然的剧场，不断地被所有经过这里的学者所参观。"（Findlen 1989：71；1994：109-146）到 18 世纪，城市生活在一定程度上已经对所有"上流"阶层的女性开放，她们也可以现身于博物馆。

正是在 18 世纪，博物馆才成为构建科学知识专门形式的主要场所。博物馆与植物园及矿物收藏馆等类似机构，成为被福柯归纳的"博物学"（译者注：自然史）这个大标签之下的科学学科的中心（Foucault，1966/1970：chap.5）。像植物学、动物学和矿物学这类学科在博物馆的特定空间关系特征周围被组织起来。事物因其可见的、表面的特征被研究；它们之间相互隔离（无论在植物园的温床上或是在精心分类的矿物学展柜中），并从单一角度被详细审视。最重要的是，秩序在这种单个样品的安排中得到了展示：按它们之间的联系进行的精确的布置显示了根据世界的"自然"秩序进行分类的可能性。文艺复兴时期和巴洛克时期排列庞杂和混乱的展柜，让路于根据成员的种类和级别对事物进行精心分类。

图 4 文艺复兴时期的珍品室——现代博物馆的雏形

注：这是 16 世纪的尼泊尔费兰特国王博物馆。插图来自 *Dell'Historia Naturale di Ferrante Imperato Libri XXVIII*
（Naples，1599），此图经剑桥大学图书馆许可复制

　　福柯曾合理地认为，博物学学科在 18 世纪末随着如地质说、生物学等新兴学科的出现，发生了最根本的变化（参见 Albury and Oldroyd，1977）。化学在这个时期也采取了启蒙运动中博物学的方法从而发生了改变。然而，博物馆的空间仍然继续作为许多学科中一个重要而可信的资源（Roberts，1991，1993）。在 19 世纪，许多新的研究机构在国家首都或省区的中心城市被建立起来；在一些开设有生命科学、地质学或药学课程的大学里一般都有博物馆。自然历史博物馆一般在安排展柜或展览房间时都会试图按分类规则进行安排，比如，路易斯·阿加西（Louis Agassiz）①对哈佛大学动物学博物馆所做的规划。约翰·皮克斯通（Pickstone，1993，1994）推断性地认为，博物馆对 19 世纪早期兴起的学科群呈现出全新的重要性。在诸如比较解剖学、病理学和化学这些学科中，博物馆（特别是附属于教育机构的博物馆）成为它们通过分析组成部分来诊断样本的背景环境。甚至工程学教育也按照其最基本的组成部分来安排所收集的机器。

_____

① 译者注：美国动物学家及地质学家。

尽管博物馆与科学知识建构相关的历史才刚刚被书写下来，但是很明显其在科学产生的图景中占有举足轻重的地位。博物馆自成一个封闭的环境，但这个环境可以以各种形式向其领域之外的世界加以开放。博物馆不但可以完成教育的普及化任务，而且也可以作为一个进行研究活动的场所。博物馆陈列物的整理安排可以代表各种据信是存在于自然界的秩序以及其与人类关系的概念。因此博物馆编码和形成知识的构形；它们展示客体，但绝不仅仅是一个简单的对外部世界打开的窗口。那些展示的场所是有重要意义的。

在博物馆中——正如在实验室或者在天文台、图书馆和医院中一样——自然知识在一个特殊设计的封闭空间被建构出来。然而那些需要实地调查的学科，包括生态学、地理学、人口统计学、人类学和气象学，就不束缚在一个固定的地点。这些学科的从事者可能有时在办公室工作，比如在大学里，但是他们也（至少某些时候）在其他地方制造知识。因此，人们可能会认为对于需要实地调查的学科来说，把科学作为一种局部建构的分析根本讲不通，因为这些知识的产生不一定局限在任何有界的空间中。

然而对实地考察学科的建构论分析开始出现，尽管将它应用于编史学方面还有很多工作要做（参见 Kuklick and Kohler，1996）。很明显，已经在实验室应用的那些模型，如果离开实验室将不能继续在其他学科适用；但是在实验室研究中观察到的一些情况，在实验室外也可以发现。尽管显示出了明显的不同，但这种空间性的范畴也许与实地调查是非常相关的。需要实地考察的学科的从事者们看起来也许主要致力于建构对这个世界的表征，操控空间关系以便使更广泛的世界在科学实践的范围内能够得到解释，尽管这些学科实际上是地方性的。在某些情况下，他们会在实验室中建立模拟外部世界的微型模型，以便能够复制外部世界的条件，皮特·加里森（Peter Galison）和阿里克西·阿斯姆斯（Alexi Assmus）把这叫做"拟态试验"，如最初的云室试图模仿气象环境（Galison and Assmus, 1989）。更典型的是，从该领域产生的是对处于研究中的地方的相关条件的一些视觉表征。

我们可以从拉图尔那里学到很多分析实地调查学科的方法（Latour，1983，1987：chap.6）。他强调实地调查的从事者的活动就是直接实现一种"转化"。方法被用来产生延伸到一个大的空间范围的现象的表征，而且这种表征可以回到局部应用上来，表征有一种"不变的移动物"的特征，一种易于作为某种相对永恒的形式的特征。动物和植物标本就是其例证，它们作为动物界和植物界的代表被收藏在自然历史博物馆或植物园中。其他的例子包括地图、统计表、调查问卷结论、照片、人类学领域的笔记、气象仪器的读数等。在一个"计算的中心"，那些"不变的移动物"被收集起来并且进行处理，遥远的现象因此被拉近了。拉图尔认为，只有通过这种方法把世界带入实验室，科学知识才能真正地包含世界。

制图（mapping）的各种实践很明显是通过操控空间关系来产生一个可用的对

延伸空间的表征的方法。历史学家开始考虑地图制作如何嵌入到地方化的实践活动中。地图有各种各样的形式，是因为要采用不同的表征性实践以满足特定的目的。延展空间的特定的视角因特定的局部应用而产生。

雅克·勒维尔（Revel，1991）曾经考虑过将地图制作技巧的发展应用在法兰西国家疆域中。勒维尔指出，尽管中世纪晚期的国家很明显由对特定领土的控制所组成，但是早期领土知识的积累并没有采用地图这种形式。调查各地财产清单是国家最喜欢使用的评估税收的手段；这些都可能合并成为地区统计汇编或发展成特定地区散乱的自然历史。空间的视觉表征确实存在——比如，在长画卷轴上把两地点间的路线描绘成线的形式，或描述了某种理想化的宇宙观的图表式的"世界地图"——但是这些方法没有应用到国家疆域上。

文艺复兴时期视觉艺术的发展伴随着经典几何学的复活，为重要地理区域的空间关系表征提供了新的技术方法（参见 Alpers，1983：chap.4）。文艺复兴时期的地理学家们绘制了为水手们沿海岸线航行的航海图，上面有托勒密所记录的经度和纬度。通过把这些与透视法和园林艺术的技巧相联系，他们制造出在纸面上缩小了的地表上地点之间的地理关系的地图。就像勒维尔所评价的，"地图不仅在空间的意义上被发明出来，更重要的是给出了一种感性的、概念化的、技巧性的形式，这些形式最终与'空间'本身是密不可分的"（Revel，1991：148）。最初设计这些地图是为了在法庭上确定君主在其疆域上的统治权。国王与其朝臣有特权看到王国全景（真正的景象是不可能看到的）："国王可以坐在他的房间内，'自己不用太麻烦，就可以用他的眼睛看到或用他的手指触摸'到辽阔的疆域——完全不再需要旅行。"（Revel，1991：151）。

18 世纪由于调查技巧的发展，对国家疆域的几何学掌握加强了。启蒙时期的大地测量学首先兴起于法国，但是 18 世纪下半叶仪器工程学的显著进步使得这把火炬传到了英国（Widmalm，1990）。两国在 1784～1788 年在巴黎-格林尼治三角测量方面的合作，使得新的仪器和技术得以应用。由于这些技术实践的传播，国家疆域的空间进入了视觉表征的范围。法兰西首次精确地描绘了领土的几何学轮廓，其后地形学上的细节才被填补上去（Revel，1991：155-157）。

我们现在如此熟悉于代表了地理学疆域意义上的地图，而忘却了其在地方实践中产生这个历史根源。强调这一点是为了将测地学制图技巧与地质学家所使用的技术作比较。路德维克（Rudwick，1976）曾经讨论了在 18 世纪末到 19 世纪初的几十年中，地质学家如何发展了新的与地形地貌的联系并发掘了新的视觉表征方法。同时，他们的主要工作是依靠十分复杂精密的技巧的发展来描绘地形特征。一旦地形表面可见特征被明显可理解的约定所展示出来，地质学家们就可以采用地形图来表示地下不可见的特征。

正如路德维克所指出的（Rudwick，1976：159），地质学上的地图在其视觉形式中很大程度上非常有必要被塞入理论解释，因为它们专注于展示那些只能从地表证据来推断的东西。地质图揭示了岩石层的三维结构，并且隐喻地暗示了"更深"层次的随着时间流逝而产生的因果变化。那些最普遍的地图——展示了地球表层以下的岩石类型的地理分布——因此被其他两种图表所补充完整。一种就是柱状图，它主要用来显示地层中优先于折叠和侵蚀的原始顺序和厚度。另一种就是剖面图，一种想象中的对地形的垂直的切割展示。这三种形式的图像都体现出在某种程度上推理的结果仍然是一种推测；在地质学家的讨论中，它们继续互相并行且相互调整融合（参见 Rudwick，1985：chap.3）。

制图在实地考察学科的代表性实践中是一个范式例子。各种不同类型的图表——如地质学的、政治的、流行病学的、社会生态学的、气象学的等——构成这些学科成果的大部分。通过研究从地图制作中总结出的视觉表征的传统、各种地图所服务的不同目的以及它们所处的语境，我们能体会到实地考察学科所暗示的"转化"这种具体实践。地图不仅可被解读为清晰的关于世界的图画；在其语境中，它们揭示了该世界的表征是如何通过采用合适的传统并通过从实地考察中获得可以用来进行审视和讨论的图片而构成的。正是从这种意义上，空间的延伸区域才可以在局部化科学实践的基础上被理解。

虽然这个分析需要扩大才能涵盖其他实地考察学科从事的实践活动，但是它至少表明它们与实验室学科在空间定位上有很大不同。然而后者位于其现象是由一些仪器和熟练的工作人员创造出来的地方，而前者需要旅行并且对延伸的区域空间采用动态的表征手法。奥菲尔和夏平（Ophir and Shapin，1991）利用了先前福柯关于区分科学知识建构的"异位移动"（heterotopic）与"非异位移动"（nonheterotopic）地点的讨论。"异托邦"（Heterotopias）包括实验室以及诸如图书馆、诊所和博物馆等类似的场所；在其中知识客体由除了场地本身空间之外的认识空间所组成。奥菲尔和夏平写道：

这种场所（异位移动）的内部空间常常是一种包容性社会空间的一个部分，社会空间是其延续、人员出去和归来的地方。"另一种"空间就是科学出现的地方。它是各种诸如"规律""细胞""基因""粒子""气压"和"精神病"等存在被陈述或表征的地方。（Ophir and Shapin，1991: 14）

在如此异源的、"加倍的"环境中进行实践的学科，与在"非异位移动"地点所从事的学科是有区别的。海洋学、地形学以及其他实地考察学科在远离其从事者的日常工作场所的地方制造知识。他们的工作需要旅行以及对野外环境中代表性手工制品的运输。

正如我之前所指出的，拉图尔的工作为充实对"非异位移动"或实地调查学科描述提供了重要资源。他说明了那些包含了解决其"建构问题"的几种实践，如标准化、记载、转化等，也位于实地考察学科的核心。尽管在他的分析中，拉图尔很明显有优先考虑实验室的倾向。虽然他声称他对科学实践如何重新配置实验室与外界的空间关系很感兴趣，但是他又指出在这方面实验室更为重要。例如，在对巴斯德的工作的讨论中，拉图尔坚持认为他将不会"使用一个遵守微观和宏观尺度、内部和外部之间边界的模型，因为科学生来就是不循常规的"（Latour，1983：153）。然而，正是巴斯德的实验室这个使力量反转的地方——取代"行动体"——使他的成功成为可能。因此，就像乔·艾格（Jon Agar）所说的一样，拉图尔"最初似乎想消解实验室作为一个特权场所的重要性，最终却以更大的热情将其恢复"（Agar，1994：28）。

尽管如此，拉图尔的观点还是可以被批判地应用到实验室在其中不起关键作用的科学学科中。这是由于他关于"实验室"的松散定义：那些塑造了实验室特征的实践种类在诸如税务机关、军队和公司总部以及博物馆这样的地方都能找到。这表明这种关于特定实践活动的分析至少与对认为有特权的地方的关注同样有启发性。确实，林奇（Lynch，1991）认为科学不仅仅占据特定的给定场所；更重要的是，它通过特定的实践活动和工具组成了行动空间（他将其称为"主题构造"）。尽管正如拉图尔所说的，它们能否消解内外之间的区分还不得而知，但这些有可能延伸到实验室之外。一个更加严谨和有识别力的分析会在调查性实践完成过程中的空间关系的重新建构方面，以及它们安排其他学科（建筑学、地理学、生态学等）中所定义的空间的方式上都会非常重视。我们需要近距离地观察已经跨越的和仍然保留的界限，观察新创造的相同点和差距。

通过巧妙处理内部世界和外部世界的关系，用表征方法代替实体的大小，把本来相距很远的物体变得互相接近，实验室已获得了它的地位。这些实践使其成为建构自然科学知识的特殊场所。但是，这个成功也与能够使在实验室中制造的知识走出实验室墙外的能力有关。并且在某种意义上说，这个能力与包含其中的实践相关，与研究了实验室外部世界的科学的成功相关。用于使空间上扩展了的世界的痕迹流通起来的交流、转化、制图等一些技巧，是实地考察学科获得成功的基础，也是在公共领域建构实验室科学的基础。

第 4 章   为自然界代言

我们不能认为世界会给我们展现出一幅清晰的图景，我们只需要去破译就行了；它和我们已经了解的东西关系并不密切；并不存在按照我们的意愿来安排世界的先验命运。我们必须把话语设想为我们对事物或者对各种事情的一种暴力行为，作为一种我们强加在它们之上的实践行为；就是在这种实践中，话语事件找到了其规律性的原则。

米歇尔·福柯《关于语言的话语》（Foucault，1971/1976：229）

4.1   张 开 之 手

长期以来，建构论的研究一直建立在这样一种猜想上，即通过研究科学的可观察性实践，科学可以为我们所理解。在这些研究中，科学实践反复地出现在大量的口头和书面交流中。科学家可被观察到的大量所作所为都是一种语言的行为。他们工作时相互交谈，交流技术和观察的细节。他们花大量的时间反复草拟拨款申请。在小心地写下论文之前，他们详细地阅读相关文献作品，在这些论文中他们报告了他们的结果。当他们在科学机构中走到一起时，就参与了更加深入的交流活动，诸如发表演讲、纪念性的演说或是对其他人的工作优点进行辩论。

当然，并不是所有从事科学的行为都是散漫的——至少，并不是纯粹的散漫。操作物质客体的工作也应该受到仔细研究。并且一些交流行为是非言辞性的，特别是图片的产生与流通，如图表、照片、简图以及用各种工具仪器产生的"铭文"（科学实践的这种可控制的和可表征的方面将在第 5 章讨论）。然而，科学这种散漫的方面很明显是相当重要的。科学家是口才非常好的语言使用者；他们大多数时间生活在一个语言世界里。建构论的分析并不能承受将科学的语言特征当作纯粹的负现象而消解的后果。有时科学家坚持认为他们的语言只是对其语言所涉及的"自然"是重要的。但是那些从外部看待科学的人，那些想要把科学放置在其语境中的人，必定会采取更严肃的语言行为，他们在这方面已经付出了相当大的努力。于是问题就变为：科学话语是如何获得"实际效果"的呢？科学家们是如何让自己被接受为自然界代言人的呢？

这种成就可以被定义为说服。科学的语言就是用来说服读者，即读者可以通过科学语言来读懂自然。为了理解如何达到这一成就，对于涉及影响性和分析性说服力的学科（即修辞学），已经有人做出了说明。社会学家一直以来都在探讨着演讲、研究报告以及教科书的修辞学功能，有时采用通常的术语，有时采用修辞学传统上的特定资源。历史学家也思考了各种说服性的科学话语是如何在特定的文化背景中产生出来的，并且修辞学家自己已经把他们的技术运用在科学的写作中，认为在数个世纪中被忽视之后他们的课题已经获得了新生。"科学的修辞学"现在已经作为一门交叉性的科学论的子领域被很好地建立起来（参见 Bazerman，1988；Dillon，1991；Gross，1990；Montgomery，1996；Nelson，Megill and McCloskey，1987；Pera，1988；Pera and Shea，1991；Prelli，1989a；Weimar，1977）。

当然，修辞学本身的存在时间远比建构论要长得多。作为一门讲述如何更有效地说话的学科，它可以追溯到公元前 5 世纪的诡辩家柏拉图，为了宣扬他的老师苏格拉底所倡导的用辩证法来达到真理，柏拉图代表着辩证法展开了对修辞学的闻名于世的攻击。因为柏拉图的猛攻，人们对修辞学的反复贬低已经在西方传统中变得很常见了。从传统上看，修辞学被指责为一种没有什么内在价值的不合理的技巧。那些被认为完全不涉及现实或与真理不一致的语言常常被斥责为"纯修辞学"。柏拉图以哲学的名义对修辞学的斥责批评就在这两个学科间确立了一种对抗性，这种对抗在随后的岁月中时常发生（Wickers，1988：chap.3）。尽管亚里士多德反复主张修辞学的价值，这一点对于修辞学能够在西方文化中保持传统活力做出了巨大的贡献，然而这种令人不安的对立依旧持续了下去。亚里士多德把修辞学提升到一个和辩证法相同的高度，认为它同辩证法是同等有效的一种表达思想的方法，但他把哲学的推理置于二者之上，因为"它起始于普遍的和必要的原则，得出了普遍的和必要的结论"（引自 Wickers，1988：161）。因此，假如修辞学严格地从属于哲学，它就是有价值的，因为哲学在揭示真理方面享有独有的特权。

尽管如此，亚里士多德对修辞学的阐述还是与罗马作家西塞罗（Cicero）和昆体良（Quintilian）的著作一道，为文艺复兴时期的人文主义者中古代艺术的复活提供了一种至关重要的资源。修辞学象征性地被描绘为一只张开的手，对比之下，逻辑学是一只紧握的拳头；其隐喻是它产生了一种开明的解决争端的方法，而不是去强迫使人赞同（Howell，1961）。然而，这种对待修辞学的容忍态度在17 世纪却受到了质疑和挑战。那一时期的新哲学是强烈地反修辞学的。弗朗西斯·培根把修辞学斥责为"市场中的偶像"，反复谴责其为骗人的语言诱惑和企图塑造一种纯欺骗性的"简单平易"的文体。这些用于人工和通用语言的众多计划试图将话语从人类习惯性的曲解中解脱出来，以致每一个事物都只有一个名字（Slaughter，1982）。代表了早期的皇家学会的托马斯·斯普拉特（Thomas Sprat）声称，他们的话语使用了一种逐渐削弱的、不经修饰的文体，以便"返回原始的纯洁性和简短性，那时人们表达很多事物时几乎都使用相同语言"（Sprat，1667/1958：62）。

在约翰·洛克的哲学著作中，我们发现这种对修辞学斥责的顶点和高潮是把修辞学看成是对有效的语言交流的障碍，一种"强有力的错误和欺骗的工具"。

但是如果我们按照事物的本来面貌来谈论事物，我们就必须承认，除了秩序和明晰性以外所有的修辞艺术，所有已经被发明出来的对语言修辞的人工的和比喻的应用的目的不是为了别的，而是为了逐步巧妙地植入错误的观点，煽动起激情，从而误导判断；因此确实是完美的欺骗。（Locke，1689/1975：508）

从修辞学当代复兴的观点可以看出，其实在斯普拉特和洛克对修辞学的大加斥责中，他们自己也使用了修辞学。实验哲学家们在斥责人类语言的时候，常常自己也使用了色彩丰富的、充满感情的隐喻，这其中包括很多那些轻蔑地认为修辞学是带有女性特征的人（虚荣心、化妆品、卖淫等）。因此，这种"平易近人"的风格本身就可以被看成是一种修辞。甚至洛克也不愿意为了表达他的观点而去使用"秩序与明晰性"这样的修辞工具。在他的书中，这些至关重要的修辞学和比喻学成分暗中破坏了他所声称的目标，即将语言从修辞学中解放出来以使它成为透明的思想媒介（Bennington，1987）。

对修辞的高度警觉所产生的其中一个后果就是，我们能够揭示现代科学写作本身的修辞性。对于源自科学文本中修辞学传统的那些特定人物和比喻的持久而详细的分析来说，它就打开了一扇门。但是，它也肩负着一种有着重大意义的意识形态方面的责任。那种认为科学话语与陈腐的说服性有关的主张——真理不会因为像波璃一样清晰的语言而闪耀，但是这种观念必须通过使用一些与在政治和法律中相似的方法被消除——常常被看成是对科学所主张的真理和客观性的一种挑战。在我们的文化中对科学的高度认知状况与这样一种概念密切联系，这种概念就是科学所产生的特定的较高等级的知识要比纯粹的人类信念过程所产生的知识多。把科学当作修辞学来叙述——这有时会引起担心——就是把科学的考虑放置在非理性主义的领域中，放置在宗教的信念转变中，放置在宣传资料中，放置在"暴民政治"之中。

毫无疑问，这是一种过度反应；但是对于一个有时过度被压制、发展不充分的论点来说，就是一种可以理解的反应。对于科学话语如何达到它的说服性效果来说，简单地宣称"科学是修辞学的"恐怕将无法给我们以启示。除非我们能够有区别地对待这种在科学中使用的特定的修辞学技巧，否则我们将要冒被看成是科学认识论主张的攻击者的风险。正如史蒂夫·富勒所说："'一切都是修辞学的'这种认识与认为某人一辈子都在说散文有着同样的意思。没有改变太多……"（Fuller，1993：xii）为了更进一步，就需要一种对特定散漫资源的区别性以及它们一直以来是如何被使用的分析。简而言之，我们只不过有一句口号：另一个战胜客观性和实在论的认识论主张的坚持（应该成为人们的目标），但具有讽刺意味的是，人们对它依赖的效果是在修辞学家通常所声称的已经超越的修辞学带有贬义的内涵方面上的。正如格雷格·迈尔斯（Greg Myers）改述林奇的问题："'修辞学与什么对抗呢？科学家只有在讽刺性地揭穿这种假设时才会使用修辞学，即他们的话语是相当'客观的'。一旦有人想当然地认为这种客观性是他们在工作中创造的某种东西，'一切都是修辞学的'这种宣称将失去意义。"（Myers，1990：31）

修辞学家们自己对于这种窘境已经提出各种各样的回应。其中一些人试图表明修辞学传统能够产生出足够微妙的技巧，以便在科学辩论中进行有效的干预。劳伦斯·普莱利（Prelli，1989a）修改了"静态"的修辞学程序为表达那些争议中的话题提供方案。普莱利声称，通过遵从这些程序，科学家可以彻底地把这些话题进行分类，以便将其分割成解决争议过程中的一个步骤。他提议："这种用于科学修辞学的静态分析体系，不仅可以使我们理解修辞学家所做的策略选择，而且可以使我们思考他们能够做出的其他可能的选择。"（Prelli，1989a：176）更加模棱两可的是，史蒂夫·富勒（Fuller，1993）提议使用"交叉渗透"这种修辞学技巧来消解学科观点之间广泛争议问题的冲突，并为更丰富的跨学科交流指明道路。这些分析家试图表明，修辞学能够帮助科学工作者解决那些隐藏在他们所取得的进步背后的散乱的难题，而非暗中破坏科学的知识主张。

另外，对历史学家来说，修辞学的分析有可能在这种程度上建立其效用，即它可被社会或文化历史的目的和方法所束缚。一般来说，在科学话语的历史语境中，我们可以将修辞学为科学话语分析提供的服务分为三种基本类型：惯例、读者、情境。第一种类型通过特定的正式规则表示了话语的形成，在特定的背景中这些规则提供了资源，并确立了影响发言人和作者的限定。第二种类型指的是这样一种概念：对于期盼中的听众和读者来说，所有的话语都被嵌入了一种特定的方向中。演讲和写作是针对听众和读者的，他们的兴趣要被优先考虑，他们的异议要被优先回答。甚至即使没有人真的读了一篇文章，那么也要想象有一位"隐含的读者"，其个性在写作的方式中会被体现出来。最后，情境将对特定话语惯例的采用，与把修辞家和读者听众定位的环境这两者联系起来，在这种环境中特定范围的话语行为被认为是合适的。正如普莱利指出的那样（Prelli，1989a：21-28），这种对话语语境性的掌握，自亚里士多德以来已经成为修辞学传统的一部分。

这里的惯例不仅仅指流派，参照一段特定话语的类别，可以是一次纪念性质的演讲、一个大学生讲座、一个被通过的提议、一篇自然杂志上的文章、一本普及性著作等。惯例的形式也可以被看成是在许多其他层面上去塑造话语。修辞学的分析也可以考虑演讲图表、词汇、文体和文法的选择，主题的安排，作者或演讲者的"气质"或反映出的角色，听众的情感诉求方式，幽默的功能，等等。所有可能被归类到话语的"正式"方面的东西都能够包括在这个标题之下。当然，传统上"形式"对照着"内容"；但是修辞学分析倾向于——至少一定程度上——颠覆这种二分法。一些修辞学分析由于缺少与科学主体的联系而止步不前，因为只有科学家们自己才理解这些分析。但其他人对这种方法的潜在前景采取了更为模糊的观点，宣称那种形式（明显地被充分理解）是彻底的传统上被看成科学话语的内容，或是认为形式与内容之间的二分法本身必须依据修辞学观点来解构。

接下来我们思考一下惯例、读者、情境三种类型是如何在历史研究中起作用的。从 17 世纪的研究入手似乎比较合适，因为在那段时期人们对于修辞学有强烈的反感。毫不奇怪，修辞学分析并没有满足于在早期经验哲学作者的自我评价上得到共鸣。"简朴"的风格只是表现出毫无艺术性和简单性；确切来讲它是作为一种高度精练的工具而出现的，使得我们可以利用传统的资源为某些特定的观众对所经历过的现象来提供合理的解释。

夏平（Shapin，1984）关于波义耳的经验主义作品的评价奠定了最近讨论的基调。夏平事实上并没有用"修辞"这个术语，他更喜欢自己创新的词汇——"文学技巧"。这个新词体现了这样一层含义——波义耳的语言是一种工具性资源，是可以使他达到说服人的目的的一个工具。它也暗示了与波义耳的物质实践的密切联系，把对气泵的建造和操纵描述为与其著作具有相同的说服性目的。除此之外，通过避免明确讨论修辞问题，夏平也许在设法回避语言的修辞学功能和指称功能之间关系的问题。他可以展现波义耳的书面工作，而不用被迫回答作者在什么程度上描述了实验室发生了什么这个很明显的问题。

尽管如此，夏平的分析还是明确地建造了在其他地方被认为是修辞学传统的核心框架。他指出："我会试图展示谈论关于自然和自然知识的具体方式的传统地位，并且我会检查形成这些谈论方式的历史环境。"（Shapin，1984：481）将语言作为在特定环境中传统资源的说服性配置概念，长期以来对修辞理论都有着最基础的重要作用（参见 Prelli，1989a：6-7，11-32）。夏平继续明确指出了如何修改波义耳文章的某些体裁特点，以满足其给予所涉及的实验一个令人信服的描述的目的。波义耳文章的冗长，对环境细节无尽的描述（甚至包括失败的实验），以及其设备的博物学图片，都用来劝服读者相信他所描述的是事实。"恰当的道德态度"也被用来表现作者的人格面具或"气质"，包括对失败的明确描述、对超前观点的谨慎展示，以及对卷入争议的勉强态度。此外，对这些描述的确实证言被可靠的证人的证词所支持，尤其是贵族出身的人，他们的名字和地位有时会被记录下来。

夏平把这些体裁上的创新，同波义耳作品所调动的那种读者联系起来。为了使读者的类别与传统修辞手法相符合，夏平并没有讨论波义耳的真正读者的反应；他关心的是与涉及的读者相关的文本的功能，这些读者需要自己认识到这一点。因而人们认为波义耳的写法用具体例子展示了大量特征，他建议将这些特征作为经验哲学家这一群体的基本准则：在描绘性事实与理论解释之间的一条清晰界限、共同目击的实践、在公共场所的实验论证，以及用绅士风度对争论进行的调整。

在这些方面，波义耳正竭力把自己打造成一个有着实验证明的可靠供货商，并像其他人那样提供协定"（Shapin，1984：493）。

对于这两种修辞学的主题——正式的惯例和构建的观众——夏平加上了第三种：话语所发生的情境。他在 1984 年的论文中，以及更大篇幅地在他和谢弗合写的著作中（Schaffer，1985），把波义耳有关体裁资源的选择与哲学话语起作用的环境联系起来，当时社会舆论在激烈的国内战争和革命后需要重新形成。英格兰复辟时期的知识精英们极度倾向于将各种不同的理论和哲学的工作调和起来，而这些学科之间近来被证明确实有很大的鸿沟。波义耳的话语创新就是针对这种情况提出的合理答复。在谨慎维持经验事实与理论解释之间区别的同时，波义耳建议在哲学教条范围内围绕实验结果重新确定协约。赞成将得到被目击了的"事实"，而异议则会被局限在个人"观点"的范围内。以这种方式"占据了平静空间的经验哲学，将通过在恰当语言学实践的道德共同体内的分配被创造出来并得到维持"（Shapin，1984：507）。

对话语中正式惯例的利用，用以吸引并约束其观众对文本的处理工作，以及对特定环境的混乱选择的恰当性，都是能够从修辞学的分析延伸到建构论的历史学研究中的主题。夏平借助于展示波义耳的经验叙述不但例证而且倡导了一系列关于推论形式的特定选择，从而提供了如何做到这一点的一个模式。詹姆斯·帕拉迪斯（Paradis，1987）同样认为，波义耳的解释利用了 16 世纪人文学家米歇尔·德·蒙泰尼（Michel de Montaigne）发展出的"散文"式的传统修辞法。由于其松散的结构以及离题的形式，每一篇文章都是对于有关经验的自传描述，并把读者安排成目击者的角色进行即时过程的调查。然而，波义耳的叙述在一定程度上背离了人文学家的散文传统，它们把注意力从蒙泰尼对内在心理世界的深思，转移到经验操纵的物质的外部世界。"通过这些，波义耳把蒙泰尼的文章中自我的、独特的富有表现力的智慧转化为消极的观察工具，只报告自我展示的物质真实。"（Paradis，1987：60）

当然，叙述性论文并不是 17 世纪经验哲学家写作的唯一模式。另一种模式是说教的教材，它的起源可以追溯到在广泛的人文主义运动中出现的其他趋势中，特别是亚里士多德学说的复兴以及 16 世纪由帕图斯·拉姆斯（Petrus Ramus）所倡导的有关教育学方式的改革（Schmitt，1973；Ong，1958）。欧文·汉娜威（Hanaway，1975）把对系统阐述惯例的使用追溯到安德烈亚斯·利巴菲乌斯（Andreas Libavius）的《炼金术》一书中，该书于 1597 年在法兰克福出版。对利巴菲乌斯来说，拉姆斯的文本分析方法——包括用分枝图表来表现如何把主题细分成多重的二分法——提供了一种详尽的按科学学科分类的方法，使其变得容易记忆。利巴菲乌斯认为它们也有优点，即能把化学现象从不受欢迎的帕拉塞尔苏斯的神秘主义中分离出来。

关于哲学话语的另一模式是由《对话》提供的，在该书中人类学家找到了柏拉图、西赛罗，以及其他经典作家的写作模式。正如迈尔斯在对最近这种体裁的处理中指出（Myers，1992），一个对话是由其作者通过记录谈话的工具正式组成的，包括题外话、中断、话题转换等。其目的就是戏剧性地表现出学习的过程或者把原来持有分歧观点的谈话者最终达成一致的成就表现出来。因而夏平指出，波义耳在他的著作《怀疑的化学家》中运用了对话这种形式来表现协议是如何通过关于事实的文明谈话来达成的（Boyle，1984：503-504）。这提供了一个通过适当的言语及手势行为，使得事实真有望在哲学交流中出现的模式。

通过呈现一个恰当的话语模式，对话使人们觉得作者展示了一个真正的（或者至少是合理的）谈话。当然，正如迈尔斯指出的那样，事实上作者从未想放弃控制。对话不会完全一致地再现谈话；它们往往融入了作者本人的观点。尽管如此，对话的文学创新还是使得文本与作者角色和观点有一定差距。因此，作者可能会在利用对话去推进某一观点的同时，缺乏对其观点的明确说明。夏平认为，这是波义耳对这种形式的一种应用。对于比波义耳更早运用了对话的伽利略，他们给予其修辞学的机会去解释哥白尼的宇宙学说，但同时否认对它的认可（Cantor，1989：167-173）。尼古拉斯·贾丁（Jardine，1991b）认为，这种与作者疏远的技巧对伽利略来说似乎是回避教廷关于哥白尼学说信念的 1616 条禁令的有效手段。当然，在1633 年伽利略被宗教法庭传唤接受审判时，他发现他悲哀地错估了教廷以仁慈的心态去读他的《两种世界体系之间的对话》（1632 年）的意愿。

如今这种对话只是科技写作中一个很小的流派，处于被归类为科学普及手段的边缘地位。大多数科学文本是给作者的同行看的，主要是关于观测报告或实验结果的。科技期刊上的研究论文体裁就是为了满足这种需求而发展起来的。彼得·迪尔进行了一系列的研究（Dear，1985，1987，1991b，1992，1995b）来探索这种 17 世纪实验报告的根源。他强调，这种写作所使用的推断惯例在 17 世纪的早期很难找到，至少不会在自然哲学学术著作传统中看到。不像我们今天所熟知的那样，在那种传统下创作的系统化专著中不包括任何实验报告。迪尔认为，这种重大的转变是从把"经验"解释为许多小的平凡事件（不一定要确切的时间和地点）的总和，到一个经过详细说明和证明的事件中细节描述的构建。根据先前的模式，亚里士多德之所以成为权威是由于他的文章是包含了大量关于自然世界的实验的缩影；根据后来的模本，人们却需要从对离散事件的恰当论证的报告中，从基础上再将经验碎片重建起来。正如夏平和谢弗一样，迪尔把话语形式的制度化看作是在皇家学会所做的杰出工作：

皇家学会的成员为人类知识做出贡献一般都是对某次经验做出报告。这个经验在许多重要方面与学术实践报告的定义不同；它更多的是一种关于世界运转的某个方面的概括性陈述，而非世界在某种情况下如何运转的报告。（Dear，1985：152）

与夏平和谢弗不同的是,迪尔没有把社会的修辞学的革新与 17 世纪英国的政治危机联系起来。相反,他将注意力集中在新推论形式的根源上,在皇家学会的建立之前就着重考虑了如耶稣会数学家等的认识论的问题。这两种叙述角度与其说是互相对立的,倒不如说是互补的。修辞学对情境的关注详细说明了话语与它产生的背景相适应,但它不规定该背景的任何特定社会构成或界限。强调修辞形式的惯例使人们清楚地意识到,书面的传统可以使相隔很远的文本资源应用到当前的话语中来。然而,要将英国复辟时期的政治气候看作是修辞学革新的背景环境,并不是要排除已建立的认识论之争与推论改革传统的相关性。修辞学分析没必要局限于话语的相关语境是什么这个狭隘的视野中。

然而,一些版本的修辞学分析与建构论历史之间有潜在的张力根源。比如,它们会出现在随后的科研论文对修辞学发展的研究中。查尔斯·巴泽曼(Charles Bazerman)的《塑造书面知识》(Bazerman,1988)是针对实验报告如何从早期皇家学会的通信交流,到如今的期刊文章中发展起来的最持久的研究。他视实验报告为文本中一个显著不同的类型,是经验科学的重要基础。作为一种体裁,报告既是研究人员之间社会互动的产物,也是科学论方法产生语境中的首要元素。科学文本的作者开始写作时可能并不知道修辞学的惯例,但这并不表示在他的文章中就不会表现出这些惯例。相反,他们会继续对经验事实的语言表达产生潜在的、大部分被隐藏的影响。巴泽曼运用了修辞学中的经典观点来解释他的目的:确认并解释支配了经验科学中推论结果的惯例,来教会实践者们如何更有效地写作和演讲(Bazerman,1988:3-17)。

巴泽曼并未试图对实验报告进行综合性的历史调查,但他的确发掘出了其考古学方面的各种不同意义。他用了三个章节来处理早期皇家学会的历史,三个章节来处理 17 世纪的物理学,两个章节来处理当代社会科学。问题出现了,它们并不是伴随这些内容的选择安排,而是伴随着这些事件所代表的发展的总体架构。例如,巴泽曼限制自己定期采集 1665～1800 年皇家学会的《哲学学报》内容的样本时,他倾向于将他的发现与那些描写含糊的一般性趋势相比较。这些一般采用与罗伯特·默顿在现代科学共同体中所认同的制度化的规范发展的统一形式。巴泽曼有时选用明确的目的论语言来描述这一过程,例如,他声称:"在这一时期,越来越多对可能变量的认识的表达似乎触及了一种未表达的控制概念。"(Merton,1988:71)更一般地来讲,实验性作者被认为能够稳定地、单向地促进诸如非个体性、方法论警示,以及对实验和诠释之间对话体系的维持等现代理念的发展。巴泽曼总结道:

对组织批评、社群主义、普遍主义以及客观性的保证,使得个体能够以共同努力的名义去化解个体的张力、冲突和违规……对科学交流体系发展的普遍推动已经被默顿所描述的术语用来构建科学。(Bazerman,1988:148)

　　一种试图把每件事都纳入现代制度化规范模式中的急切渴望，浸染了巴泽曼对所有他所描述的趋势的认同，也掩盖了所有关于历史因果关系的具体历史规定的不足。比起确定原因和影响，巴泽曼一般情况下更喜欢两者兼顾。举个例子，早期《哲学学报》的特定读者被认为已经将"专家的认同"视为"严肃的自然科学家"，然而期刊中发表的文章也认为该认同已经被赋予某些人（Bazerman，1988：135，138）。总体来说，正如迪尔所说的那样（Dear，1988；参见 Bazerman，1987），默顿模型建立了一种关于"科学家"的非历史理念，将其作为目的论过程描述的目标。因为巴泽曼将他的历史证据渗透到这样一种目标指向的趋势中，所以他能轻松地游走于对历史文本的体裁评论，与对这样一个现代科学共同体发展的文体惯例的功能价值的评判之间。其效果就是产生了这样一项调查，这项调查虽然几乎不是史学的，但是（正如迪尔所表达的）"在拉马克的、目的论的意义上，现代科学共同体结构的一种'进化'说明——以默顿学说的风格得到描述"（Dear，1988：275）。

　　这种沦为目的论解释的倾向，是功能性规范的修饰惯例认同上的一个明显的论据缺陷。现代理念表现为运用一种诱人的魅力，将过去的革新看作是对当前目标的功能性改变以适应当前的目标，而且历史的变化被剥夺了更加实质性的因果力量。另一个问题是缺乏对争议案例的关注，当截然不同的修饰惯例被科学共同体中的不同个体或团体所引入时，会经常与不同的科学实践模型相联系。巴泽曼倾向于假设，这种修辞规范会被所有的"科学家们"所接受，即暗含着他们能够提供一种被所有人所认可的解决争论的共同基础。关于争论的建构论研究对这个欢乐的两厢情愿的图景提出了极大的质疑。对于什么通常被公认为是巴泽曼所讨论文本的"体裁"要素的限制性分析，反映了默顿学派卷入关于科学话语的内容之纷争的不情愿——一种建构论试图寻求克服的、伴随着争议研究而觉醒的不情愿。这些缺陷削弱了巴泽曼对实验性论文的发展所做出的一个理性的史学描述的声明，同时使其宣称的调和默顿学派和建构论方法的目标陷入了质疑（Bazerman，1988：129）。

　　对争议事件的仔细审察，有利于帮助把修辞惯例从过高的附加规范降下来，且有利于把它们和其他的实践要素联结起来。正如普莱利（Prelli，1989b）已经指出的那样，在一个更加与众不同的修辞分析的规范版本中，科学的"气质"不能被认为是一种天赋。他认为，默顿使"限制科学家行为的束缚性制度规范具体化"的努力，已经被其他的社会学家关于科学家们寻求"反规范"的描述所削弱。在某种情形下，科学的实践者倾向于与默顿学派的理念背道而驰的价值观。例如，他们可能把对他人工作的判定建立在对个体贡献的评估上，或者他们会认可科学发现的个人所有权。普莱利演示了关于猿是否能学会人类信号语言要素的争论双方的作者们是如何部署了一系列关于他们对手素质与行为的、经常是相互矛盾的规范的声明。依照这一观点，他建议不管是规范还是反规范，都不应被视作调整性原则；相反，它们应当作为修辞来源而被使用于混乱的争论中，而在其中，关于事实的主张和真正的科学进程中的问题同时存在。推而言之，"科学的气质不是天生的，它是修辞性地被建构而成的"（Prelli, 1989b：49；参见 Mulkay，1979：71-72）。

像普莱利这样的一些研究提醒我们，关于事实主张的争论会变得多么宽泛。关于猿是否能掌握人类语言的争论能够拓宽研究人员的能力，包括其方法的正确性，或者不同形式出版物的适当性。关于这个问题我们最终可以断言，科学正是在这样持续不断的争论中进行的。在这些形势下，修辞的惯例并不能很好地提供一个达成共识的基础；相反，这种惯例本身就是争论的对象。各种不同的推论形式可能被发明出来，并且与其言论相一致的论点也试图在辩论中获取有效的说服手段，然而其自身的合理性本身就会带来问题。当修辞模式自身变为争论的对象时，它们就会表现为科学实践的一部分，而非置身其外。

1672 年，牛顿在《哲学学报》上发表的论文"关于光和颜色的新理论"所引发的争论，就体现了上述观点的主旨。巴泽曼在一个启发性的章节（Bazerman，1988：chap.4）中讨论了这一事件，在其中，他分析了牛顿是如何修正其从 17 世纪 60 年代中期的个人著述到 1704 年出版的第一本光学著作这一系列学说文献的文体风格。他确认了这种争论的重要性，在该争论中牛顿发现自己陷入了驻扎国外的英国耶稣会士与国内的胡克的双重围攻之中，但是他的分析很大程度上构建于自己的观点。从一开始，巴泽曼的分析就把一个完全公式化的关于由彩色光线构成的白光通过波璃棱镜的折射能够分解的教条归因于牛顿；并且这要求他做出一系列修辞选择用来向对此毫无理解力的读者解释他的学说。这个分析很精妙，但是它完全被说明性风格的问题所约束。面对修辞挑战，牛顿被认为是做出了成功的回应的。因为他使得对他的学说一无所知的读者明白了他所阐述的是什么。

一个关于争论的更加严密的建构论分析由谢弗（Schaffer，1989）提出。他将争议纳入了一个框架体系，该框架不是由所有"科学家"都认可的共同准则构成的，而是具有竞争的传统。一方面，这些传统是以波义耳及早期的皇家学会为先导的实验自然哲学：另一方面，是牛顿希望其范围延伸到涵盖光学学科的数学科学。每一种传统都有其自身的实验性操作实践和独特的写作模式。牛顿于 1672 年发表的论文中描述其发现主张的框架明显地是为了满足《哲学学报》读者的传统期望。但是在这篇论文的后半部分，他突然通过转变对形成其"学说"主张的纲领性阐释的实验描述，对这种期望进行挑战。正如泽夫·贝希勒（Zev Bechler）所指出的，在一场非常敏锐的关于争议的讨论中，这意味着"正统模式的写作科学的问题，在最初产生争论及帮助维持这些争论直至差强人意的结论中起了不小的作用"（Bechler，1974：115）。

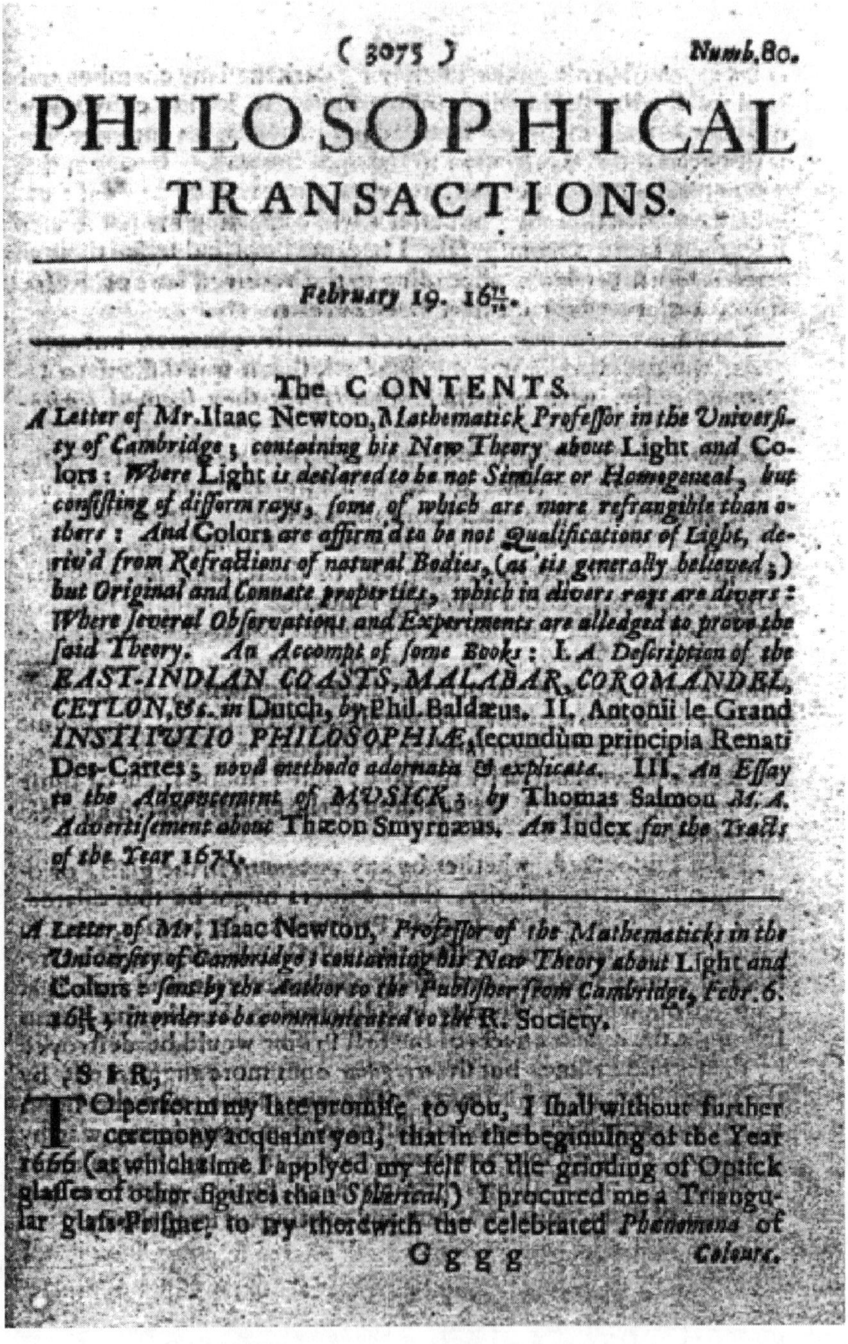
(3075) Numb. 80.

PHILOSOPHICAL TRANSACTIONS.

February 19. 16 71/72.

The CONTENTS.

A Letter of Mr. Isaac Newton, *Mathematick Professor in the University of Cambridge; containing his New Theory about* Light and Colors: *Where* Light *is declared to be not Similar or Homogeneal, but consisting of difform rays, some of which are more refrangible than others: And* Colors *are affirm'd to be not Qualifications of Light, deriv'd from Refractions of natural Bodies, (as 'tis generally believed;) but Original and Connate properties, which in divers rays are divers: Where several Observations and Experiments are alledged to prove the said Theory. An Accompt of some Books:* I. *A Description of the EAST-INDIAN COASTS, MALABAR, COROMANDEL, CEYLON, &c. in* Dutch, *by* Phil. Baldæus. II. Antonii le Grand *INSTITUTIO PHILOSOPHIÆ*, secundùm principia Renati Des-Cartes; *nova methodo adornata & explicata.* III. *An Essay to the Advancement of MUSICK; by* Thomas Salmon *M. A. Advertisement about* Theon Smyrnæus. *An* Index *for the Tracts of the Year* 1671.

A Letter of Mr. Isaac Newton, *Professor of the Mathematicks in the University of Cambridge; containing his New Theory about* Light and Colors: *sent by the Author to the Publisher from Cambridge, Febr.* 6. 16 71/72; *in order to be communicated to the* R. Society.

SIR,

To perform my late promise to you, I shall without further ceremony acquaint you, that in the beginning of the Year 1666 (at which time I applyed my self to the grinding of Optick glasses of other figures than *Spherical*,) I procured me a Triangular glass-Prisme, to try therewith the celebrated *Phænomena* of

Gggg *Colours.*

图 5　牛顿发表在《哲学学报》（1672 年 2 月 19 日，第 6 卷，80 期：3075-3087）的论文《关于光和色彩的新理论》的第一页

注：此图经剑桥大学图书馆理事许可复制

　　谢弗的分析开始展示出有多少东西在随之而来的辩论当中被质疑。尽管他强调物质实践的维度，特别是折射作用在不同种类的波璃棱镜中的适应性问题，但他仍然指出，特定的推论形式的适当性会同时处于争议之中。最重要的是，谢弗恰恰展示了牛顿主张的"内容"的名称是如何受到反驳的。实验"事实"和解说性的"假说"之间的划界方式本身就是受到质疑的。将特定的实验标记为"关键的"，提出两个在不同场所进行的实验实质上是"相同的"，以及那些已经被实验"显示"出来的明确事实及其结论，都会被挑战。争论的参与者在再次阐述他们在某个特殊场所所做的工作或者他们所主张的东西时，保留了相当程度的灵活性。比如，胡克在 1672 年 6 月告诉皇家学会的主席，这个实验可能会证明"彩色的射线"会保持固定的折射度：这没有证明胡克声称牛顿想证明的东西，即存在一种"折射前就存在于光线中的彩色射线"。的确，牛顿看起来并没有在他的叙述中坚持其实验所显示的结果。在 2 月份他说，实验显示，在不涉及颜色的光线中，也存在着不同折射度的射线；当 6 月份公开地答复胡克时，牛顿又说，实验显示"分离出的各种颜色的射线以相同的几率受到不同的折射作用"，从而产生特定颜色的问题（Schaffer，1989：86）。

　　当巴泽曼把争论当作牛顿发展其劝说风格的方式来表达他的事实主张的一个场合时，谢弗指出这些主张的本质自身就存在争议。在有重要意义的方面，牛顿重新阐述了他的主张中的事实内容，以回应争论中对修辞的迫切。牛顿致力于建立实验事实和理论解释两者之间关系的一个新模式。同时，他寻求其主张被当作事实来接受。在这种情势下，修辞的使用明显不仅仅是迎合了体裁的问题。关于什么是事实的主张及其解释本身就会随着有效的修辞资源而被建构。同时，它也被正在进行中的争论当作主题来讨论。

　　当我们详查那些被引申的争论插曲时，我们会发现事实的修辞结构的向度变得越来越清晰。在与论文修辞形式和科学事实声明有着密切联系的争论中，有一个相似的案例，即围绕 18 世纪末安托万·拉瓦锡的"化学革命"的争论。在其中一篇文章中，拉瓦锡在所处的时代所面对的化学的最根本的挑战体现在一系列创新性的事实主张上，即不存在燃素（传统上关于可燃性原理的认定），把燃烧作为一个氧化过程而重新解释，把水命名为一种化合物，等等。但是，作为对其学说体系的一个补允部分，拉瓦锡和他的支持者也为化学物质及化学论文的新模式建立了一种新的命名法，它被看作是由几何学类推而来的一个"令人信服的"方法（Golinski，1992b，1994）。在随后漫长的争论中，语言学的应用和华丽的修辞形式本身也被质疑。拉瓦锡在英国的反对者如约瑟夫·普利斯特里和詹姆斯·科尔等人，质疑其写作风格，同时也对拉瓦锡的经验主义主张提出了疑问。拉瓦锡的论文以诸如"事实"这样的关于名称的特定陈述为基础，因此英国的化学家们仅仅把它看作是"假说"或者对化学实验结果的（有疑问的）解读。因此，科尔致信普利斯特里，表达他希望法国的化学家们"能够用平易的文章联系事实，这样所有的人都能懂得，同时保留他们在关于事实的理论注释中的新命名法"（引自Golinski，1992b：238）。

对拉瓦锡而言，语言是一种"工具"，正如实验室中所用的实物仪器一样，被用在阐释性论文的解释中。拉瓦锡发明出一种可以使其在化学中获得比先前惯用的标准更高的证明语言。正如威尔达·安德森（Anderson，1984）、特雷弗·莱弗利（Levere，1990）、阿尔伯里（Albury，1972）以及利萨·罗伯茨（Roberts，1992，1993）等学者所展示的，他转而去研究艾蒂安·博诺特·德·孔狄亚克（Etienne Bonnot de Condillac）的哲学去证实他的工作。孔狄亚克提出了一种"分析性"语言的图景，将符号和单纯理论相对应，在操作下会产生关于一门学科的详尽知识。拉瓦锡建立此科学命名法，意图在于给它的使用者一个规范，这样就能够迫使他们接受他自己关于化学成分的陈述。他认为"一种形式完美的语言应该是这样的，在这种语言中人们会抓住思想的连续性和天然秩序，会给教学方法带来必要的和即时的革新……（化学家们）要么去抵制该化学命名法，要么会不可抗拒地跟随这条最终会取得胜利的路线"（引自Anderson，1984：177）。

拉瓦锡的英国反对者们，特别是普利斯特里和科尔，拒绝接受这个新的化学命名法，他们认为这种体系试图侵占他们所预想的作为平等主义的科学共同体所具有的共同语言。对普利斯特里来说，科学共同体是通过利用对事实论述的通用描述而结合在一起的。如果把一个被特殊的"体系"所形成的语言强加于上，会干扰信任的稳固性，这样的话，发言者和作者将不再信任彼此的报告。同样的，对科尔来说，这个新的命名法有利于一个"学派"尝试去发展自己"特有的观点"；但是这种新的命名法不能被当作"化学的一般语言"。对他而言，那些看起来不合理的学术术语却恰恰是拉瓦锡和他的同事们非常强调的——也就是说，"我们不能像这个新科学命名法的创立者那样，不经考虑地使用这种语言"（引自Golinski，1992b：246）。

事实上，拉瓦锡和他的伙伴们所创立的化学术语在英国已经与其他地方一样被接受了。经过一些修正，它被英国大部分化学家所使用，尽管他们当中有不少人认为该术语的价值问题有别于拉瓦锡所说的"事实"的有效性。但是，研究这种命名法最初遭受的抵制还是有价值的。它帮助我们认识到修辞的形式和事实问题是如何联系在一起的，以及这种联系是如何被挑战的。拉瓦锡所提出的文体和内容两者的特殊联系，和它们通过批判而被分离都是历史的结果。这些需要认真的研究而不是想当然。即使如威廉·尼克尔森（William Nicholson）和威廉·希金斯（William Higgins）这样的英国化学家也逐渐地接受拉瓦锡的观点，并把它当作基本的事实，这折射出辩论的双方都会显而易见地在他们自己的理论语言中构建关于实验事实的解释。尼克尔森得出了这样一个结论：化学家们不能通过"正确推理的直接力量"来推翻一个新体系，但是可以通过更间接的说服性的策略来赢得胜利。对这些化学家们而言，赞同拉瓦锡经验主义的断言，并不意味着他们同时也赞同科学语言应该以拉瓦锡所设想的那种方式来使用（Golinski，1992b：247-250）。

关于这种插曲的认识也会传达这样的理论观点：修辞的目的并不等于接受或决定应当如何解读文本。拉瓦锡关于把语言当作一种说服性的特殊工具的目的，被他的批评者们所憎恨。这里的普遍含义是：对科学文本进行的修辞分析可以通过对它们被阅读的方式进行调查而得到显著的帮助。尽管我们不能期望读者直接拥护作者的修辞目的（正如争论中所展示的案例），但是将注意力集中于前者能够提供一种区别各种修辞分析的方式，然而另一方面，这些修辞方式可能会在一种不可控的方式上变得复杂。暴露在争论过程中的联系——比如，事实声明和方法规定之间的，或散漫的实验和其他别的行为之间的联系——可以具体地辨别作者或演讲者的修辞目的到底是什么。也就是说，修辞的分析应该被限定在一个更容易被理解的诠释学程序之中，这个解读行为应当直指文章的作者和读者双方。通过这种方式，使用形式、读者和境遇的分类对科学话语的修辞结构进行分析，就可以通过调查具体语境中的真正读者所进行的解读过程来得到补充。该方式如何操作正是本书下一部分所要讨论的主题。

4.2 进入学术圈

依据前文的讨论，我们可能会说所有语言使用都是修辞性的，也就是说它的功能之一就是试图去说服他人。甚至于在现实生活中最直白的话语中也暗含着这样的目的：说服听众或读者相信我们所言的真实性。当然，这并不是否认其他各种不同的说服方式的存在——从用枪指着某人的头逼其就范到列举出一条确证的论点——但是说服他人的任务往往仅是交流活动的一部分。尽管如此，如果只将语言看作具有修辞方面功能的话，肯定会错失其他方面的重要性。语言除了能说服他人，还有其他方面的作用，其中最重要的作用就是表意。

把语言的表意功能看作是修辞功能的补充而不是两极对立似乎更有道理。两者中任何一个都不排斥另一个，不过两者会有截然不同的对论述和文本的分析模式。修辞着重于讲话人和作者的意图，即在特定语境中分配可用素材并提出具体的见解和主张，诠释学则侧重于论述解读者如何建构其含义。而历史学从两重意义上来说本来就应该是一项诠释学性质的事业。首先，历史学家关心的是如何把由前人创造和理解的论述本意真实还原。其次，历史学家自身就在参与一项解释工作，他们自己的语境会影响对原本的诠释。历史学家会从专业的角度围绕"诠释学圈子"工作，通过对语境的理解来揭示圈子中前人论述的意义，同样，语境也可以通过解读历史文本而获悉。从事诠释学常常会遇到"反身性"问题，作者既要做出自己的解释又必须以解释者的认同对其所处的历史背景做出评价。一旦意识到历史学家总是置身于负责解释的领域的话，这些问题的出现似乎就是必然的了。

处于哲学诠释学传统之中的著作者们已经显现出了这一过程。汉斯-克诺普·伽达默尔（Han-Georg Gadamer）坚信马丁·海德格尔（Martin Heidegger）的哲学思想，他对"教条的客观主义"产生了质疑，教条客观主义认为历史学家可以将自己从语境中分离出来，以获得对过去更为准确的理解（Gadamer，1976：28）。伽达默尔认为，扎根于某种语言传统是人类社会的一部分，客观上讲不可能用轻易的姿态来规避。另外，保罗·里克尔（Paul Ricoeur）提出了"距离化的积极概念"，为历史学家能从比较客观的角度出发从事历史解释工作提供了的可能性（Ricoeur，1981：131-144）。尽管这看起来似乎给予了历史学家更多哲学上的鼓励，但是在历史学家应当如何改进其方法的方面，里克尔并没有比伽达默尔提供更为具体的指导。

然而，在这些哲学讨论的背景映衬之下，近来有关历史学是一项诠释学事业的看法的根据越来越充分。这在一定程度上是对人类学方法在文化历史学中得到普遍应用的回应。基思·迈克尔·贝克（Baker，1982）和威廉·鲍斯玛（Bouwsma，1981）各自要求思想史也应并入"意义历史学"，后者包含文化的各个层面和人类经验的符号表达的所有形式。贝克对此解释道："思想史学家分析一个文本、概念或者观点的交流时，会遇到与面对其他历史现象的历史学家同样的问题，也就是重构语境（大多数的语境都是如此），在这些语境中，现象具有人类行为的意义。"（Baker，1982：197-198）

从这种意义上来理解，"意义历史学"与对地方化的强调有联系，即具有科学的建构论分析特征。这一联系可以通过维特根斯坦的"语言游戏"概念来建立，在此概念中，文字和词组的意义由研究它们在地方化"生活方式"中的使用来获悉。因此，历史学家致力于将科学话语元素的具体局部的理解与特定语言使用群体的取向和实践活动结合起来。而修辞学分析主要着眼于语言如何被作者和演讲者使用，无法完整地解决上述问题。解决这一问题需要研究的是对话语特殊单元、特定文本的系列读物，及对特定图像的移动范围的多样化解释。当识别出这些不同的局部解释后，如何在相互分离的不同语言学领域之间翻译诠释这一论题也就成为值得研究的问题。安德鲁·沃里克（Andrew Warwick）对于剑桥的数学和实验物理学家们撰写的有关 1905 年爱因斯坦相对论论文的解读的研究给了我们最好的例子（Warwick，1992，1993）。在此沃里克还指出了翻译问题的严重性，以及对理论和实验工作的本地文化的理解，是把握不同文本解读的关键。这一论文后来被认为提出了一种革命性的物理学新理论，然而英国物理学家当时并未意识到这一点，他们尚未认识到这一理论可能具有的创新性，或者置之不理，或者干脆将它并入自己的研究课题之中。

然而，如果我们从这个意义上把科学史界定为解释性活动的话，就会产生如何识别相关语境的问题。大谈维特根斯坦的"生活形式"对解决什么才是理解科学活动的恰当的环境这一问题无济于事。实践中，各种各样的语境在史学的或社会学的逻辑分析中被引用，从民族国家，到纪律秩序、"核心要素"，再到一个实验室中的合作者。很可能，诠释学的注意力只需要聚焦于这些层面中的任何一个，由此来辨别在这个群体中意义以何种方式产生，团体的语言学界限如何维持以及如何跨界翻译。非常适合诠释学分析产生结果的是这样一种情形，即不同的学科在交叉领域中被剥离出自己的学科范围，并相互竞争以决定描述特定现象应当使用的语言。在如此以及类似的环境中，多学科的专家与非专业公众之间的交流也非常重要。在一篇开创性的科学诠释学文章中，吉奥杰·马库斯（Gyorgy Markus）认为应该仔细研究专家与其听众之间的交流中的意义构成。马库斯注意到（Markus，1987：19-29），早在 19 世纪初，专家和职业科学家们就被要求向最终资助了他们工作的听众解释他们的活动，但不共享专业知识。在这些相互交流中，意义构建的方式不仅影响外行公众对科学的理解，也影响着专家们自己对科学的阐述。甚至在专家群体间的话语也会被这一过程所影响。

由语言群体之间的翻译所产生的意义，常常按照隐喻的使用方式来讨论。亚里士多德的隐喻概念指的是将词语原有的应用延伸到新的指称客体，这一概念有时被引用来描述科学性语言如何被外行群体所使用。据称诸如"亲和""歇斯底里""演化""熵""相对论"之类的诸多术语，都是在技术性论述中被创造出来并有严格而缜密的用法，然而其后却被非专业人士赋予其更普遍的——或许不够严格——用法。然而在这些术语中论及的模式问题，是其假定有严格指称意义的语言，可能存在于毫无疑问被约束着的科学共同体之中。由于诸多原因，这一假设现在看来似乎不可信。在研究过这一争论之后，科学共同体的边界以及如何评价和界定什么样的实践才算是一个好的科学实践等问题频频引发质疑。对通过局部的仪器和技术产生的现象所进行的研究，已经对一个"专业"术语总是严格指示同一现象这一假设产生质疑。许多史学分析表明，科学工作者是如何从其他文化领域借用术语，将它们本不可分的内涵意义引入揣测性的专业话语中的。例如，诺顿·怀斯（M. Norton Wise）就曾指出，19 世纪 30 年代和 40 年代的英国力学及其他自然科学领域的作者们，是如何有意地使用诸如"工作"和"浪费"之类最初起源于政治经济学的论述的概念的（Wise，1989a，1989b，1990）。但专业术语的意义由科学家严格定义，后来却被其他人广为滥用的例子并不包括上述的案例。

罗杰·史密斯（Roger Smith）在 19 世纪和 20 世纪关于"压抑"之含义的研

究为此提供了很好的例子（Smith，1992a，1992b）。史密斯指出，来源于大众话语中用以描述特征和品行的"压抑"这一词语仍然在专业群体中占主导地位。甚至在谢灵顿（C. S. Sherrington）和伊万·巴甫洛夫（Ivan Pavlov）的专业论著中，"抑制"都获得了相对特殊的含义，该词不可避免地会引起更为普遍的使用。当心理学家与外行交谈时常常会有意的这样做（Smith，1992b：242）。正如史密斯所指出的，"一个专业群体出于特定的目的会重构语言，但是不会由此便消解该语言更广泛的意义"（Smith，1992a：228）。

对史密斯而言，相关的更广泛的意义起初应是社会方面的。"抑制"一词包含了有关社会秩序以及如何维持这一秩序的概念，这一点体现了这一术语在心理学上更为"专业"的用法。史密斯解释道：

在两个主要层面上，"抑制"协助形成了对秩序的认识。首先，它指的是一种等级制度，上层阶级压制或抑制下层阶级。其次，该词描述了相对平等的力量如何为有限的资源进行竞争。前者被用于大脑中组织层次的理论，后者被用于心理学中描述意识和行为的组织。这些用法表明该词指的是身体或头脑中的过程。同时也表明它隐含着社会中各阶级的关系：下层阶级受上层阶级压制或者经济活动中的竞争。（Smith，1992a：12-13）

史密斯仔细和透彻的诠释学研究成功地跨越科学群体与其他群体之间的界限，解释了"抑制"一词的意义。因此，他令人信服地证明了"词语如何将其社会价值带入科学核心"（Smith，1992a：6）；并且他还提出了一个十分重要的方法论附带条件：弱化词义的本意（外延）和隐喻（内涵）的区分。他认为，没有一个词可以严格无歧义地用于单个指称而不具有内涵意义："严格区分抑制的外延和内涵是不可能的，隐喻之网无处不在。"（Smith，1992a：237）

史密斯的观点在这里是指，过于严格的隐喻模型会导致专业人士严格的外延用法，与其他人宽泛的内涵用法之间泾渭分明。但历史学研究表明两者在很大程度上是相互渗透的。詹姆斯·波诺（James J. Bono）也发表了同样的观点，他使用了一些当代文学理论术语，尤其是"解构"一词，可以追溯到雅克·德里达（Jacques Derrida）[①]的著作中。波诺指出了一个他称之为"隐喻作用"的假设，该假设认为"科学家的特殊洞察力包括并驾驭构成科学性话语的语言和隐喻"（Bono，1990：60-61）。并且，他又提出了与此假设相对立的"隐喻规则"，即"重视话语的现实，重视意义在科学自身边界内外的传播与扩散"。波诺解释了他倾向于后一种观点的原因：

复杂的科学文本和话语通过与其他多种话语的交叉从而构建自身。这些交叉在各种各样的话语中产生干涉，导致各种含义的传播、扰乱、抵制和改变了语言的

———————————————
① 法国哲学家，解构主义或后结构主义哲学的代表人物。

一个给定话语中的隐喻以及深藏于内的比喻特征。（Bono，1990：61）

据此观点来看，是隐喻支配其使用者，而不是使用者支配隐喻。语言不受科学家甚至任何作者的控制。意义持续被传播，歧义不能完全被清除。隐喻式翻译不断进行，因此语言所指之意无法严格固定或者说不能长期严格固定。例如，波诺所说："文本抗拒作者在很大程度上去控制的努力，因为语言在比喻和修辞方面——既不能归为一类，也不能相互剥离——从而保证了意义的多样化及其不断地被重新解释的可能。"（Bono，1990：66）

尽管罗伯特·杨（Robert M. Young）将自己定位于马克思主义传统而非解构主义传统之中，但他在自己的论文"达尔文的隐喻"相关主题的讨论中，采取了与波诺相似的观点（Young，1985）。他分析了"选择"这一术语在达尔文以及其他达尔文批评家和评论家著作中的用法。他坚持认为该词的"科学"意义不能与其神学和哲学方面的争议内涵相脱离，这是与进化论相关的"构成意义，而非语境意义"（Young，1985：80）。有关《物种起源》的讨论从农民和饲养者实践的人工选择转移到了达尔文所提出的新物种的进化原因——"自然选择"。在这一讨论重点的转换中，达尔文有意保留了"选择"这一术语的拟人化和唯意志论的含义。尽管他抛弃了曾明确显示在他个人笔记中的超人类的形象，但他仍继续提及"自然"的力量，"每日和每时的详细审查……排除不好的东西，保留和添加所有好的东西；默默地无知无觉地工作"（Darwin，1859/1968：133）。

这是一个有力的隐喻，但是它并没有依照达尔文的期望产生作用。一些评论家反对"自然选择"的拟人化内涵。阿尔弗雷德·拉塞尔·华莱士试图劝说达尔文放弃这种措辞修饰，不要把"自然"人格化，他警告说："人们将不会明白所有这些措辞都有隐喻。"（引自 Young，1985：100）另外，像查尔斯·赖尔（Charles Lyell）、约翰·赫歇尔（John Herschel）和阿萨·格雷（Asa Gray）这样的评论家想把进化论解释成上帝的指引，因此他们抓住达尔文拟人化的语言来支持他们的观点。尽管达尔文最初否认有引入上帝的意图，但他还是把这些理论交给了这些解读者并且宣称他很欣慰，因为至少自然定律的一致性决定了进化论这种观点已经被接受。在后来的《物种起源》版本中，他为拟人化的术语进行了辩护，认为他同读者的简单交流是必要的，并且也强调了其他的科学表达（比如，化学中的"亲和性"和万有引力中的"引力"）最初都有着拟人化的隐喻，后来才失去这些意义。

在杨看来，达尔文自己对科学交流中隐喻的重要性有着复杂的见解，他有义务去承认它们有时表达的含义并不是作者的原本意图。从达尔文的观点后退一步，杨能够将更多的元素带入这个图景之中。他展示出达尔文对与自然选择相联系的拟人化语言的使用如何反映了自然理论传统的持续影响，最好的代表人物就是威廉·巴莱（William Paley）。这是一个公开宣称达尔文信徒仍然坚持有神论的传统。另外，自然选择未能提供的概念也很可能从他的工作中发源。这些表达因此也与一个多样化的达尔文理论研究者群体联系在了一起，其中一些人明确地保留了一种神创世界的观点。

像这样的一个精巧的语境分析说明了科学隐喻的过分简单化概念的不充分性的问题。隐喻并不是科学之外的东西，也不是外行人对精确技术术语误解的结果。相反，对于不同的语言群体之间的翻译的创造功能上，或对于单一群体在新含义的创造性上而言，它都是一个标签。科学家不断地从其他领域补充语言元素，但是他们不能控制其语言将被放在哪里使用。与在所有推论活动中一样，隐喻在科学中是根深蒂固的；相反，它对有意义话语的产生很有必要。吉莉安·贝尔（Gillian Beer）在对达尔文隐喻的辩护中，穿插了她自己的具有延展性且微妙的见解："空间、扩展、预测，这些都是隐喻提供的力量，无论科学还是文学，它们与测量的一致性、近似性和准确性一样重要，都是我们习惯性地要寻找的力量。"（Beer，1983：92）

贝尔通过追溯达尔文在语言层面上的借用，展示了我们可以获得多少成果。她展开敏锐的文学想象力，运用非常广博的维多利亚文学功底，追溯了对达尔文关于其比喻和修辞选择的解读的影响（Beer，1985）。比如，她认为达尔文讨论关于人工与自然选择之间关系的词汇，可能受到其对文艺复兴时期诸如蒙太尼（Montaigne）和托马斯·布朗（Thomas Browne）等作者如何对待文学与自然的解读的制约。同样的，他对托马斯·马尔萨斯（Thomas Malthus）的难以驾驭的解读——人口过剩与饥荒等有极端危险性的观点转变为进化论的原动力——也可能是受约翰·米尔顿（John Milton）关于自然资源丰富性的观点的影响（尽管巴莱有一个更直接明了的观点）。从对达尔文的解读到其著作的影响，贝尔研究了语言、比喻和受到维多利亚小说家启发的叙事技巧的传播（Beer，1983）。同时，她实践了一种复杂的诠释学，其解构主义的限定条件与矛盾特征是很明显的。其目标是超越关于观点的影响的普遍陈述，去把握这些语言要素的作用，诸如类比与想象、叙述手段和描述技巧、情节结构和特征脱漏，等等。尽管贝尔承认某种程度上在专业共同体之内对含义进行控制的可能性，但她的注意力集中于"语言被排除或者被遗留下来的含义，这些含义仍然具有潜力并且能够被带到表面上来，运用于那些专业范围之外的人群上，还可以用于那些未来的新读者，对于他们来说新的历史次序刚刚介入"（Beer，1985：544）。

贝尔的方法几乎不能缩减成一个概要。她的结论有超前的启发性，并伴随着一种尚未像历史学家所期望的那样有确定结论地被展现出来的意识。与其试图在这里去浓缩她的发现成果，我不如在本章的剩余部分提供对科学论述的诠释学分析的三个可能的答案。每一个都强调了科学语言的一个特定要素，使我们能够追溯其不同的含义和用法。类型学的目标在某种程度上已经超过了隐喻讨论的归纳范畴，以证明审查在多大程度上导向更多论述的具体特征，并提供这是如何完成的例子。(类型学发展并修正了我之前在其他地方提到的一个例子：参见 Golinski 1990b)这三个分析类别是：①语义，也就是在特定的语境下识别关键词的意义；②符号，它与对符号系统和比喻的解读相关；③叙述方法，它聚焦于整合叙述结构或故事当中的语言要素。这里没有任何迹象说明这三种类别耗尽了语言的用途在历史诠释学分析上的可能方式，它们仅仅是识别语言含义被定位在哪个层面上的更加先进的简易方式。

语义学分析可以通过米·雍·金(Mi Gyung Kim)对有关 19 世纪有机化学中"原子"与"分子"术语的含义的论述而得到例证(Kim，1992a，1992b)。金设想了一种专家群体可以很好地被创立出来的情形，在其中人们可以将技术术语的含义灵活地用于不同的语种当中。然而，她的分析揭示了含义的局部变化的重要性，也就是说重新回到了与 19 世纪不同国家化学传统相关的学科上去了。因此，19 世纪初的法国化学家往往使用"原子"与"分子"的同义性；但是当翻译约翰·道尔顿的"原子"时，他们保持了两种术语之间的一种区分，因为他们认识到他的特殊假设与计量化学(配合比例的化学)实践之间的关系。直到后来这两个词语的含义"才在有机化学中变得相对稳定起来，而所谓的有机化学就是把一个分子看作原子团"(Kim，1992b：399)。1811 年，阿莫迪欧·阿伏伽德罗在他的经典论述中使用了"分子"这个法国术语，他提出相等容积气体在相同的条件下将保持相同数量的粒子。但是金认为，这种用法与占主流地位的法国化学家所吸收的道尔顿的"原子"定义不一致，这与阿伏伽德罗的"分子"实际上是同义的。金认为："阿伏伽德罗对'分子'一词在字典上正确然而有特殊性的使用，背叛了他在法国知识界边缘的孤立性。他在当代英国和法国化学文献中是很有名的，但却与主流法国化学家没有任何私人联系。"(Kim，1992b：406)

金得出结论，"19 世纪的化学原子主义的曲折道路要求历史学家把更多的精力放在历史角色与跨文化传播的语言上来：语言是思想与行为的微妙中介"(Kim，1992b：427)。她的历史语义学显示了一个令人钦佩的对民族语言与不同研究项目之间在不同的语言学运用方面的细微差别的敏感性(如晶体学与计量化学)。不同的亚学科尽管分享对术语的使用，但却有着不同的本体论与研究项目。金采纳了彼得·加里森(Peter Galison)的"交易地带"的概念来描述导致意义领域分裂的语言要素在边界上的交换过程。加里森的术语——其本身是借自人类学的一个隐喻——标明了一个象征性符号在不同群体之间的传播地带，而这些群体对所交易的东西的含义有着非常不同的理解，但双方都重视交换的这个过程(Kim，1992b：428；Galison，1989)。

我们可以将金关于不同专家群体之间术语含义的差异的语义学分析，与 19 世纪英国罗杰·库特(Roger Cooter)非凡的颅相学研究(Cooter，1984)做个比较。库特将注意力集中在一个更加多义的、在不同的社会层面上的大多数非专家群体中传播的论述。他采纳了我们称之为符号学分析的方法，目的是让使用者认识到颅相学概念与图像的象征性含义。同史密斯关于抑制的分析一样，颅相学至少部分地被看作是社会认知和理念在精神科学领域的象征性投射，尽管它不应该是社会现实直接的或模棱两可的反映。相反，库特强调称，颅相学研究者强调颅相学是一个高度灵活性的符号学资源，它的模糊性从其在 1790 年高尔（F. J. Gall）的著作中的发源开始就得到了体现，吸引了来自激进唯物主义者与反启蒙运动的神秘主义者的追随（Cooter，1984：39-41）。

到 1840 年，在对库特的解读中，渴望资产阶级认同名望的辩护者已经成功地区别了伪颅相学和真正的文章，并在很大程度上将无神论的唯物主义的帽子扣在了前者头上。乔治·康布（George Combe）的工作为想提高自己的工人阶层提供了符号资源，他们渴望获得一种既不同于脑智力因素又不是建立在社会关系上的系统。为了弄明白康布的著作是如何吸引读者的，库特涉及了一种"对科学符号和象征的解码"工作，揭示了"各种符号资源"的操作方式（Cooter，1984：110，119）。心理官能等级制度的颅相学模型给予理性而非感性以更高的优先性，并鼓舞了那些想凭借智力能力获得更高社会地位的人们。像康布这样的颅相学者提出，社会地位应该通过智力能力来确定，并且这些能力通过训练与努力是可以提高的。这些经验可以从文本、演讲甚至广泛分布的颅相学图片中找到，并且其表面内容已经被划分为与不同心理官能相符合的若干区域。

因此，康布版本的颅相学诉诸教授该学问的技术机构的资产阶级管理者；他们不仅意识到它的娱乐价值，而且也看到其在工人阶级中对学科的促进与自我提高。对于工人阶级的自修者来说，这门学科被认为具有广泛的哲学性，相对容易掌握，而且能对人类生活产生深刻的影响。在实用层面，颅相学家提供了关于怎样去设计职业生涯，怎样去选择一个适合的婚姻伴侣，以及怎样去选择一个可靠的仆从的建议。然而，作为一个"公共意义系统"或一种"现世的宗教"，颅相学还提供了一套代表社会与社会抱负的符号，而这些符号也约束了社会抱负的表达方式：

符号系统由于具有个性化、亲和力、大众化、灵活性与"真实性"（由于其明显的实证本质）的典型特征而很快被人们接受。即使如此受欢迎，有人赞成解释经验问题的特定方式；有人认为，如果不去彻底认可这种"客观"结构，而且还不将自己完全或部分地置于某种"自然"定位中的话，那么至少可以允许某种其他定位方式的存在。（Cooter，1984：190）

库特认为，作为符号系统的颅相学，其潜力来源于其对自然事实的表征。尽管历史分析能将其概念与图像作为社会秩序与个人抱负，向那些将其看作"事实"并且因此"不可能构成争议"的人们展示出来（Cooter，1984：192），但它很有可能"未加批判地、草率地被作为实际知识而接受"（Cooter，1984：191）。正是在这种联系下，库特才去寻求通过安东尼奥·葛兰西（Antonio Gramsci）的"霸权"概念来捕捉推论体系的意义，而这种意义被其追随者自愿地接受，但同时暗含了一种在明显不容置疑的自然事实的伪装下的社会等级制度的观点。

库特在研究颅相学模棱两可的符号系统意义，并向不同的社会角色暗示其含义方面，有着相当精湛的造诣。他的分析在对霸权概念的应用上，不含有任何粗糙的还原论。然而，对这种说法常常——也许是必然的——是推测性的。虽然大量颅相学的经验证据被引用，但是一旦涉及其意义，该分析经常超出引用范围。在库特辩称颅相学在某种程度上构造了一种"令人迷惑的意识形态中介"的同时，他致力于提出一个其信徒并未意识到的颅相学的意义价值——据他的分析，颅相学的论述阻碍了他们的认识（Cooter，1984：192）。用颅相学符号系统编码的关于社会秩序与等级制度的隐喻，只有具备解码"自然化的"社会关系事实的分析家的优秀观点才能认识到这一点，而历史课自身并不能表达这样的关系。

库特因此在确定特定社会群体的不同颅相学解释之外做了更多的工作，他认为他的论述当中包含了一些关于社会现实的表征（尽管还很不充分）。而这种长期与马克思主义理论相关联的社会经济"基础"与文化"上层建筑"，在这里都是背景。在库特的分析当中，两个层次的关系虽然属于非常间接性的，但是他们仍然形成了颅相学的意识形态角色。库特注解称，他并不是说该学科的工人阶级学习者被迫接受了"统治阶层赤裸裸的意识形态"，而是认为他们赞同"意识形态的构造和优先次序取决于并盲从于支配性的物质关系"（Cooter，1984：192）。库特在坚持这种对社会现实的意识形态表征的可能性的同时，其诠释学已经超出了在史学共同体中确定意义的工作，并开始对历史学家判定什么是颅相学真正的含义的能力发表主张。这是诠释学的一种策略，把历史学家置于诠释学领域的中心，并通过承认历史学家自己的理论预设将其合法性置于其上。

迈尔斯在例证我称之为叙事性诠释学上，采取了一种显然更加中立的立场。在这里，分析的焦点集中在将语言要素组成连贯叙述这一过程所创造出的意义。迈尔斯讨论了威尔逊（E. O. Wilson）在社会生物学（Wilson，1975）中所使用的叙述策略，其具有争议性地通过与动物的比较来了解人类行为的提议，以及威尔逊批判者的论述（Myers，1990：193-246）。循着争论研究的脚步，迈尔斯展示了争论的双方是如何颠覆对方的主张的。当威尔逊提出研究动物的习性可为研究人类行为提供重要启示的时候，他的反对者指责他类比动物界行为是企图为虚伪的社会不平等理论进行辩护。迈尔斯发现双方都互相指责另一方引用选择性的和与语境不相关的术语进行争辩。他指出这是不可避免的，"因为没有任何语境宽泛得能够保证一个主张只有一个含义，即预期中的能够不言而喻的那个含义"（Myers，1990：219）。因此，争论采取了互相斗争以使其主张处于一个令人信服的叙述语境中的形式。威尔逊将其批判者描述为政治空想家，没有能力在科学证据层面支撑一个观点，他们只能用保守思想家的传统对他进行定位，而这些保守思想家只会通过直觉的动物行为来判断是否"采用"流行的社会论点。

迈尔斯认为，像这样的争论使得文本变得"晦涩难懂"，从而阐明了文本以更加典型的作为透明的事实载体而起作用的过程。鉴于威尔逊与其他人的陈述从其原始状态开始变得扭曲，并且穿插了其他的叙述语境，我们的注意力被导向最初被其作者们语境化的手段。

迈尔斯据此关系详细剖析了博物学典型的叙述形式。他指出威尔逊的行为学方法通常描述观察者与特定动物物种成员之间的偶遇插曲，通常还伴随有详细的细节与一些观察者反映的批注。威尔逊熟练地把这些描述加入到进化论的叙述当中——关于特定行为模式是如何随着进化的过程而出现的故事。在这些二阶故事中，行为对象并不是观察者或物种个体，而是抽象的实体，比如为生存而挣扎的物种（还是达尔文的隐喻）或非凡的自然选择能力。因此，根据迈尔斯的推论，威尔逊通过插入一个关于博物学的叙述方式，采用一个与现实相联系且与现实相符合的模式，并带有一种与现代构建联系在一起的进化论的叙述风格，使得"他的模型看上去与所认识到的事实相一致"（Myers，1990：195）。

在这个争论过程当中，该叙述策略被威尔逊的批判者所解构。其文本的构成要素在新的解释语境中被重新安置，使其含义发生改变。它们被展示出来，不是作为博物学所积累出来的用以证实进化假说的描述性方法，而是再一次试图让人们相信不平等的社会安排是"自然"的。威尔逊关于进化论的阐述被重构为抑制和自然正义故事的一部分。自此之后，想要对威尔逊论述的真实含义取得一致意见，就成为不可能的事情了。一致意见不再出现，某种程度上是因为各方都发现，将对方讽刺性地描述为受到情绪与政治利益的污染对自己是有利的。然而，哪一方都不承认他们自己有政治目的，因为承认就意味着放弃他们表面上只事关科学事实的安排。

迈尔斯通过婉拒双边站队，来展现竞争性叙述结构在争论中的角色。对布鲁尔的对称假定的坚持，使他拒绝加入争论一方的政治或社会活动。因此，他既没有将威尔逊的生物社会学描述为一种精英自然化的过程，或种族主义者的社会态度，也没有迎合威尔逊对手的观点，即将其看作是一种科学上不适当的和由激进的政治议程推动的。换句话说，他用中立态度拒绝了这种会涉及把意识形态功能归咎于威尔逊的生物社会学的分裂。相反，焦点在于建构的过程，语言要素被争论双方的作者组合在一起变为有意义的叙述。因此而出现的叙述中的人为性被这种分析所揭示，但是在这个过程中社会利益扮演的角色（如果有的话）仍然不明朗。

与库特相比，迈尔斯的分析立场明显更加"匀称"，而且阐明了至少是他所讨论的争论。当争论双方所争辩的问题恰好尚未解决时，可以考虑将社会动机问题暂且搁置。迈尔斯为他的拒绝态度提供了一个可信的辩护，比如，其揭示了威尔逊的生物社会学仅仅是伪装的意识形态（Myers，1990：247-259）。然而，这并不等于就采用了一种绝对客观的形式或把历史学家带到了诠释学圈子之外。正如迈尔斯所了然的，他自己也参与了通过组织语言碎片形成自己的叙述结构从而建构意义的工作。所有的历史诠释学，无论其分析焦点是语义学的、符号学的还是叙事学的，都不得不在某种程度上承认自反性的问题，随之而来的就是在诠释学范围之内历史学家们对自己的定位问题。

第 5 章 介入与表征

科学家们在实验室里着手进行的实验操作和测量不是对"所予"的经验，而是一种"艰难的收集"。它们并不是科学家们所看到的——至少在他们的研究还没有深入，注意还未集中时是这样的……。科学并不处理所有可能的实验室操作。相反，它会选择那些与某个范式相关的操作，这些操作有着即时的经验，其范式已经部分地被决定下来。

托马斯·库恩《科学革命的结构》（Kuhn，1962/1970：126）

5.1 仪器与客体

正如我在上一章节开头所提到的一样，一个广泛的学术研究活动不只局限于其论述水平。科学家们说了很多、写了很多，但那不是它们所做的全部。在本章中，我把注意力转向他们的其他实践：对材料和仪器的控制，组成了实验工作；以及他们所实施的表征的非论述性手段，特别是他们很多形式的视觉表象。建构论者在实验科学的物质实践方面有着重要的见解。他们考虑到实验研究在其中被导向的调查工具与实验客体之间的关系，以及工具与客体之间巧妙融合的方式，变得不同或改变了位置。他们也试图将视觉表征的运用本身作为一种实践、一种与研究者所从事的其他活动相承接的活动来理解。对视觉和物质实践的仔细观察更深入地阐明了"建构问题"——通过这种方法，用特定的局域资源所建构的知识，在其他地点也是可复制的。

17 世纪以来，当自然知识首次通过实验来系统地被追寻时，科学研究已经被引导至一个有目的性的、仪器被专门制造的领域。研究人员通过使用仪器，即物质工具来揭示、探索、隔离、测量、表征，或者在其他方面引起对研究客体的关注。实验现象仅仅是通过特定的实验装置产生和再次产生的；一些哲学家认为这是用复杂的仪器操作来"制造真相"，它们是被建构的（Hacking，1983：chap.13；Ihde，1991）。巴什拉的术语"现象技术"抓住了这个含义，即"自然"现象与实验仪器是一起产生和再生的；尽管正如约翰·舒斯特（John Schuster）和格雷姆·沃奇斯（Watchirs，1990：21-25）所指出的：巴什拉与实验者们在解读其结果的灵活性程度上并不一致，而这正是建构论社会学家们所强调的。这种强调将特定局域环境资源引入了该图景之中，如现象和仪器共同产生并且被解读的实验室。

科学从业者们努力维持他们引入的科学仪器与客体之间的差别。他们试图确立现象不仅仅在特定的仪器中发生，也可以在其他地方用其他相当不同的工具复制出来。任何严格的实验实践分析，都必须承认这种致力于维持客体和仪器之间区别的劳动。然而，这种差异可以被显示为建构的结果，这种建构不是绝对的。仪器在可被理解和信任为产生现象的手段之前，就开始被普遍地看作研究的客体了。当仪器理所当然地被认为是工具时，它们就可以与别的仪器共同组成复杂的配置客体的系统，以便使其能够用来观测和操作。这些系统可以呈现出一种重要性，这种重要性远远延伸出其原初研究地点；它们构成了基础结构的重要组成部分，使得许多实验现象可以在离开发源地比较远的地方被复制出来。然而，一些可能性总是存在的，比如，客体和仪器之间的差异变为分裂、人们开始怀疑仪器的可信度等，这些都会重回一个调查客体的状态，至少其现象暂时被认为是人造物。

许多近代的致力于仪器制造的历史研究，指明了在特定的社会和文化背景下的更有意义的方法（Gooding，Pinch and Schaffer，1989；Mendelsohn，1992）。自从弗朗西斯·培根提倡为双手和心灵使用"仪器的帮助"，实验科学就通过人工控制来寻求自然知识，创造服务其认知端的技术。17 世纪，许多新式发明投入了这种应用（Hackmann，1989；Bennett，1989；van Helden，1983），测量和计算工具被数学学科所采用，并应用于自然哲学研究，最引人注目的是在天文学领域，行星位置的精确测定对宇宙学有着深远的意义。随着望远镜和显微镜的发明，光学仪器也脱颖而出。胡克在赞美了通过仪器修正感官的不足时，主要提及了光学的发现，或"对天然进行了补充的人造器官"（引自 Vickers，1987：102）。另外，一系列全新的专门用来对自然现象进行研究的仪器被制造出来。被称为"自然哲学的仪器"包括新的测量装置，如气压计、温度计，以及产生以前所未知的现象的仪器，如空气泵和发电机。正如班尼特（Bennett，1986）和马里奥·比亚乔尼（Biagioli，1989）所指出的：这些仪器越来越多地被认为对传统的数学科学，诸如航海学、建筑学等具有认识论价值，并取得了更高的社会地位。自然哲学家们发现，他们自己与仪器制造商成了赞助或伙伴关系。对物质性的人工制品在知识制造上的价值的重视带来了一系列的劳动组织问题，以及可靠地复制仪器方面的实际困难。

最初，每一个新事物好像都要受到质疑。夏平和谢弗（Shapin and Schaffer，1985）通过追溯霍布斯对波义耳的空气泵的反对展示了这一点。对霍布斯而言，这种装置绝对不是一种恰当的产生哲学知识的方法，他说："不是每一个从海外带来一种新的杜松子酒或者其他时髦设备的人，都会成为一个哲学家。如果是这样的话，那么不仅药剂师和园丁，其他各种工匠也会得到提名并获得奖赏。"（Shapin and

Schaffer，1985：128）尽管有这些反对，作者还是阐明了波义耳的泵是如何在牛津和伦敦等实验发源地之外得到接受，以及如何被用来交流气压现象的知识的。他们的叙述强调了在重复实验的过程中所遇到的困难，也注意到一些不言而喻的知识需要被传播，以使机器在别的地方正确运转。但是，他们也展示了随着复制品被从一个地方转移到另一个地方的过程中，仪器本身的物质特性所扮演的角色。很明显，只要有合适的环境和人力支持，空气泵就可以在复制气压现象的过程中，成为某种程度上的"代理"（用皮克林的术语来讲）。

阿尔伯特·范·黑尔登（van Helden，1994）讲了一个形式上相似的事例，关于伽利略对天文望远镜早期的革新。很久以来人们都知道，伽利略首次使用望远镜对天体的观察，尤其是对于木星卫星的观察是有争议的。范·黑尔登曾用资料证明伽利略 1610 年间所采用的步骤，以战胜这种反对声。有一次，伽利略拜访了博洛尼亚的一批怀疑论者，试图教他们用他的仪器带着各种结果去观察。他将他的望远镜的复制件送给其他的研究者，虽然他的策略是首先送（有些次等的）装置给有希望的赞助者，而不是潜在的反对者（如开普勒），使其有机会进行研究。然而，伽利略这样做了，在说服耶稣会天文学家和罗马猞猁学会（Accademiadei Lincei）的成员时，亲自示范了他的发明并取得了成功。

虽然还有许多工作要做，但像这样的历史研究已经开始揭开物质文化的面纱，在其中，新的实验哲学在现代早期被建构出来。一系列特殊构造出来的仪器被用来延伸感官的触角或创造异常的物理条件，而且这种技术有了可观的改善，并且在研究者和赞助者之中得到广泛的应用。物质文化由特定的社会环境所支撑：赞助者支持设备被当作"艺术品"来生产，自然哲学家希望能够跨越以前把他们与机械工艺实践者及工匠分开的界限，这些人获得了根据新的市场需求而被改良了的技术。17 世纪可以看作是实验科学从业者与他们所需要的仪器的制造者之间所建立的长期关系的开端（Warner，1990）。这种重组的社会关系为新设备的制造、传播和投入使用提供了条件。

在 18 世纪，实验科学对特定设备的依赖程度更加深入，研究者与科学仪器制作者之间的联系更加紧密。诸如电学等特定领域的研究需要特制的装置来打开新的现象学领域。其他学科，如化学，先进的设备也扮演了一个十分重要的革命性角色。仪器制造者时常在开拓实验科学的商业市场上一马当先，引领流行的展示性演讲，以及为资产阶级家庭使用的诸如太阳系仪和气压计等设备进行生产。1713 年，记者理查德·斯蒂尔（Richard Steele）在对太阳系仪（一种太阳系的机械模型）进行评价时，重申了 1661 年胡克的话："这就像获得了一种全新的感官，使人们能够接受这项发明如此快捷和便利地所呈现出来的想象空间。"（引自 Schaffer，1994a：159）在启蒙时期，自然哲学家和仪器制造者合伙使实验科学拓展到新兴公众领域（Porter et al.，1985）。

接下来的一个世纪我们看到了科学的物质文化有了一个基本的改变，因此科学实验与一种更加复杂的技术联系愈加紧密。事实表明，这一重要的历史性转变有时被视为"第二次科学革命"。在物理学所有领域——力学、热学、电磁学和光学，以及化学和生理学中，新型仪器被创造和研制出来，这归功于工业革命中萌发的新的制造技术。詹姆斯·克拉克·麦克斯韦（James Clerk Maxwell）回顾了1876 年科学仪器的种类，使用了与描述现代工业机器相同的术语对它们进行了分析。在物理学的各个分支，仪器被用于提供能源，进行交流、储存，以及对上述进行管理，或测量其对确定系统的影响（Galison，1987：24-27）。在麦克斯韦看来，物理科学已经成为工业化生产的一种形式，依赖于与能量转换相同的、描述了生产工业特征的机制。

成形于工业生产的科学场景也包括 19 世纪实验室中的人类工作者。如我们在第 2 章中所见，该世纪早期就有新类型的仪器被应用，用以产生新的学科研究和学员培训项目。精确测量在重叠性日益增多的培训和研究领域中占有关键地位：它提供了一种引导新实践者进入对他们有需求的规范工作实践的手段，并为物理科学研究开拓了更多的可能性空间（Wise，1995；Gooday，1990）。1830 年，约翰·赫歇尔（John Herschel）就注意到了仪器的有效性，使得实验科学追求更高的精确性成为可能："我们应该求助于仪器的帮助，即发明物的帮助，用精确的数字取代模糊的感观印象，将所有的测量简化为计数。"（引自 Warner，1990：88）到 19 世纪 80 年代，威廉·汤普森（Willam Thomson）（后来的开尔文勋爵）阐明了其著名的观点，即一个人只有掌握了测量该现象的方法，他才能说自己了解了该现象，仪器化与数量精确性的联合在物理科学实践中被牢固地确立了。正如克罗斯比·史密斯（Crosbie Smith）和诺顿·怀斯（Norton Wise）所强调的，这种联系在与电气电报网络发展的关系中尤其被强化了，而正是通过该电报网络，汤普森及其他人推进了英国的帝国和商业扩张（Smith and Wise，1989；参考 Hunt，1991，1994）。

19 世纪五六十年代，汤普森在格拉斯哥的实验室曾是精确实验工作者首次服务于远程电报技术所需之地，其巅峰成就是 1866 年的跨大西洋电缆，这为他本人赢得了爵士认同。汤普森的成功确立了实验室对电报中的感应现象的研究及对电阻精确测量的商业重要性（Smith and Wise，1989：chap.19）。这些优越性后来在其他地方被采纳，特别是在 1871 年后麦克斯韦领导的剑桥大学卡文迪许实验室。在德国，实验性研究与工业生产之间的其他联系也同样重要，例如，恩斯特·阿贝（Ernst Abbe）与位于耶拿的蔡司光学公司的关系，或者赫尔曼·亥姆霍兹（Herman Helmboltz）与维尔纳·西门子（Werner Siemens）位于柏林的电报和电力供应公司之间的联系（Lenoir，1994）。

在每个案例中，为物理实验室生产的设备都要求不断专业化的仪器制造者的精心服务。在格拉斯哥，汤普森与詹姆斯·怀特（James White）建立了伙伴关系，詹姆斯·怀特根据汤普森的说明书制造设备，并为这些设备开拓商业市场。在卡文迪许实验室，麦克斯韦最初把仪器说明书寄往伦敦，却发现这样会导致在设计转换为实践过程中的不精确性。他开始着手移植成功的苏格兰模式，1877 年在实验室雇佣了一位技术娴熟的仪器制造者：罗伯特·富尔彻（Robet Fulcher）。4 年之后，剑桥科学仪器公司建立，为先进的物理研究所需要的仪器进行商业化生产。虽然格拉斯哥模式很重要，但是麦克斯韦抵制了卡文迪许实验室会变成一个"制造厂"的非难，而坚决认为电学标准的精确测量应该被看作是具有一种道德价值的，且与电磁学的数学理论（该理论使其成为对剑桥大学学生来说有意义）相关的一个职业（Schaffer，1992）。

麦克斯韦的成就引起其与同时代的迈克尔·福斯特（Michael Foster）所获成功的比较，福斯特于 1870 年在剑桥大学建立了一个实验生理学实验室。在福斯特的实验室中，训练和研究也要围绕仪器与现象的耦合而进行。研究的目的不是定量测量，而是为了记录蜗牛、青蛙以及其他动物的器官在解剖过程中的变化，以便研究者能够使得心跳的肌肉起因变得显著（Geison，1978）。器官在解剖过程中的生理变化，以波动曲线记录仪中转鼓所追踪得到的连续曲线的形式得到记录，这是一项从德国引进的至关重要的技术，同时也改造了哈佛大学的实验室工作（Borell 1987）。此外，现象技术被置于与其含义相一致的当地文化中。像麦克斯韦一样，福斯特利用了剑桥大学日趋增强的改革气氛——"大学教师改革"——强化了基于实验室的对德国模式的研究，取代了传统上确立的数学与博物学。

这些案例研究总体暗示的是，当仪器化将个别环境与广泛分布的人工制品的生产流通网络联系起来时，仪器仍然需要在各个局部语境中得到同化和解读。麦克斯韦和福斯特从别的地方借鉴了标准化的设备和程序——麦克斯韦从格拉斯哥，福斯特从伦敦大学学院，在那里他受到了威廉·沙比（Swillian Sharpey）的训练——但是两个人各自都看到了有必要将借鉴来的设备和程序与 19 世纪 70 年代剑桥大学的特殊文化相结合。为了在各种环境中获得许可，必须根据当地的文化来对仪器进行分析。因此，关于科学的物质文化的建构论研究有责任对该类问题进行讨论，即局部环境有什么特性，以及什么才能够在两地之间进行容易的转化。硬件设施带来了什么——机器本身有什么样的能力来"训练"其使用者并改变他们的实践——各个环境需要提供什么来补充物质设备并使其起作用？这些都包含在科学的仪器化研究所引起的问题当中。

关于 20 世纪晚期实验室的社会学研究鼓舞了建构论的历史，很显然，这些实验室所包含的物质实践非常不同于以前的几个世纪。简单地说，是尺度的问题。加里森形象地描述了大现代的"大科学"会是怎样的："整个 20 世纪 30 年代……大部分的实验工作在只有几百平方英尺大小的房间里进行，使用中等的、家具大小的设备。但是在费米实验室……一群水牛却在由实验环所围绕的千余亩的地里

吃草，一个探测器就值数百万或数千万美元。"（Galison，1987：14）

　　最明显的是，20 世纪后期的实验科学的特征是其组成要素日益增加的复杂性。这些要素之间现在已经彼此联系起来，其所处的语境更加多样化。现在许多不同的科学学科的仪器和技术作为一个"实验系统"的组成部分而相互联系起来的状况已经成为常态，时常伴随着掌握不同技术的实验者照料他们各自的领域。因此，分子生物学需要细菌和病毒遗传学、电子显微镜、生物化学、发育生物学以及其他领域的技术。高能物理学兼备了理论粒子物理、电子工程、电子学、软件设计甚至人力资源管理的资源。谈到当代实验科学分析者即将面对的技术与物质资源方面显著的庞杂性，阿黛尔·克拉克（Adele Clarke）和琼·藤村（Joan Fujimura）呼吁一种"科学知识内容……及其产物条件的生态学"的发展（Clarke and Fujimura，1992：4）。与生态学的比较，俘获了人们对于发现隐藏在异质物及当代实验室活动的表面混沌背后的有序原则的渴望。这种比较也表现出不同要素之间这种相互依赖关系的重要性，就像一个生态系统中各种有机体之间的联系一样。

　　对历史学家而言，现代实验实践活动的异质性也对不同的解释提出了挑战。该怎样理解这些实验系统的历史发展过程，它们特殊的暂时性又该怎样表达？方法之一就是将注意力集中于不同要素的连续的稳定性，反之，称为"黑箱材料"。当一种仪器（如空气泵）呈现出一种以可接受的方式产生有效现象的状态时，那么它就可称为"黑箱"。建构论的观点认为，这个问题不仅是简单的硬件构造的问题，也包括对该怎样理解硬件这个问题达成一致的意见。对现象的真实性的认同，同时也就是对该仪器用恰当方式产生现象的认同。（那些反对伽利略天文学发现的人也反对其望远镜的有效性；接受其望远镜也就是接受其发现。）因此，正确地讲，是设备使得研究客体转变为一种"工具"；自此之后，它就至少暂时地被给予信任，认为其能产生可靠的新知识。正如皮克林所讲，实验人员已经在其如何运行的模式与现象研究的模式之间获得了稳定的地位。这样一种稳定性起初只是局部的和暂时性的成果，后来却构成了现象的"发现"和运行仪器的"黑箱材料"（Pickering，1989）。

　　因此，历史学家们试图找回现代实验系统发展脉络的方法之一，就是向人们展示在某个特殊的时间和地点，其各个组成部分是如何成为"黑箱"的。调查表明，各个组成部分都是沿着这样一条途径发展的：从有争议的新事物到可靠的工具；最初只被当地的社会舆论所支持，其后与其他的工具一道成为可转移至其他场所使用的硬件组合。这样的一种叙述能够有益地利用许多社会学家所分析的特征，例如，拉图尔就坚持认为知识和人工材料制品通过"技术科学"的实践过程而结合在一起（Latour，1987：131-132）。基于同一立场，加里森讨论了从理论假设的"布线"到实验工具的设计。他建议："也许我们将这些固化

的假设称为'技术性的假设'是有好处的，因为这能提醒我们机器并不是中性的。"（Galison，1987：251）

当然，历史学家与社会学家的兴趣并不一样。后者认为他或她的任务是打开黑箱，恢复能够为他们完成工作做出贡献的社会过程（Latour and Woolgar，1976/1986：259-260；Pinch，1992）。历史学家可能会希望探索非常不同的故事选项，包括某种完成的成就：例如，展示一种工作仪器如何制造于某个特定的时间，或者在一个展开的调查项目中检测其功能。在其侧重面最狭窄的形式中，历史可能由特定现象技术创造出的故事构成，即现象和仪器化两者可重复且稳定的组合的成功故事——硬件知识的具体化。但是，由于在不间断的实验项目中不断得到体现，现象技术也已经显示出其长期的稳定性，只要能够有效地用于进一步的研究中，那么黑箱就可以这样维持下去。正如研究项目的典型特征一样，组合起来的现象技术作为校准各个仪器（确定它们是否正常工作）、训练实验人员（评估其能力）的一种手段而起作用。

考虑一个19世纪早期的例子：戴维发现伏打电堆的电势可作为一种化学分析仪器。戴维不仅通过实验操作，而且通过社会的和修辞学的策略使这个电堆成为黑箱。基于一丝不苟的和有说服力的实验工作，他宣称电池能够创造新物质（例如将其应用于水时）。戴维认为，它实质上是一种可以将物质分解为其原本就存在的组成部分的仪器。通过令人信服地演示该装置，简单地将水分解成氢气和氧气，戴维使其当代人相信，通过对其他物质的分析，伏打电堆能够用来产生新元素。钠、钾及其他元素很快被分离出来，并且很容易就得到了人们的认可。伏打电堆设备的有效性被确立的同时，可用来判断其他设备的标准，以及互相承认彼此电化学特长的实践者团体也建立了起来。那些以前宣称通过使用电能产生全新物质的人们现在被排除在该实验团体之外。此后，谁想使自己的主张被认真对待，就需要有能量强大的电池和相当高超的实验技巧。因此，戴维的成就就对专业领域内专家们的团结起了很大的作用，这是第二次科学革命的一个显著进步（Golinski，1992a：chap.7）。

当我们考虑该如何将这类故事组合起来形成一个关于复合实验系统发展的长期报告的时候，某种困难随之产生了。如果简单地认为各个仪器以碎片的形式独立地形成黑箱状态，并且连续地被组合在一起，就会轻易地陷入对一个毫无问题的发展过程给出辉格式描述的诱惑。加里森提醒我们注意某种复杂性（Galison，1987：243-255）。他指出，不同等级的仪器化的发展将按不同年代学时间尺度展开，并将其分为三种。最持久的仪器类型（如用来探测亚原子粒子的云室）在相当长的一段时间——至少几十年基本保持不变。其中的个别变体或者更特殊的设备都有较短的寿命和更有限的实验性应用。在最短的时间尺度上，每一个仪器都可以被认为是处于各自实验"运转"的过程中。在这种短期的层面上，总会需要修正和调整。加里森指出，能够公正地对待现代物理学中所应用的实验系统的历史将不得不在至少这三个年代学层面上勾勒其发展以及三者之间的相互作用。

这一问题的其他进路在生物科学对实验系统发展的新研究中被提出来。汉斯-约尔格·莱茵贝格尔（Hans-Jörg Rheinberger）就在 20 世纪后半叶对实验系统如何在蛋白质化合物的细胞机制中起作用进行了研究（Rheinberger，1992a，1992b，1993，1994）。莱茵贝格尔的用词虽然有时晦涩难解，但是他的分析强调了这些系统时间演化的显著特征。他认为它们是以一种"特异复制"的持续活动为特征，因此它们在复制过程中不断生产出新的产物。新"认知客体"（实验知识的客体）是通过对"技术客体"（实验体系中的那些被机械地应用的要素）的应用而创造出来的。例如，以不同速度进行的离心分离，就是机械的手段，而均匀的细胞成分中的各种微小碎片就构成了"认知客体"。这些碎片被放射性标记的氨基酸所维持，它们合成蛋白质的过程被监控下来。莱茵贝格尔认为，这一过程不仅仅是分离出一个先存实在的一个碎片，而且是从背景"噪声"中分离出一个"信号"。仪器系统产生特定的实体并且破坏其他实体。因此，"一个实验系统是一个迷宫，它的围墙在树立过程中同时迷惑和指导着实验者"（Rheinberger，1992a：321）。

当曾被稳定下来和使用过的实体机械地恢复到研究客体的状态时，实验系统的约束力在研究者面前就会变得明显起来。那些曾理所当然地被当作一种工具而使用的设备，忽然之间就需要详细的检查。因此，当发现蛋白质核酸颗粒不能被整齐地分离出其中一个部分时，超速离心机的局限性就显现出来了。这种异常被研究之后，人们发现这些颗粒包含两种不同的亚单位，它们共同形成了细胞质中蛋白质化合机制的重要组成部分（Rheinberger，1992a）。这种在机械的人工制品与实验事实之间的摆动代表了莱茵贝格尔表示为"特异复制"的流体运动，它使实验系统随时间推移而产生新的实体。

科勒在其最新的关于 20 世纪上半叶果蝇遗传学的著作《蝇类之王》（*Lords of the fly*）（Kohler，1994）中，对实验系统的发展给出了更为详细且有细微区别的观点。同莱茵贝格尔一样，科勒认为重点应放在实验系统要素持续的不稳定性上，而不是放在它们渐进的、不可逆的结合上。这与科勒选择使用来自生物科学而非控制论（"黑箱"的最初领域）的比喻来加强其论述是一致的。他描写了果蝇与其主人的共生关系，以及人与蝇群共同生活的实验室中的一种生态学。科勒用一种非常字面的方式回应了阿黛尔·克拉克和藤村对实验活动的生态学呼吁。

因此，在科勒看来，果蝇既是技术制品又是生物有机体。一方面，它被实验科学家"设计"来为他们的目的服务，先驱研究由托马斯·亨特·摩根（Thomas Hunt Morgan）和他在哥伦比亚大学的团队于 1910 年进行。果蝇的十天快速繁殖周期，经过几百代的繁殖，被利用来培育满足基因实验所精确需要的变异。比如，在野外种群中会立即死亡的特殊变异品种，因为其突变基因占据果蝇染色体的重要标识位置而得以保留。为了描绘这些基因图，纯的变异品系需要经过很多代才能培养出来，科勒将这一过程叫做"排错"，用以消除"基因噪声"，否则将会掩盖信息（Kohler，1994：66）。经过细致和艰难的追溯过程，果蝇成为绘制基因图的工具，科勒将"果蝇的构造作为一个标准实验仪器"进行了展示（Kohler，1994：67）。

另一方面，尽管如此，果蝇仍是活着的有机体，并有其自身的适应能力。科勒强调了摩根实验室中的人工生态系统如何维持了果蝇和人类活动之间一种长久的联系模式。果蝇属，尤其是黑腹果蝇（*D. melanogaster*）种群，命运早已与人类迁移、农业和贸易联系在一起。它们通过跨入实验室的门槛，可以说是开拓了一个新的疆域，并且发展了一种新的与人类的共生关系。尽管黑腹果蝇的忍受力有一定的极限，但还是很好地适应了实验室环境；它们吃苦耐劳、不挑剔食物、适应室内生活，并且能够在适当的温度变化条件下存活。这些特征是在通过与人类共同生活很多个世纪之后被选择出来的（Kohler，1994：19-52）。

与用于生物学研究的其他实验体一样，果蝇有着有机体和仪器两方面的特征。科勒指出，其他生物（如实验用小白鼠和大肠杆菌）都可以看作是类似的实验系统的核心。在每一个案例中，一个"自然"实体被"设计"出实验者所感兴趣的许多更明显和更可操作的特征。但是，如果没有生物体自身的适应能力在一定程度上的配合，这种设计就不可能完成。每一生物体都可被视为实验室生态系统的殖民者而成功地适应了实验条件。

从伽利略的望远镜开始，到把黑腹果蝇作为一种实验仪器，我们已经走过了一条漫漫长路。研究的物质材料和其应用的历史背景确实截然不同。然而两者之间的一定相似之处证实了普遍理论观点的应用。在每一个案例中，我们通过对隔离和展示的关注来观察一组特定现象，这些现象受到与它们的实验框架相区别，但仍然与引出它们的仪器紧密联系的研究。在每一个案例中，现象技术与特定地域文化相统一。而且在每个案例中，在其他环境下对运行仪器的复制，都需要重现原始语境的关键要素。

当面对一个活的生物体时，我们当然更倾向于考虑其独立活动的能力方面，而对无生命的物体我们倾向于更低程度的代理，或认为它们只是对人类操控的一种被动"阻力"。虽然拉图尔坚持将人类和非人类的"行为体"放在同一层面上，但这种二分法似乎将继续塑造生物学和物理学历史的不同进路。在上一个案例中，生物体的活动、繁殖等能力使它们成为特殊种类的同盟而被招募到实验系统中。但是，将注意力集中在工具化的构建、特定地方文化的贡献以及仪器组合中持续不断的根深蒂固的实验现象之中的观点，可以应用到所有的实验科学当中。接受了这种建构论方法的挑战的历史学家，会试图证实这些特殊案例中的普遍特点，同时不会忽视区分了不同学科和历史阶段的环境和文化语境的特定因素。

正如前文提到的，实验系统的时间动态也提出了一个挑战。科勒对 20 世纪 40～50 年代对果蝇体系的转变的分析，对此又一次提供了一些帮助。在这一时期，果蝇作为一种实验工具在两种不同实验程序中被"重建"了：对发展的遗传学研究，运用技术手段在发育的幼虫之间进行组织的移植；还有对进化论遗传学的研究，在野外追踪野生蝇类种群，并在实验室中绘制它们的染色体图谱。据科勒所述，每一个项目的展开都被实验系统内部的动态分析所制约。关键在于"将其大部分分离出实验系统的需要、维持实验者同行之中的公信力、保持对潜在竞争者领先……不管一个人的最初意图是什么，这些实用性的需要是使其机会主义地开发新实验系统的有力动机"（Kohler，1994：211）。

对追随实验系统内在逻辑的热情，可能的确是研究者调整变化条件的一个共同特征。它可以看作是他们保护自己投入时间和资源的一种方式，或者更确切地说是皮克林的"情景中的机会主义"的一个方面。但是没有任何预测可以决定什么将会出现。科勒认识到莱茵贝格尔所称的"特异复制"，在复制过程中产生产新事物的能力；他写道："实验中真正新的有用的方法不仅有活力，而且也会扰乱工作团体的生产和道德经济。"（Kohler，1994：292）实验系统生产新事物的倾向，继续向实验者本身和史学家提出挑战。

5.2　表征的工作

关于科学实践的任何论述都必须面对视觉表象的至关重要性。拉图尔和沃尔加（Latour and Woolgar，1976/1986）在他们的实验室人种论中，注意到仪器的"铭文"是如何常规地被转换成图表和图片，从而为科学出版物增色的。图纸记录器和示波器的轨迹在研究论文中被转换成图像；而且图像确实历史性地引起了与自动记录设备的应用的联系（Tilling，1975）。科学文本也频繁地运用摄影术来修正光学仪器的影像，描绘了从亚原子粒子轨迹，到微生物体，再到恒星和星系之间的一切。摄影术利用了一种普遍公认的假设，即照相机不会说谎，它所展示的都是真实的。科学中的视觉冲击——在视觉证据的驱动下，展示了事物是怎样的，即使当那些事物实际上并不能看到——也产生了许多种形式的图表表征：迈克尔·法拉第的磁场线、地表下地壳运动的略图、免疫学要素如何适配在一起的概要图，以及在实地调查学科中的有着关键作用的各种地图（Gooding，1989；Le Grand，1990a；Cambrosio, Jacobi and Keating，1993；Rudwick，1976）。甚至在表格中对数据的记录，据说也会在对定量发现的交流中加入视觉元素。

从经验上讲，视觉表征可能会分成下列几类进行研究：科学影像应用的背景，从实验室到野外工作场所，再到当代的教科书、杂志广告、电视等都可以被详查。

在每一个背景中，影像的功能可能通过研究它们所要服务的令人信服的目的，以及探索它们实际上是如何被那些看到它们的人所解读的。（通过与第 4 章所描述的推论分析模式的类比，我们可以讨论这一联系中的"视觉修辞学"和"视觉诠释学"。）从素描和油画到摄影和现代光学媒介，功能和背景也可能与不同视觉表征的技术相联系。

拉图尔（Latour，1986）提出，必须把这些要素全部归结到一起。他建议，科学影像的角色可以通过关注其在时空中的运动来理解。在拉图尔看来，重要之处并非特定视觉媒介的独特性，而是使对转移的追踪能成为可能的图像技术。照片、地图、印刷的画像、透视图，都与细菌培养和保存的动植物标本共享"不变的移动"（immutable mobiles）的特征；都可以从一个地方转移到另一个地方而保持不变。因此，它们可以用于将远距现象的表征转移到一个它们可以被使用、比较和结合的地方。对拉图尔来说，视觉影像是实体集合的一个子集，在构成科学的移动性和叠加性的实践中，这个子集可以作为其他非表象实体的符号来起作用。

拉图尔的观点是非常有价值的，他关注影像的地点和转化，并认为它们能够令人信服是与它们随着地点的转移而能够保存和转移的能力紧密相关的。但是他"不变的移动"范畴合并了许多种不同的表征，并且抹杀了它们之间的区别。一个更有区别性的分析可能揭示出拉图尔所忽视的表征技术和历史背景之间的特殊联系。一项新技术（如印刷术或摄影术）可能会在影像来源和它们的观察者之间建立一种新的关系。每一项技术革新都可能会引起影像和被表征事物之间的联系的不同解释。也就是说，不同的表征哲学可能会与不同视觉媒介的应用相联系。但是同样的，不同的表征惯例可能被相同的媒介所采用。比如，素描可以满足某种现象的理想化表征的需要，或单一样品的自然主义或实在论的描述。单独地考察照片，它倾向于合并一定数量的个性化的自然主义细节，但是那些被选择出现在出版物上的照片，可能是被选择出来代表某种客体的典型特征。这样一种对体裁惯例的选择可能暗含着客观性的不同概念（Daston and Galison，1992）。

建构论指出，这些问题可以通过追溯新技术引进的背景事件的历史来解决。在当代的研究实践中，表征技术层出不穷。例如，一张电子显微照片可以被拼接，被标号，然后选择性地重新生成出独有的特征（Lynch，1985）。事实上人们已经认识到，图像制作的多样化方法的叠加性是现代科学实验性应用的一种显著特征（Lynch and Woolgar，1990：2）。通过当代实验室中使用的一系列仪器，历史提供了一种解决这种复杂性的手段。每一种表征方法都在其发源的时候被记录下来，围绕其最初应用的争论被重现出来。通过这种方法，我们重新找回了建构和解释的工作，使其形成一种新的表征技术，也重新找回了使新型影像能够看起来很自然地被遗忘的工作。

采纳这种观点，并不是要对将特定影像作为现实的描绘的适当性做出挑战，而仅仅是把评判的问题搁置在一边，把兴趣放在领会不同种类影像的功能和意义

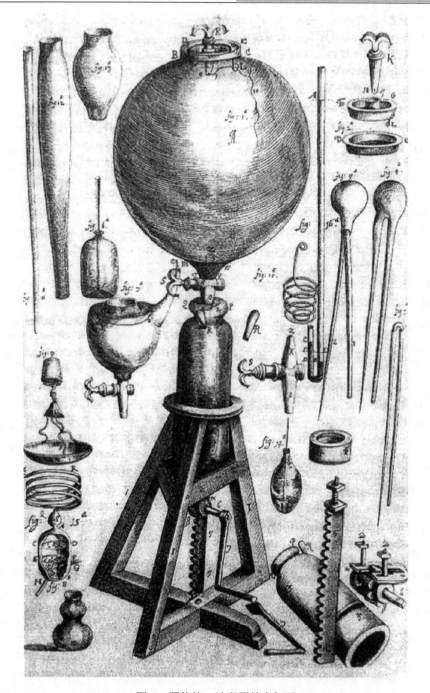

图 6　罗伯特·波义耳的空气泵

注：展示在《物理力学的新实验》（*New Experiments Physico-Mechanical*）（Boyle，1660）
一书的卷首插画，经剑桥大学图书馆理事同意后复制

上。即使是我们现在认为是非常不精确的影像，如中世纪的解剖图和地图，也应富有同情心地对其进行研究，这是针对它们对其创造者和使用者的意义而进行的。对摄影术这种媒介而言，相反的，我们现在把它作为一扇通往现实世界的窗口，需要用历史学对其进行详细研究，以揭开使它获得与如今相符地位的环境。

与语言和仪器一样，我们倾向于追溯 17 世纪科学的视觉影像的起源，文艺复兴时期的印刷机和单点透视画法等发明作为表征技术被牢固地建立起来。波义耳在他的《物理力学的新实验》（Boyle，1660）一书中插入了一张空气泵的雕刻画。就像夏平所指出的，该描述中所使用的准则与波义耳的修辞中所暗示的准则是类似的。空气泵单独被展示在特定的环境中，设计出的有阴影线的明暗法是用来表示在特定环境中的一个三维物体，而不像 20 世纪科学插图中通常展示的仪器轮廓的略图（Shapin，1984：491-492）。除了说明这些与波义耳"文字技巧"的类比，夏平并没有继续讨论这里所包含的表征实践的形式问题——关于插图与它们的观察者之间如何交流的假设，或艺术化的惯例对这些假设的反射方式。波义耳可能确实不是试图回答这些问题的最好的研究对象。

玛丽·温克勒（Mary Winkler）和阿尔伯特·范·黑尔登（Albert van Helden）对 17 世纪早期的天文学中的视觉影像做了深入探讨（Winkler and Helden，1992，1993）。他们指出，在该世纪早期望远镜的发明，对那些试图用新仪器来展示其观测的人提出了可信度的问题。在《星际使者》（*Siderius Nuncius*）（1610 年）一书中，伽利略通过发展能够对月亮进行视觉表征的技术来解决这一问题。他制作了墨水画，这样铜版雕刻可以很快地准备好并进行印刷。但是证实的任务更多地落在伽利略的话语上，而非他的图上：对重要现象给出了很长的文字描述，并且伽利略对他试图强调的特征的夸大使这些版画远离了自然主义。温克勒和范·黑尔登提出，直到 17 世纪 40 年代约翰尼斯·赫维留斯（Johannes Hevelius）发表了他的永载史册的《月面图》（*Selenographia*）（1647 年）后，自然主义表征的技术才开始稳定地应用于天文学上。赫维留斯亲手制作了众多的版画，包括所有行星的图像，以及太阳、恒星和一系列史无前例的月球细节图。他还附上了自画像、他的望远镜和磨制透镜的设备的图像。从数年之后波义耳的案例中，我们可以推论出赫维留斯试图在他的读者中引发某种"视觉见证"，使他们既能看到仪器所观察到的东西，又能想象自己正处于观测者的位置上。

胡克的《显微术》（1665 年）是 17 世纪视觉影像应用于科学交流的最好范例。迈克尔·亚伦·丹尼斯（Dennis，1989）和约翰·哈伍德（Harwood，1989）对胡克的文本及其中的版画进行了详细的解读。丹尼斯指出，胡克的某些论述方式效仿了波义耳的文字技巧，但是他对视觉表征的依赖带给他的工作一种非常不同的整体影响。胡克的文字说明详细介绍了他制作样品的方法和他作图前对这些样品所进行的冗长的操作。这些准备——比如，往一只蚂蚁身上泼洒酒精使它保持不动，或者尝试不同的光线条件对一只苍蝇眼睛表面的影响——都被详细地描述出来传达胡克的精细的实验报告的效果，并因此使读者相信，他能够成为传递自然现象的一个真实媒介。就大的方面而言，胡克正是用这些活生生的细节来说服其读者，关于其"真诚的手和忠实的眼"（Dennis，1989：323，343-344；Harwood，1989：138，143-144）。

图 7　罗伯特·胡克的《显微术》（*Micrographia*）（1665 年）中的一页

注：该页展示了文本和图像的互补关系。胡克对蚂蚁的处理，有着非常丰富的文字描述和视觉图像的细节，经剑桥大学图书馆理事同意后复制

　　但是这 246 页的文本内容却仅仅是这项工作的一部分；它们由 38 页的版画所补充。胡克所使用的表征技术赋予他特定的资源，同时特定的问题也出现了。在那些大的版画上，自然主义的描影法和影子被用以表示一个三维的图形，其中纹理的细节和表面的特征被精细地刻画出来，将诸如昆虫等熟悉的事物以一种戏剧性的罕见方式表现出来。然而在同时，平常的相似之处却被诉诸显微镜下的百里香的种子，比如，将其与一幅绘画上的一片柠檬联系起来。这种介于相似和怪诞领域之间的摇摆经常反复着：在一片发馊的面包上滋生的真菌，以一种不为人熟知的景象展示出来，但却被与在风中飘拂的花儿做比较。自然主义惯例与世俗的

类比的使用，代表了一种相异的却又紧密靠近的世界，这着实令人吃惊，同时也可能令人不安（Harwood，1989：138-142；Alpers，1983：73-74，84-85）。

胡克也不得不致力于雕刻和绘画的问题，以及这些技术在其绘画和公共表象之间的协调问题。一方面，他使其读者们相信这些技艺可被视作完全透明的——据说他直接指导了雕刻，雕刻工作是由不知名的艺术家按照要求完成的。另一方面，当胡克想指出对他的绘画的转换的一处错误时，注意力就会落到雕刻师的工作上来，就像当波义耳想指责实验室技术人员的错误时，就会提及他们（Dennis，1989：314-315；Shapin，1994：chap.8）。胡克通过说明他在看过成品图版后已经写下了他的评论，从而保有了打开原画与随后的雕刻之间缺口的自由。他因此确立了他在读者中的位置，指导他们透过表象来看隐藏在下面的事实（Dennis，1989：344）。

支撑这些实践的是被丹尼斯称为"诠释学表征"的基本原理。显微镜虽然证实了人类艺术的力量，却也扩大了艺术品和自然产物之间的鸿沟。在胡克第一次观察一根针尖时，就将这一点讲透了。当被应用于这样一个人造物时，显微镜仅仅表现出人类艺术的不完善和人类设计的局限；但当被应用于自然物，如一只苍蝇时，它就显现出无可怀疑的神的创造。它所展示出来的上帝的创造比人的创造要高明得多，并且通过上帝赋予人类的工具反映出来。上帝在自然界中刻进了他设计的信息，这种"微小的图画"或"细微的笔迹"可被显微镜解读出来。胡克写道："除了造物主，没人能够用这些符号写下和刻出这许多的最神秘的设计和建议，并且赋予人一种能力，只要付出勤劳就有可能解读和理解它们。"（引自 Dennis，1989：336）

这种诠释学策略被胡克用来与犹太神秘哲学家试图破解被认为隐藏在希伯来文字中的一种神圣信息的企图做对比。这些被误导的"犹太教教士"的做作被显微镜揭露出来。胡克记载道，当转向印刷或书写的手稿时，仪器就暴露出典型人造物的粗糙的不完善性。当犹太神秘哲学家错误地企盼真理将通过一个语言编码之谜被揭示出来时，实验家们已经认识到上帝在自然物本身中写下了他的信息。这是亚当所使用的语言，将被仪器和发明所重现。正如丹尼斯指出的：

虽然堕落①致使人类的感觉、记忆和推理不完善了，但人类通过适当地使用新的辅助技术可以修复大部分损坏的感官，并洞察更多的上帝之伟力的证据，以及上帝可能已写入到创造物本身里的内容。经过训练的洞察力可以产生透明的观察者，他们显微和望远观察捕捉到"事物的本身"；表征作为一个诠释的方法而起作用，这个方法宣称没有对事物的处理，只有对事物本身的再描述。（Dennis，1989：337；参见 Alpers，1983：93）

基于胡克的这种"诠释学表征"，丹尼斯给出了一个近代早期重塑表征技术的

---

① 译者注：指《圣经》中所记载的亚当、夏娃偷吃禁果一事。

更宽泛的诠释。福柯讨论了 17 世纪中叶从文艺复兴的"知识"到随后"古典"知识的转变。前一个知识王国是由相似关系主宰的,其中不同宇宙领域里实体的类比和一致性被无限地加倍了。后者是由表征的对象决定的,它承认在词和物之间存在一个本体论上的鸿沟,但寻求通过意义的关系连接这一鸿沟。在表征的支持下,视觉图像与语言描述分道扬镳,并在其中发掘客体及其描述的相似之处,而不是任意地发掘横亘在词与物之间的符号学关系。另外,图像与语言共享作为一种本源的复制品的地位,而这个本源本应优先并独立于图像与语言(Foucault,1983:32-33)。

林奇和沃尔加认为,这提供了一条理解当代科学实践中的表征的线索。在探索相似性的无尽可能时,科学家们在图像上又添加图像,不断地分离和明晰他们致力于强调的特征。做到这一点之后,他们就能够将最终的图像表现为一个纯粹的清晰的原物拷贝,或者(就像丹尼斯指出的那样)一个"事物本身的再描绘"。图像链条是"在与'原物'相关联的充分性假设中,被艰难地串起来并随后被'忘却'的"(Lynch and Woolgar,1990:7)。

如果这是故事的一部分的话,它就不会是 17 世纪以来有关科学图像的种种技巧和功能的全部故事。把福柯关于历史划分的众所周知的困难,以及在对历史时期上的混乱性的过于不连贯的诉求放在一边,他对视觉表征的描述也许能被深入和多样化。与一个原物关联的充分性或许会在所有的科学图像中寻找到,但有关什么构成原物,以及它们何以能被充分地刻画的看法会有分歧,正像在艺术中会进行不同风格的比较一样。有一点或许也是真的,即那些在实验科学中产生图像的人一般都会寻求抹去自己的角色,以使自己以及他们运用的媒介成为透明的表征工具。但是,达到这种目的的手段可能会随着视觉技术的不同而各有差别。例如,尽管摄影师的地位无可否认是重要的,但摄影师是不被包括在他或她所摄的照片中的,对艺术家来说也一样。

这些思考,是由洛琳·达斯顿(Lorraine Daston)和彼得·盖里森(Peter Galison)(Daston and Galison,1992)通过对 17 世纪以来的自然科学和物理科学印刷文本中的图像的有趣分析而得出的。作者们把这些图像与他们所表达的客观性观点联系在一起讨论。他们认为,19 世纪引入了一种全新的客观性观念,它将客观性表征与代表观测者在规范和自我克制方面的能力联系起来。观测者被期望奉行一种英雄般的禁欲主义和艰苦奋斗的精神,为的是断绝主观判断的诱惑。他和模范的观测者是真正的男子汉,被要求采用机器的道德准则(Daston and Galison,1992:81-84)。

在这种理想出现之前,关于科学图像准确性的问题聚焦于它们"对自然的忠实"的主题上。在 17 世纪和 18 世纪,人们认为,只有当个体的特质被消除时这才是可以实现的。那些想描绘如人类解剖或者植物形态的人,因而可以在两种方案中进行选择。要么描绘一个"理想的"形式,这代表一种未在任何实际范例中

图 8 本哈德·阿尔伯斯的人类解剖图集中有代表性的一个图版

注：达斯顿和盖里森（Daston and Galison，1992）注释道，在阿尔伯斯的图版中，一个典型的人类
骨架被修正了，用以形成一个更符合概念化理想的图像。来自阿尔伯斯的 *Tabulae sceleti et
musculorum corporis humani*（1747 年，图版 1），经剑桥大学图书馆理事同意后复制

发现的某种程度上的完美，要么展示一个"独特的"例子，其中一个群体的典型特征作为一个整体被植入某个选择的个体之中。出版于 1747 年由本哈德·阿尔伯斯（Bernhard Albinus）所著的人类解剖图集采用了这两种策略，但是他使第二种策略从属于第一种。阿尔伯斯注重细节的绘画是根据一个精心挑选的骨架而画出的，"比例匀称；是最完美的，没有一点瑕疵或污点"。但这个有特色的范例在绘画中被进一步改进，以消除那些缺少概念化典范的特征，"所以那些不甚完美的事物在外形上被改进，并且以这种态度去展示更完美的典范"（引自 Daston and Galison，1992：90）。正如达斯顿和盖里森指出的，阿尔伯斯没有看出理想化的完美目标与精确表征之间的矛盾；对他来说，"对自然的忠实"需要对普遍性的描述而非特殊性。

谢绝了福柯的时代划分的死板，达斯顿和盖里森也评论说，18 世纪显露出一些后来成为流行的视觉表征模式的例证，在这些例证中，那些特殊样本的个性化特征被自然主义刻画了。他们以外科医生威廉·亨特（William Hunter）的《人类妊娠子宫的解剖》（1774 年）为例。亨特的第 34 幅雕刻图版以一种高水平的自然主义写实形式而出名，所刻画的特征有着清晰的边缘，以细致的描影来表示自然的光影，并以超乎寻常的细节来刻画表面的纹理。用现代习惯于照片的眼光看来，亨特的图版戏剧化地、令人不安地展示出像照片一样的外观，它们令人不安的品质被主观事物所放大——怀孕妇女被解剖的身体和她们的胎儿。的确，正如路德米拉·约丹诺娃（Jordanova，1985）所指出的那样，亨特的图片虽然与其他现代对子宫和胎儿的描绘具有一定的共同之处，却在对女性身体的自然主义细节和无情伤害两个方面有所区别。

对亨特而言，对一个特定样本的自然主义表征的选择是有意的，反映出对"精确地表征所看到的"客体的偏好，而非"想象中虚构的"客体（引自 Daston and Galison，1992：91-93）。然而他承认，自然主义是一个获得的效果，需要通过向子宫内注射酒精，向血管内注射带彩色的蜡，来对尸体进行某种程度的预备处理。只有通过这种操作，所有相关的特征才会变成可见的，亨特称之为表达出的"真理的标识"（Jordanova，1985：394）。

亨特的图集被达斯顿和盖里森敬称为是"远远早于照相技术的科学的自然主义和对个性化细节崇拜"的例证（Daston and Galison，1992：93）。它们在一系列风格上的变革中占据了一定的位置，奠定了通往摄影术之路的基础。到 19 世纪三四十年代，这项技术发明被融入表征实践的一个特殊秩序之中，其中自然主义的细节已被确立为"真理的标识"。因此，令人惊异的连续性要素弥合了摄影术发明的缺口。18 世纪 30 年代，威廉·切泽尔登（William Cheselden）已经在用一个镜头暗盒为描绘一副骨架做准备。19 世纪晚期，解剖学家仍然不使用照片来绘画，因为相片本身不能以足够的清晰度凸显其重要的细节。对达斯顿和盖里森来说，关键问题不在于摄影技术，而在于表征实践与客观性道德准则相关联的方式："我们发现，图像作为客观性的标准承载者，无可避免地被束缚于试图以机器生产的不变程序取代个人在描述中的意志和判断的尝试。"（Daston and Galison，1992：9s8）

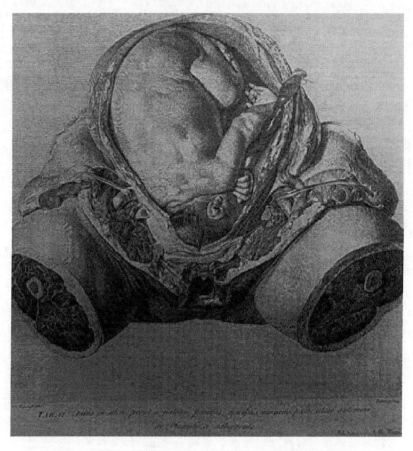

图 9　威廉·亨特的解剖学图集中的一张有代表性的图片

注：达斯顿和盖里森（Daston and Galison，1992）以及约丹诺娃（Jordanova，1985）曾经关于
亨特对一个怀孕妇女尸体解剖的赤裸裸的图片中丰富的自然主义细节描述进行了评论。
来自亨特的《人类妊娠子宫的解剖》（图版6），经剑桥大学图书馆理事同意后复制

　　在这个解读中，照片的关键特征不是其务实，而是其机械生产过程被认为在很大程度上不需要人类的干预。这的确是早期摄影术的一个被普遍观察到的方面，而且很可能是使之作为图像制造的方法被接受的关键所在。正负成像术和碘化银纸照相法的发明者威廉·亨利·福克斯·塔波特（William Henry Fox Talbot）不断强调，摄影术的特征就是一种使自然能够自动地产生图片的过程。在1839年皇家学会的演讲中，塔波特描述了他如何制作他乡村房子的系列图像，因此成为"已

知的第一座画下了它自己的图片的建筑"（引自 Snyder，1989：12）。约翰·赫歇尔（John Herschel）认为，自然通过一个过程将自己的表征隐刻在"相片"一词的形成中，他在 1839 年发表了他自己的实验结果。赫歇尔的观点被塔波特意义重大的权威著作《自然之笔》（*The Pencil of Nature*）（1844～1846 年）进一步强调了。埃德加·阿伦·坡（Edgar Allan Poe）后来制作了一幅照片来详细考察和记录该作品，不同于人类艺术作品，该照片进一步缜密的审视揭示出无可怀疑的细节，以及"一个更绝对的真理、一个与表征对象不同方面更完美的同一性"（引自 Daston and Galison，1992：111）。根据胡克《显微术》一书的标准，人们自然会得出结论，即照片不完全是一个人造物。允许自然表征自己，这似乎取消了人类的中介作用，产生一个其真实隐藏在多余的，但高度特殊主义的细节中的图像。

在这种情况下，达斯顿和盖里森正确指出了 19 世纪摄影术在一群自动图像表征技术发展中的位置（Daston and Galison，1992：158-163）。到 19 世纪 70 年代，生理学者艾蒂安·朱尔斯·马雷（Etienne Jules Marey）把这种"刻印仪器"称赞为描波仪，把照相机称作能产生"现象本身的语言"（引自 Daston and Galison，1993：116）。正如西蒙·谢弗曾经指出的：这种自我记录的仪器已经逐渐取代了调查者及观众的肉体感觉，这在 18 世纪的实验中成为有疑问但又无处不在的资源（Schaffer，1994b）。在 19 世纪科学规范的道德经济中，摄影术仅仅是被用作追寻机械的客观性理想的自动表征技术之一。

摄影术在这种背景下如何工作的一个很好的案例研究是霍莉·罗瑟梅尔（Rothermel，1993）做出的。她考察了从 19 世纪 50～70 年代对太阳的摄影研究，展示出沃伦·德拉鲁（Warren de la Rue）和乔治·比德尔·艾里（George Biddell Airy）是如何设法用照片的机械客观性来克服人类个体观察者的主观性的。德拉鲁（一位英国商人、杰出的天文学家）利用天文上使用的湿胶印片记录了他的信念，即科学摄影术应该是"以它固有的本性消除一切个人偏见"（引自 Rothermel 1993：137）。艾里是剑桥大学教授（1835～1881 年）、英国皇家天文学家，他对摄影术也很有兴趣，考虑到他利用技术革新去消除个人观测者的偏见的巨大热情，这也不足为奇。艾里像工厂一样的规范以及他利用自我记录设施去校准调查者的反应时间，已经在第 3 章中提到过，他赞扬摄影术对天文学的"自动化"做了巨大的贡献（Schaffer，1988；Rothermel，1993：144，153）。

这些期待最初被用作对日食的摄影研究。1836 年、1842 年及 1851 年的日食已产生了一系列有争议的观测，关于诸如"贝利珠"（Baily's beads），红色耀斑及日冕等现象，所有这些标准化的尝试最终没能解决问题。1860 年，德拉鲁成功地拍到了一系列日食的照片，展示了一些之前有争议现象的一个普遍被接受的形式。艾里为这个成功而欢呼，在一个他没有意识到类似于波的程序中，他建议这些照片应受显微镜的检测从而得到定量的信息。随后，他在 1874 年尝试用摄影术来提

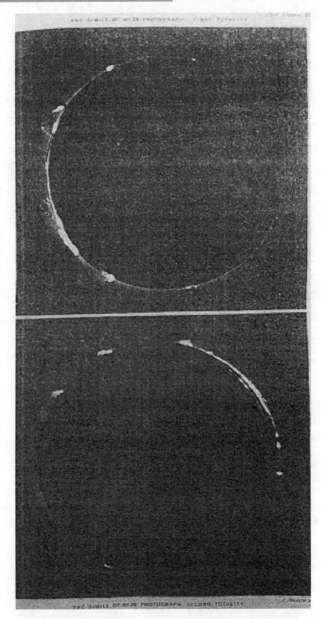

图 10　沃伦·德拉鲁于 1860 年拍摄的两张日全食照片

注：罗瑟梅尔（Rothermell，1993）讨论了日食研究中对摄影术的
早期应用，以及对像这样的图片的解读问题。来自《哲学学报》
（*Philosophical Transactions*）（1862 年）的铜版雕刻副本
（图版 9），经剑桥大学图书馆理事授权复制

高金星凌日的时间测量时取得了较少的成果。在这种情况下，摄影底片被证明无
法提供一个确定性的结论。放大的照片显示出了太阳的边缘以及模糊的行星，不

同的分析家报告了不同的测量结果。值得注意的是，艾里谴责说并不是仪器而是个体的私人偏见应该对这个测量结果负责。他致信德拉鲁：

我们的困难并不是来自因那些仪器失败而带来的疑惑……，最大的困难是不同的观测者在不同的时间对同一空间所做的测量是不一致的。特普曼船长（Captain Tupman）和伯顿（Burton）先生两位能者之间的不同就令我大为吃惊。（引自 Rothermel，1993：167）

艾里的判断显示了他对摄影术服务于科学表征的能力是绝对信任的。自然现象在记录它们自身图像的这个过程中，它根本的有效性似乎是没有问题的。如果有问题的话，那一定是人类对照片解读的标准化上的失败，而非图像表征本身的局限性。对艾里来说，这种判断只是他追求的目标的一部分，即科学调查具有机械客观性并减少调查者在机械中起的作用。但这种判断并不是一种纯粹的个人癖好；它反映了一种广为流传的，至今仍极为盛行的假定，那就是摄影术是（或能成为）表征的一个透明媒介，在"与原物相关的充分假设下，它能够被遗忘"。

有了这种想法，我们就能设法把摄影术看作科学表征的一种技术范例，把它的照片看作最终的"不变的移动"。我们可以指出在许多科学研究领域中照片的盛行。电影和电视的传承技术的普遍使用，以及在扩展专业实践者圈外的科学受众上它起了重要的作用。然而建构论的观点建议，在接受这一结论之前我们应该犹豫一下，并记住摄影图像是被制造出来的。有以下三点值得强调。

第一，关于摄影术起源的历史研究已经强烈地表明它远非一个自然的过程，即它的图像依赖于特定背景——文化的、技术的和社会的——以使其得到接受，但图像在应用中仍然是有问题的。甚至像德拉鲁和艾里这样狂热的信徒，也不得不努力使摄影术以他们所想的伴随着混合的成功方式为他们工作。

第二，尽管在科学实践的特定领域中摄影术的作用在一定程度上是相当可靠的，但我们应该警觉到这种可能性，即出现新的有趣的现象或是新的表征任务使这种作用陷入质疑。霍默·勒格兰德（Homer Le Grand）已经描述了摄影术在最近几十年中是怎样被取代了它先前在物理地质学领域中的显著作用的（Le Grand，1990a：242-243）。鉴于作者过去常常利用照片插图来强调表面地形，从 20 世纪 60 年代开始对大陆漂移学说的重新关注已经要求不同种类的图片。在漂移假说的争论中起了重要作用的大陆漂移和磁极移动的重建图，以及海地扩张和地壳构造板块的示意图，现在已经被列入教科书。勒格兰德指出，它们"不仅仅是阐释性的，而且是漂移说的组成部分，最终将变成新的正统观念"（Le Grand，243）。特殊的承载理论的图片能够展示事实上人类眼睛看不见的地质过程，照片是不能满足这种需求的。

第三，关于在科学普及中摄影术及相关技术的作用，一个建构论的观点会建议我们提问，通过这些方式具体传达的是什么信息。我们与其假定摄影术是一种完全意义上透明的表征中介，不如问那些产生和观察这种图像的人是如何创造出这种含义的。安放在自然史博物馆中的照片，或者有关动物自然习性的电视纪录片，正像通往自然世界的窗户一样展示了它们自身；然而建构论的分析不满足于这一解释。我们发现，非同寻常甚至预料不到的是，意义事实上有可能已经通过博物馆陈列或博物学电影而被表达出来。表征技术在人类制造意义所付出的劳动中所扮演的角色，必然使其不透明且需仔细检查，这些都包含在表征技术之中。

第6章 文化与建构

如果我们说牛顿定律有可能在非洲加蓬被发现，这会是非常异常的，因为那儿离英格兰很远。然而我在加利福尼亚的超市看到了勒珀蒂牌（Lepetit）的法国乳酪。这也是非常异乎寻常的，因为利雪①离洛杉矶也非常远。要么有两个奇迹我们可以用相同的方式一起赞赏，要么一个也没有。

拉图尔《法国巴氏灭菌法》（*Pasteurization of France*）（Latour，1988a：227）

6.1 文化的含义

本书从强纲领激进的理论观点和科学知识社会学开始，追溯了科学史领域近期研究工作的脉络。我认为，反对传统认识论的社会学家的观点打开了一个广泛的争论议题，从而重建了历史探询。比如，理解实验的方式，或者建构理论，变成经验主义研究的问题。广为流传的用技术所展现的科学的成功似乎需要新的分析。一旦科学是固有一般概念的假定受到挑战，历史学家就能开始检查物质和文化的手段，由此科学知识的全球化得以建构，从而达到它实际上已经具有的程度。

不是每个人都赞同我所追溯的这个起源。别的貌似合理的系统可能会被提出，其将把近期科学的历史研究与非常不同的哲学的或训练的进路联系到一起。其他的理论观点已经激发了一些科学的社会学研究，如民族方法学（ethnomethodology）或符号互动论（symbolic interactionism）。人类学在很多历史探询领域已经引起了包括科学史在内的研究者的注意。女权主义在学术学科的形成中产生了很大的影响，尤其是在增加性别研究种类在许多历史学家的工作中的突出地位上。"新文化历史"的存在最近已被正式宣布，它利用了学术思想中的这些根基以及其他趋势，如符号学和解构（deconstruction）（Hunt，1989）。据此，一些科学史学家试图把这种领域定位为"后学科性"（postdisciplinary）运动中的一部分。

粗略地讲，这个对最近几年中出现的各式各样研究的标签是不惹人讨厌的，其中许多已经发展出未被科学知识社会学所研究的探询线索。例如，关于包含在

---

① 译者注：位于法国下诺曼底大区卡尔瓦多斯省图克河河畔，是法国的一座城市，也是知名的旅游胜地。

科学研究中的不同实践，它同别的文化领域的散漫交流，或者科学从业者身份的形成。在我的叙述中，我试图表明社会学家是如何打开通向这些领域的途径的。例如，我曾指出人类学和女权主义观点是怎样帮助我们理解现代早期科学从业者的身份建构的。本书反复地探索了从建构论基础到建立于其上的历史研究的历程，而且通常是以先驱者预料不到的方式。事实上，我们追寻了科学史的道路：从 20 世纪 60 年代的哲学争论的复兴，到这些争论在科学文化研究的宽阔河流中的近况（参考 Pickering，1995a：217-229）。

然而"文化"这一术语给予我们一种方便的标记，有某些问题的共鸣。"文化"是一个很难界定的复杂概念，然而这一术语却似乎很容易理解，这或许是因为它有时支持特定的意识形态内涵。这些在劳斯对"文化"这一符号的应用中得到回响，他利用"文化"把某些近期研究与那些同科学知识社会学或"社会建构论"相一致的研究区分开来（Rouse，1993b）。运用这种方法似乎能使这个词排除不需要的进路，即被标记为"社会的"或"社会学的"并且与"文化的"形成不适宜的对照的进路（Dear，1995a）。在某种程度上，这种对照利用了"社会的"这个词在最近 10～20 年被保守的思想家所持有而得到的坏名声，针对了那些对与"社会主义"有紧密联系感到不舒服的人。然而，"文化"作为一个分析术语，它的意识形态功能更多。这个问题影响着我们对科学的理解，是值得关注的。

文学评论家雷蒙德·威廉姆斯被认为是当代文化研究的缔造者，他致力于揭示"文化"这一术语的历史内涵，这使他追溯到了 19 世纪早期刚刚工业化的英国。他强调指出，这一术语一直保持着从这个时期就继承下来的道德和美学的维度。保守作家尤其会把"文化"用作一种对智力活动的描述，将其与具有突然涌现的工业社会特征的社会关系区别开来，也把"文化"作为对这些活动进行道德评估的标准。正如威廉姆斯所说，"文化"在这些作家如诗人和教育家马太·阿诺德（Matthew Arnold）的作品中是抽象和绝对的。即使是在描述性的意义上，这个词也承载着其建议，根据建立于偶发的社会形态世界之上的标准来进行可能性判断。该术语描述性和评估性的双重含义被保留下来，扩大了范围，包含了整个一种生活方式以及了解共同经验的一个框架。在 20 世纪，爱略特（T. S. Eliot）重申了该术语的评估性内涵，以及智力活动与社会关系相分离的意义。因此，爱略特又复兴了"文化成为制度的终极批判……然而，它在根本上也是超越制度的"这种修辞手法（Williams，1963：136）。

文化的概念作为一种超越社会领域的价值观的框架，在斯诺（C. P. Snow）极具影响力的讲座"两种文化和科学革命"（Snow，1959/1993）中，以及在剑桥大学文艺评论家利维斯（F. R. Leavis）对其臭名昭著的过激反应中（Leavis，1963），被用来对科学产生影响。斯诺在他的演讲中说出了一个很明显、深切的信念（他声称这一信念被许多其他科学家所共享），即科学和技术为满足人类的需求提供了最好的希望。他解释说，在个体死亡的悲剧面前，科学提供了"社会希望"，这种可供慰藉的知识通过提高物质生活，减轻了人类不必要的痛苦（Snow，1959/1993：6-7，84-86）。这一信念，是对宗教诉求的一种现世的替代，将斯诺与他在 20 世纪 30 年代在剑桥大学合作过的激进科学家们联系起来。然而，令人奇怪的是，它仍然没有与任何对科学研究机构的实质性分析，或有关科学家态度的有趣证据联系起来。斯诺对科学作为一种文化的描述，肯定是充满了道德和审美价值的，但这些完全脱离了对其所处的具体社会关系环境的思考。很显然，他关于科学的有益成果在相对受到较少青睐的国家中扩散的秘诀，仅仅只是将"头牌"（alpha-plus）科学家和工程师像种子一样种植在第三世界的土壤中。

利维斯没有提供更好的选择。他恶意地挑战了斯诺作为一个科学家和一个小说家的身份，声称他在科学知识和人类境况的深刻理解方面是一个不胜任的报告者。对利维斯而言，斯诺未能说服他的读者，存在一个值得与伟大的文学发现做比较的科学文化——或者至少他未能说服他们，他在科学文化方面具有权威性。从某种角度上说，这只是斯诺基本观点的一个反面，即科学文化与牢固确立的文学文化之间有一道深深的鸿沟。这在西方世界的主流思想中占据主导地位。可以把利维斯作为斯诺的观点的一个验证，即"文学领域的知识分子"鄙视科学及其从业人员，因为他们认识不到激发了科学家职业的道德价值观。

虽然利维斯和斯诺在关于科学是否是一种文化的上观点相反，但他们对什么是文化的观点是相同的。对于这两位作家，"文化"是道德和审美价值体系的符号，独立于构成智力生活的社会条件框架。在 20 世纪 60 年代初，将科学作为一种文化所进行的分析似乎无法有比这更多的进展。"文化"这一术语与其评估性内涵联系得如此紧密，以至于斯诺并不认为有必要把它更牢固地与社会现实联系起来。而且对利维斯来说，认为科学可以传达自己本身的价值体系的主张，是如此荒谬而不值得认真考虑。把科学作为一种文化来理解，仍然被关键分析性术语的美学和道德内涵所阻碍，也被价值观的框架是一种远离社会领域的东西这样的假设所阻碍。

目前使用的与科学相联系的术语（"文化"和"文化的"）不能不注意这个情况。每当这些词被用来将注意力从社会关系问题中引开时，它就会再次浮出水面。但是，文化当然没必要被设置成是与社会相反的一个极。而且，虽然劳斯似乎在这样做，他的"文化"的实际定义对"社会实践"是包容的，而非排斥的（Rouse，1993b：2）。20 世纪 60 年代以后，文化研究的发展为那些想将科学作为一种文化构成并考虑其在社会世界中的嵌入性所做的分析，提供了丰富的资源。大部分这种工作已经开始背离由威廉姆斯首创的"文化"一词的历史考古学，以及他为左翼知识分子对该词作出的重新解释。在对 1986 年斯诺/利维斯争论的评论中，威廉姆斯写道，争议一直是：

目的动机非常慷慨和热烈，但无可救药地被其封闭的范畴和随之而来的在整个实践和学习领域中的不作为所混淆。它本身被简化为"社会"，在那里，现实的、复杂的关系不断生成，被测试、修改和更新。

这是那一代人的实质性成就，他们继承了这种误导，即找到了解决真正问题的更准确、更具体的方式。（Williams，1986：11）

在威廉姆斯所提及的新方法中，他尤其关注那些将科学话语作为一个语义系统来分析的方法，其要素在其他领域有着相同的含义。在对这些结构的"密切的言语分析"中，他写道，它们将"不可避免地社会化和历史化"；它可以阐明概念、隐喻以及模型在科学和其他话语领域之间的转移。威廉姆斯承认，这种研究会受到传统文学批评家的抵制，以及认为"'科学'是一种完全自主的知识形式"的最朴素的倡导者的抵制（Williams，1986：11-12）。

这样的文学和语言学方法（在第 4 章中讨论过）已经被其他进路所补充，尤其是人类学，也试图将文化形态看作特定的社会环境中的意义系统来分析。在这项研究工作中，正如话语本身一样，意义被看作是社会行动的结果。这种方法的最善于表达的拥护者是人类学家克利福德·格尔茨（Clifford Geertz）。格尔茨断言，文化是一个"行为档案"，人们不会问是"什么原因导致这种行为？"但会问"说了什么？"无论是仪式化的行动或明显自发性的行动，都可以解释为"社会话语"（Geertz，1973：10，18）。人种学者或任何人类行为的研究者的任务，因此类似于考据学者：获得解读技巧，使人们能够在他们所产生的语境中辨别行动的意义。格尔茨的观点中一个经常被引用的构想，是在他发表于 1973 年的文章《有深度的描述：走向文化的解释论》（*Toward an Interpretive Theory of Culture*）中，他提出了他的观点是如何产生于"普遍兴趣的可观增长，不仅在人类学中，而且在社会学研究中，以及人类生活中符号形式所扮演的角色中。意义——从前我们更愿意让哲学家和文学批评家去摸索的难以捉摸的和不明确的伪实体（pseudoentity），现在已经回到我们学科的核心之中"（Geertz，1973：29）。

如此看来，作为"解读"人类文化的诠释事业，社会科学（格尔茨回忆说，其中包括"斯诺所遗漏的'第三种文化'"（Geertz，1983：158））总的来说打开了对科学理解的新路径。人类学家为了了解他们活动的意义，可以像任何其他人一样接近科学共同体。正如我们在第 1 章所看到的，"扮演陌生人"——人类学家为了在近处仔细观察那些参与者认为理所当然的活动而采取的立场——已成为科学研究的一种标准策略。整个实验室研究类型，更不要说许多其他职业调查路径、学科特点和学术生活的传统，都建立在人种学的前提下，即行为可以被解码为有意义的行动。正如已经注意到的，这种普及方法的一个后果是研究往往集中在时间和空间相对有限的领域中。人类学家已经通过优先处理可以限制在一个有限的时间和环境中观察到的机构或社区来设立榜样。这些都是完成人类学田野调查的必要条件。因此，通过在人类学研究到科学研究中持续的"文化"这一术语而传达了的暗示是，相关的分析单位是一个规模相当有限的结构。所有的文化（包括科学文化）都是"地方性的"。格尔茨以相当挑衅的方式提出了这一观点："事实上，当我们开始认真处理事物的实质时，茫然地包括了诸如'文学''社会学'或'物理学'等术语，最有效的学术共同体并不比大多数农民的村庄更大，只是关注内在生长。"（Geertz，1983：157）

　　作为一种文化，一群物理学家可以像一个村子的农民一样被接近这个假设，为当代科学带来最持久的和富有想象力的人类学调查：特拉维克在她的著作《一束光的时间和一生的时间》（*Beamtimes and Life-times*）（Traweek，1988）中，对位于加利福尼亚的斯坦福线性加速器中心和日本筑波的 KEK 实验室的高能物理学家共同体做出描述。特拉维克意味深长地采用了人类学的概念和方法。她的脚注广泛地参考了诸如村庄和房屋的工作活动是如何在空间分布的、人们如何在人际交往中表现自己、性别身份如何建构，以及为何对时间的划分有象征意义等主题的比较研究。显然，在对物理学家实地考察的过程中，这些主题使她对观察有所了解，这些物理学家被她定义为形成中的"共同体"，就像传统的人类学所研究的一样。物理学家们被发现在一个特定的地点周围聚集，他们活动的空间分布象征性地表示了他们在共同体中的相对地位。他们的工作在时间周期中展现出来，从开始计划到完成一个实验，就像在生活中观察到的农业年周期一样。特拉维克指出，在这些方面以及其他方面，她的研究的地方性特征并不是简单的实地调查方法的局限性的反映，而是表现了其固有的限制范围中——在时间和地点上——的人类活动。

　　这个假设预示了特拉维克在基本原理的物理学共同体方面的延伸，埃米尔·涂尔干（Emile Durkheim）将其发展与"原始的"宗教信仰联系起来，也就是说："一个文化的宇宙观——其关于空间和时间及其对世界的解释思路——体现在社会行动领域。"（Traweek，1988：157）随着一种"生态"的社会组织模式，以及模仿其生命周期的方式，物理学家们拥有了一个反映他们的社会是有序的"宇宙学"。这种关系是复杂的，然而关于这种复杂性，特拉维克令人失望地说得很少。她指向物理学家创造的宇宙学和他们所栖身的社会世界之间的一个明显的矛盾：他们的精神世界，与有时间限制的、偶然的、局部的和有性别偏见的社会行动领域截然相反。虽然他们的肉体被这些限制所束缚，但物理学家们被认为已经构建了"无文化的文化，渴望一个充满激情的没有未了结之事的世界，一个没有暴躁、性别的区分、民族主义，或其他混乱源头的世界——一个处于人类时空之外的世界"（Traweek，1988：162）。

　　这样的一个宇宙学为何会出现在这样一个地方性的文化中？这在特拉维克的分析中仍然是一个谜。然而对涂尔干而言，这是宗教的社会学研究中的关键问题，答案存在于他们在精神建构上的高度概括，源于他们作为社会整体产物的状况。涂尔干认为，超然和永恒的观念超出任何个人的经验；因此，他们只能通过社会整体来创造。对他来说，概念性思维的客观性和时间稳定性在集体表征中起源的迹象，超越了那些能够单独形成的特性（Durkheim，1915/1976：415-447）。

与特拉维克的研究相关，这引发了这样的问题：物理实验室中的局部文化是否是理解集体表征在物理学家中形成的适当语境？或者说，对人类学实地调查来说很明显的空间和时间上的限制文化，才是物理学家的想法起源的恰当解释？物理学家们可能会说，不是！他们倾向于认为，其观念源于他们与他们所描述的超然和永恒境界的直接接触。自然就是"这样的"。建构论的分析并不认为这是个充分的解释，但也没有完全祈求将社会领域局限于一个小实验群体的限制性环境中。其他的分析家（包括那些部分受人类学启发的分析人士）坚持认为，科学家们的物质实践和他们所产生的知识需要更为严肃的对待。要这样做，他们倾向于建议，科学家们的集体性工作应该比单一实验室中的一小群调查者更为广泛。事实上，他们认为，科学"文化"在多个方面与人类学家的习惯性认识是相当不同的。

特拉维克也承认这一点，她在某种程度上把物理学家描述成被嵌入在范围远远超出他们目前所工作的实验室的"网络"之中。关于这个网络，她指的是人际关系，通过这种人际关系的预印本和流言蜚语得以扩散、研究生得以交换，而且对发现和目标的讨论得以引导。但是，该网络虽然大于单一实验室，却仍然局限于高能物理的精英之中，这个共同体的成员在世界范围内（根据其领导成员的估计）不超过一千人（Traweek，1988：3，106-107）。除此之外，特拉维克的网络没有延伸。与其他建构论的研究相比，这似乎是一个限制相当严格的分析范围。正像我在这本书中所展示的那样，对实验知识扩展到发源地之外的研究，指向了把技术制品、表征和象征技巧作为详细地向社会传播科学知识的手段而广为扩散的重要性。有人认为，正是通过这些交流的扩展渠道，才使得科学事实从其发源地扩散。

这种状况不仅比单个专家共同体成员之间的联系更加广泛，更重要的是它是异质的。对从实验室得到的科学知识的传播的理解，已被证明需要牵涉到研究地点的实践中的非常多样化的要素，以及其与外部世界多种形式的联系的承认。因此，这个借助科学实践的分析者而扩大的网络就包括许多不同类型的实体：受过训练的和未受训练的人员、图像和表征、论述和文本、人工制品和仪器、原材料和被设计的生物体。正是沿着这种普遍而异质的网络的扩张道路，建构论者已经寻求绘制全球科技传播的图景。

进一步来讲，正如我早已指出的那样，其他研究早已说明了科学实践是怎样在实验工作的地点之外改变了社会关系、物质环境甚至时空关系的。换句话说，文化的同一性已经被科学和技术实践深刻地改变了。文化展现出远非围绕实验工作的稳定环境，而是变得像某种被该工作分解又重组的东西。科学实践吸引了文化中多种多样的要素，在其中科学实践被安置下来，并把这些因素从广度和深度上做了重新配置。正像皮克林（Pickering，1995a）最近充分地主张的那样，产生知识的实践，以及与实践相关的人工制品同样也改变着其周围的文化。那种文化不能因此就被认为是为这些实践的解释提供了坚实的基础。

随着这种文化的出现，这些结论与当代一些人类学家试图以他们的学科为依据来重新思考文化的概念非常一致。詹姆斯·克利福德（James Clifford）概述了他自己对"文化"这一术语的考据。他指出人类学对这一术语的使用始于 19 世纪末，而后进一步发展了其美学内涵，并将其回溯到了工业革命的发生之时（Clifford，1988：233-235）。他评论道："文化，即使没有大写字母 C，也会走向美学形式和自主性……它以生活的连贯的、平衡的和'真实的'方面的特权来整理现象。"（Clifford，1988：232）文化因此被典型地认为是地方性的、功能上整合性的和有机的存在，缓慢地和连续地发生变化（如果有的话）。正在研究中的文化与外部世界的互动被认为是干扰性的"噪声"，要尽可能地消除。

克利福德指出，文化的概念正随着欧洲殖民主义的结束和世界人民相互联系的深入而被削弱。变化的历史环境揭示出社会成员之间的相互作用不仅不会破坏文化的完整性，而且事实上对文化的认同和定义起着关键作用。克利福德强调，人类学家应该意识到，其学科对特定文化的客观化的程度，是由他们相互接触的旅程的具体轨迹所导致的。他指出，我们应该认识到，"文化作为旅程"是一种被人类学家和他们的报告人所共享的状况。必须承认的是，不同文化所共同涉及的认同性是它们之间相互影响的结果（Clifford，1992）。

拉图尔也提出了类似的观点。他把文化概念的根源定位于由探险、偶遇和返回家园所组成的人类学上。传统的欧洲人类学建立在知识网络的中心，在那里世界范围遇到的团体的踪迹聚集起来。这意味着不同文化的意识是"与他人路径交叉"的结果，换句话说，是路程的转移、文献的传播和积累的结果（Latour，1987：201）。因此，人类学知识在欧洲帝国主义中心的集中，反映了有利于这些地方的贸易不平衡和资本积累。正像拉图尔所指出的那样，事实上西方并不真正认为自己是一种文化，但仍为他者保留这一术语，目的是为了将欧洲独特的历史与全球殖民力量紧密结合起来。

克利福德和拉图尔都从他们的认识中得到一个重要的双重含义，即文化的概念已与殖民主义的历史模式联系了起来。他们指出，被认为用来把现代西方与他们观察到的文化区分出来的差异性，以及把这两方分开的新特征，两者都需要重新校正。两位作者都反对这样的推测，即欧洲文明因其天生的智力优越性而获得优势。拉图尔力图驳斥这样的观点——"大分界"在不同的认知能力中有一个基础。想来，两位作者都不会对"昭昭天命"①，或者基督教上帝的特别眷顾产生共鸣，来解释欧洲支配地位感到舒服。在这些方面，他们倡导减少与西方为了用科学资本来说明其优点相一致的特权。

然而，克利福德和拉图尔都重申了是什么在历史上把西方殖民力量的知识与其他文化的知识区别开来。对克利福德来说，关键的行为是收集，这是西方对待非欧洲文化始终如一的特征（Clifford and Latour，1988：215-251）。他追溯这个计划的连续性，从拥有美国本土、非洲和亚洲人民的手工制品的现代早期的好奇柜，到20世纪初现代主义艺术家对"原始"艺术品的搜集。至于拉图尔，他认为是科学创造了现代西方文化和其他文化的"大分界"的观念（Latour，1993：91-129）；但拉图尔的科学实际上是另一个名目之下的收集，其特征是在"计算中心"对痕迹和标本的积累。

西方科学知识和历史被征服的文化之间的差别，被归结为传播规模的不同，以及它们被处理和所能维持的网络长度的差异。欧洲文化在知识上对其他文化的优势，是它成功地传播到边缘地区，以及居住在那儿的人们向中心转移导致的结果。拉图尔已经非常好地描述了这一点。在他看来，资源调动在规模上的不平衡造成了西方和非西方知识体系上的区别。但是，这种诱惑可能解构欧洲传统人类学的特权，我们不得不承认这种不对称已创造了许多文化中的科学知识，这些知识在相同程度上相互间没有任何一致的地方。拉图尔将这种不同判断为网络在某一方向上的延伸，它的两个方面都成功地建立了这种延伸，那些集中在西方的研究机构的延伸是最大的（至少在不久前）："换句话说，这种差别是相当大的，但只是在规模上。"（Latour，1993：108）

这里有一个关于"科学的文化研究"的双重含义。一方面，从人类学家到科学家本身，对一些方法的应用可能被看作是把西方和非西方文化研究降低到比较研究水平上的道义目标的保证。为什么不用历来被用在"原始的"人们身上的技术来审视物理实验室的有声望的科学家呢？这至少有这样的好处：可以把他们降低到人类尺度上并且提醒我们，他们并不具有任何超人的智慧才能。它对常规的等级制度状态的逆转具有像"狂欢节"一样的冲击性和令人耳目一新的好处。

然而另一方面，狂欢节通常以一种失落的感觉和等级制度的重新组织而结束；从长远观点来看，这样可能还会更加强化占优势的秩序。同样的，"人类学"科学家小群体似乎把科学弱化到与其他一样的文化，但是用了一种非常不令人信服的方式。理解科学的任务与所享受的特权地位，要求承认它们的一些势力范围，这

---

① 译者注：一个惯用措词，是19世纪美国的民主党、共和党所持的一种信念，他们认为美国被赋予了向西扩张至横跨北美洲大陆的天命。昭昭天命的拥护者们认为美国在领土和影响力上的扩张不仅明显（manifest），而且是不可违逆之天数（destiny）。昭昭天命最初为19世纪时的政治标语，后来成为标准的历史名词，意义通常等于美国横贯北美洲，直达太平洋的领土扩张。

使它们的活动在其中得以扩展。要检验实践者的实践知识及其所嵌入的广泛关系网，所需要的就是拓宽视野。通过这样的方法，我们可以试图绘制出这个科学实践者涉入其中的大规模的网络，这个网络的扩展比由许多其他人类文化成员所开拓的更加深远。如果他们不再无视这些科学文化研究的因素，那将真正地促成对科学知识在全球范围内传播作用的批判性理解。

6.2　建构的体制

在前面的部分，我们看到一些试图将科学当作文化来研究的局限。"文化"这个范畴保存了它历史来源中的美学内涵，倾向于直接关注科学实践的同类的、自主的，以及完全地方性的环境。这种方法忽视了在科学中使用的资源的多样性（文本、人工制品、口头话语、材料、图像），忽视了它们与有时非常有扩展性的周围环境之间所建立的各种联系，以及科学实践本身分裂和重组其周边文化的能力。因为这个缘故，科学知识的非地方化特性的问题，以及其完成的各种手段趋向于被忽略了。

当然，这里问题指的是"建构的问题"，在第 1 章中已介绍过。正如我们看到的那样，在建构论框架内所进行的研究，试图处理伴随着集中于特定地区的资源而产生的科学知识，如何被发现有效地离开它的产生地点。通过摈弃这仅仅是科学对自然忠实的结果的这种回答，建构论研究已经密切关注在这个过程中人类参与和实践材料的重要性。在技巧和规范、仪器和表征，以及论述和绘制方面的工作，都已经解决了这个问题。实证研究的实体一直都致力于那些习惯上被认为是纯哲学的问题——那些复制和归纳的问题。

在对许多组成要素进行调查后，我们现在不得不考虑它们是怎样被组合在一起的。在这一部分，我们要检查对科学和技术基本结构的研究——使科学事实和人工制品进行传播的广大网络。一些历史研究已致力于描绘这些网络的建构，在这些网络中各种实体被连接在一起并延伸到局部文化范围的界限之外。通过考虑这些延伸构造去大范围复制现象和人工制品中的作用，我们可以证实我们的断言，即建构论的敏感性和它们所唤起的工作，为科学作为局部文化提供了一个有价值的补充。

让我们把拉图尔和他所提出的处理这个建构问题的观点作为起点。拉图尔谈到把事实和事物看作沿着网络传送的"黑箱"，科学和技术通过它在时空上延伸。这些网络不能使实验室的知识完全普及，但它们却维持其互相连接在一起的大量地点中的复制。这些网络并不是绝对可靠的，它们可能在机器不能工作或事实主张不断被挑战的情况下崩溃。但是，实验室生成的知识被流畅地传播的机会可以通过调整外部世界而增加，因此在关键方面，它变得更像实验室。在这个关系中，拉图尔强调了计量学的重要性，这是确保不同地点的计量标准的通用性的一门学科。按拉图尔的观点，计量方法标准的产生是对第二个地点的实验结果复制的首要前提；它有助于准备为复制现象所必需的，或者是为仪器离开它们原来地方而工作的"着陆地"。正如他所说的：

计量学是这个庞大的使外部世界变成内部世界的新计划的名称，在这个新计划中事实和机器得以幸存。白蚁用泥土和自己粪便的混合物建造它们的隐蔽的走廊；科学家通过发给外界像他们的仪器内部一样的纸质模型来建立他们的启蒙网络。在这两个事例中结果是相同的：他们不离开家就可以走得很远。（Latour，1987：251）

对拉图尔来讲，计量学是一个有巨大规模和支出的事业，其重要性之所以被忽视，是因为科学知识内在的真实性传播的普遍观念。例如时间，在拉图尔看来，本质上不是普适的；而是"每天它通过一个连在一起的世界性网络的延伸而做一个微小的积累，世界上所有相关的钟表通过可视的和可触的连接联系在一起，而后安排相关的二级和三级的钟表，一直到我手腕上的相当不准确的手表"（Latour 1987：251）。当然，这只标志科学和技术的成就，它们合在一起已使普遍可行的时间的度量标准成为可能。一份更为丰富的历史记载应该包括古代和近代的历法改革、钟和手表的制造、产业结构从农业向工业模式的转变、通过铁路和电报机而扩张的都市时代、遍及世界的时区的形成，以及当代国际格局中关于原子钟的工作之类的内容（Landes，1983；Thompson，1967；Kern，1983：chap. 1）。相似的记载可能会给出长度和重量计量的标准单位，公制的创造和采用将占据一个十分重要的地位（Alder，1995）。

无论如何，拉图尔将计量学的意义拓展到其对基础物理常数的应用之外。他将该术语更广泛地应用到所有的活动中，在这些活动中知识生产的材料和人力条件被标准化。计量学从广义上讲，包括以下的任务，比如，化学物质的纯化样品的生产和分配、对供试验用的特殊动植物的培养、用以报告信息的标准化印刷形式的流通，以及对仪器校准程序人员的训练。所有这些活动形成了大型的组织化事业，正是通过这些事业，这个世界在实验室的图像中被改造，并因此被接受为实验室制造的知识。通过记录这些活动我们开始能够领会西奥多·波特（Theodore Porter）所言："我们所谓的自然的统一性，是人类对管理、教育、生产和方法的组织在实践中的胜利。"（Porter，1995：32）

许多史学家面临着分析计量学的事业发展和刻画它与使其变得强大的实验室科学之间关系的挑战。谢弗（Schaffer，1992）揭示了麦克斯韦和卡文迪许实验室在电阻单位标准化中的角色，这在19世纪中叶是一个对电报网络的扩展具有重要意义的项目。1871年，麦克斯韦被剑桥大学聘用时，他带了一件与伦敦工程师弗利明·詹金（Fleeming Jenkin）共同开发的校准仪器，这件仪器是他们在英国科学促进协会（British Association for the Advancement of Science）的标准化委员会所做的合作研究工作中开发出来的。该装置包括一个在地球磁场中绕其垂直轴旋转的线圈，其运动受到非常精确的齿轮和调节机构的调节。一个检流计连接导线并安装在其中心，就会产生一个恒定的偏转，这取决于线圈的直径、自转速率及其阻力。通过测量角度、速度和直径，就能计算出导线线圈的电阻（Schaffer, 1992：27）。在卡文迪许实验室，麦克斯韦将规则制度化以便使这个设备被用来校准作为电阻标准的线圈，该设备被打包并分配给用它来定位电报电缆故障的工程师们。麦克斯韦及其继承者瑞利勋爵（Lord Rayleigh）调动了材料、文学和社会资源，将剑桥大学实验室校准的标准与在大西洋的电缆工程，以及跨越广阔的英帝国领土的电缆工程中工作的电报工程师的测量联系在一起。用谢弗的话来说，卡文迪许实验室的物理学家：

告诉他们的学生和顾客们到哪儿去买这么强大的设备，到哪儿学到正确的技术，以及实验人员应该具备什么品行。然后他们指出，绝对的系统不依赖于特定的仪器、技术或机构。这有利于说明计量学的能力。计量学包括了建立价值观并使其起源消失的工作。（Schaffer, 1992：42）

约瑟夫·奥康奈尔（O'Connell, 1993）用 19 世纪末关于电单位的国际标准的制定的叙述将这个故事深化了。他重申了计量学在支持近代科学和技术的国际交流的基础设施建设中的重要性："电视机和计算机在国家之间的视觉传播成为可能，是因为生产计算机和电视机的所有厂家、所有电视信号的发射台，以及所有在设定电压下生产电力的公共事业公司中标准的隐性流转。"（O'Connell, 1993：164）然而这是一个复杂的图景，因为多种策略都可能被用来建设计量学的网络，奥康奈尔有选择性地做了描述，指出不同的政治模式与所产生的不同体系相关。

因此，在 19 世纪 60 年代中期，英国科学促进协会的一个委员会所赞成的方法是：电阻单位（欧姆）被以绝对的力学单位定义为每秒一千万米。这个单位随后在 19 世纪 60 年代不得不通过麦克斯韦和詹金的旋转线圈实验才得以在实践中实现，这个实验制造了一个可以作为该标准的表征的线圈。线圈的精确度必须被小心保持，以防止其随着时间的预期性退化。为此该委员会制作了一个由五对线圈组成的"线圈组"（parliament），每对线圈都由不同的金属或合金制成。该委员会通过对"线圈组"的讨论，引进了一个多数票的概念：如果一个或一副线圈从原初的标准阻力退化，其偏离就可通过其他线圈的数值得以证明。这十个标准线圈保存在克佑区天文台（Kew Obseratory），以供参考并用于制备在整个帝国流通的电阻箱（O'Connell, 1993：137-143）。

奥康奈尔在西门子的启发下，把这个程序与当代德国方法做了比较。西门子提出了一个主观的对阻力单位的定义（以他的名字命名）：相当于一个处于 0℃、高 1 米、横切面为 1 平方毫米的水银柱。这个定义是主观的，但是西门子对其标准化方法的公布使得任何具有足够技术和设备资源的人都可以对其进行复制。西门子声称使用他的这种方法比使用英国的方法有着更显著的精确性。

在 1881 年的巴黎国际电学大会上，这两种计量学程序达成妥协。英国的"欧姆"作为阻力单位被接受，其绝对定义被正式宣布。这个定义通过在卡文迪许实验室使用旋转线圈的装置来实现。但这个定义将被一个水银柱（在 0℃，横切面为 1 平方毫米）的长度来表示，用以对应绝对单位。因此，这个"合法的欧姆"被长 106 厘米的水银柱阻力所标明，一些想复制它的实验室希望这份发表的详细说明能够成为可依据的标准。实际上，德国程序形成了标准单位的基础，但是却被嫁接到英国方法的绝对定义中了。

然而，正如奥康奈尔所言，国际协议事实上并没有产生计量学实践的统一性。国家间的差异仍然存在，法国和德国采用了欧姆及其水银柱说明，但是忽略了其应有的标准定义。另外，在英国，用水银柱对单位表征形同虚设：标准由保留在位于伦敦的英国贸易部的实验室里的白金线圈所确定（O'Connell，1993：141-145）。

奥康奈尔的分析得出了重要的具有普遍意义的观点：计量学是一种固有的社会过程和政治过程。国家间的竞争显著地形成了计量学的程序选择，甚至在国际间达成了表面协议之后，这种状况还会继续。谢弗在他部分重叠的叙述中，更是进一步引入了政治背景的要素。麦克斯韦在卡文迪许实验室的研究工作被描述为维多利亚时代的企业工作规范和道德监督的一部分，以及保持了大英帝国完整的电报联系的重要因素。这些背景性的因素对于计量学的网络结构的实际操作来讲，绝不仅仅是"外在的"。相反，奥康奈尔表明，政治价值观可能是根深蒂固的，从根本上决定了这些网络的结构。这些政治的准则在关于那些网络结构的决定中会得到基本的保护。那个标准线圈的"线圈组"模型，常常用来校准随后会在全世界通行的线圈，与德国人公布的定义标准的方法相比，它包含十分不同的计量学的形式。

奥康奈尔通过近十年来关于电学及其他度量单位的"内在标准"的讨论，加强了这些观点。它们是"其他实验室运行来产生伏特、秒、欧姆或各种温度点的物理实验，这些恰好符合被公认的最高的精确度的前提"（O'Connell，1993：152-153）。通过探究最近发现的微观物理现象，实验室如果被提供必要的设备和专门技能，就会与任何其他国家标准制定机构一样，能够复制测量标准。其影响是免去了寻找被认可仪器的周期性需要，比如，标准伏特电池，体现在被核心机构所认证的单位形式中。定期通过认证的标准仪器校准实验室设备不再是必要的。正如奥康奈尔指出的，"从谬误中所得的周期性的神圣救赎"的"天主教"方法已被一种"计量学上的加尔文主义改革"所代替（O'Connell，1993：154）。

宗教标签很好地表明了计量学所呈现出的非常不同的网络结构。内在标准的

发展伴随着对词语（复制该标准的说明）依赖的转移，而非对"誓言"（sacraments）
（来自被认证的标准仪器的造访）的依赖，正像在宗教改革（protestant reformation）
中一样。当然，这不是整个故事。内在的标准具有唯一可复制性是因为有一些其
他奥康奈尔没有讨论的计量网络：那些负责设备、材料和技术的流通和维持的网
络，需要在不同的地点复制它们。尽管如此，总的来说不同种类的网络有可能得
到建造和维持，包括对仪器的流通、书面的指令、隐形技能，或巩固这些要素在
系统中的不同位置的不同强调。

　　这对拉图尔的网络图景有着综合的意义，其网络允许科学知识在其发源地之
外传播。拉图尔把计量学的网络描绘成来自单一源头的分支，他经常用优秀个人
的实验室对此做出确认，如巴斯德（Latour，1988a）。同样优越的场所可以被当
作"计算中心"（centers of calculation），通过利用积累的"不变的运动"（immutable
mobiles），对网络的外围进行有效的控制。正如夏平最近所指出的，这个叙述相
当于一个对"力量的描述性词汇"。不顾拉图尔对任何个体动机知识的否定，夏平
评价道："从马基雅弗利式和霍布斯式的对人类本性的描述来看，对这些资源进行
有效利用的媒介是可以被认识的：巴斯德是意志力和控制力的一个活生生的展示，
其读者的默许或顺从的决定，被当作那些实用最大化的边缘优势的决定。"
（Shapin，1995：309）

　　谢弗和奥康奈尔的更历史地存在细微差别的说明，暗示了需要一个更加灵活
的模式。他们指出网络结构的变化，包括原材料、人工制品、人力资源和话语的
规范的不同类型的分配形式。他们认识到多元的和竞争的权力中心的可能性。他
们提出"技术科学"网络与传统上被认为是政治的结构——地方的、国家的、国
际的、帝国的——之间关系的问题，换言之，不同的建构政策或者体制将会被更
加敏感的历史方法所揭示。

　　这种渴望可以从托马斯·休斯（Thomas Hughes）19 世纪末 20 世纪初的著作
《动力之网》（*Networks of Power*）（Hughes，1983）中关于欧洲和北美洲的供电系
统建设的权威性描述中得到支持。拉图尔援引休斯的书作为网络建构的研究案例，
因为此书描绘了为后来的很多科学和技术创新提供了基础设施的供电系统在空间
和时间上的扩展。休斯绘制了该系统的传播地图，将其视为"包含相互作用、相
互联系部分的清晰结构"，他指出，这种结构"体现了社会中建构它们的物理的、
智力的和象征性的资源"（Hughes，1983：ix，2）。他揭示出技术和社会约束之间
的相互影响，这要求能同时满足两种情况的解决方法。每个系统中的要素——例
如，爱迪生的白炽灯泡——如果想正常运转的话，必须满足网络的多重约束。如
果是这样的话，用于生产电缆的铜的商业价格就决定了爱迪生对高电阻灯丝的研
究将不需要高电流的供给（Hughes，1983：31-34）。

　　休斯对电力供应网络建设的商业和政治图景有极佳的敏感性。以 19 世纪 80

年代爱迪生在伦敦的持牌公司的失败为例，他注意到这需要提供"严格的技术说明之外的东西"（Hughes，1983：56）。在英国首都的立法体制中，资本在私人运作21年后就会被法定为公有的公用事业公司，这被看作是企业发展的严重障碍。惠更斯提出，这种地方的政治环境在20世纪初和10年代继续阻挠了伦敦电力供应的扩展。通过这类例子，他展示了供电系统与社会环境和政治环境之间的密切联系，在这种环境中它们（供电系统）被建构并被重大改组。

在某种程度上，拉图尔把休斯的叙述视为他所界定意义上的网络建设的案例研究是正确的。供电系统从中心向边缘地带建造；他们提出了一种中心优势模型，能够在其范围内为周边带来进步的因素。休斯指出，爱迪生把他的整个系统看作仅仅是一个"机器"，它是从中心优势考虑出发设计出来的，以保证系统的所有部分都可以共同和谐工作（Hughes，1983：22）。尽管他说明了系统设计者与其周边要素之间的协商，但是他关于系统的"演化"一词，暗示了一个从起始点而来的自然增长模型。他的"颠覆"概念出自军事用法——指出前进受阻地点，使其成为集中精力定位和扫除障碍的焦点——同样也暗示了一个从中心而来的观点和假设，即外部的发展可以不依赖于任何实效的动机而理想化地进行。

然而，休斯的研究还提供了发展一种可供选择的、更微妙的涉及电力供应故事的建设制度的观点的资源。并不是他所有的记述都是与从周围环境吸取更多以稳定增长的网络相关的。他同样也描述了激烈的"系统间的冲突"，即直流电（d.c.）和交流电（a.c.）在19世纪80~90年代的供给方案之间的冲突（Hughes，1983：106）。每个系统都可以被认为是经历了其自身的"颠覆"。其中一些被克服了（如通过为许多类型的应用改进直流马达的设计），另一些则没有（如远距离直流电供应的可持续的节能传输的问题）。但是每个系统面临的问题被它们之间冲突的情形有效地定义了；如果替代系统不存在，它们将不能以同样的方式被识别。例如，直流系统的支持者们对交流电供应的潜在危险性的恐惧的故意夸张，并公开对动物实施电刑，还把交流电用在纽约州电椅死刑的执行中（Hughes，1983：108）。在这种情形下，每个系统试图在其中扩大的环境并不是一个中立的"平原"；相反，它受到了在同一领域内努力建立不同网络的人们的塑造。

在此情形下，最终的组织是通过两个系统的合并而完成的。休斯回溯了单一"通用供给系统"概念的兴起，以及它与供给公司在19世纪90年代相妥协的关系（Hughes，1983：122-123）。交流电系统的全面采用是与旋转变流器的技术革新相伴随的，旋转变流器使得在直流电设备上的投资在转换期间仍然得以保留。在这个意义上产生了普遍的标准，它并不是从单个计量学网络的扩张而来的，而是相互竞争系统之间的实用主义折中的结果。交流电供应的一系列可能频率的选择被做出了。正如休斯所指出的，"对频率的一致意见，并不是因某一个频率对其他频率的明显的技术优势的建立而来的；而是源于一种灵活性和在多种效用利益之间的妥协精神，尤其是在制造厂家间的折中，才是这一协议能够达成的主要原因"（Hughes，1983：127）。

这个结果让我们想起在奥康奈尔的记载中关于度量单位标准的创造中的妥协。显然，普遍的标准并不总是网络从中心到周围中立地带的稳定扩张，如拉图尔的图景所示的，当网络处于竞争时——它们之间的地带受到竞争时——可能就需要妥协。对普遍标准所达成的一致，不论是制造的产品还是度量单位的标准，都能够达成互惠交流以取代破坏性的竞争。协议和交流的过程，以及用以支配这样的交易而对共同规范或单位的制定，需要得到比在拉图尔关于科学和技术如何达到它们全球性扩张的"竞争"模型中更多的强调。计量学可能至少部分是协议和交流的结果，而不单单是由马基雅弗利式的个人所建立的帝国的产物。

这一点可以通过考虑什么可能是科学知识全球扩张的全然不同的手段而得到加强。波特最近完成了关于描述量化的信息在现代社会科学中所扮演的角色的研究。这里，我们处理的"网络"要比电能供应抽象得多。虽然如此，波特指出他的分析也暗含了我们所讨论的一般问题。他通过指明实验现象的复制的研究、注重建构论者对于实验室文化的局域特征的研究、转化潜在技巧的必要性以及标准化和度量学在促进普遍的制模中的角色，介绍了自己的著作《对数字的信任》（*Trust in Numbers*）（Porter，1995）。

在这些主题背景下，波特转而考虑了定量化在"客观的"社会知识建构中的角色。"客观性"被理解为道德的和政治的理想，引证"法律条例，而不是人。它暗含了个人兴趣和偏见对公众标准的从属性"（Porter，1995：74）。被认为是客观的知识是这样的信息：不同的人和团体愿意接受它，是因为它在其起源的特殊环境中没有受到污染。定量化的信息——关于人或事总体性质的社会或经济统计——具有逐步超越不同文化界限的特性。数字，剥离掉编译它们的解释性工作，会是非常具有移动性的符号。正如波特所指出的，"数字和计算非凡的对规范甚至文化界限的否定能力，以及将学术同政治话语相连接的能力，更多地源于这种深入到深层问题的能力"（Porter，1995：86）。

波特接着又提出了定量化的资料如何在社会科学，以及在与它们交叉的政治领域中得到流行，这种流行不是扩张性的和庞大的科学事业的结果，而是不可靠的、有争议的学科在一个具有文化多样性的环境中运作的结果。尤其在当代美国，定量化的资料受到嘉奖，并被尊重法律的行政程序常规性地采用以示公开和公正。法律条例和定量化的社会科学提供了对社会意愿接受的管理方式，而这样一个社会是缺少根深蒂固的社会权威性传统的。例如，标准化教育测试、盈亏分析或民意调查之类的技术越来越流行，是因为数字的客观性博得了多元文化群体的认同。在这种解读中，社会科学中的定量化是一种对信任缺乏、总体上对社会的和专家的权威性的证明。

在其一般意义上，正如波特所明示的，这一图景对科学研究者们作为有自主权的、对社会有稳定增长的广泛影响的共同体提出了质疑。尽管小规模的专家团体（如高能物理）可能仍在某特定领域坚守，定量化方法在社会科学中的流行标志着这个学科的参与群体更弱，约束更宽松、更广泛——用费迪南德·滕尼斯（Ferdinand Tonnies）的术语来讲，更像"gesellschaften"（社团）而非"gemeinschaften"（共同体）。较弱的学科，或者那些在回应外部机构方面有着更大压力的学科，需要更多清楚的和客观的程序以保护他们的从业者免受错误的诋毁和偏见。当然，其结果是，他们限定了结果可以定量化表述的主张。波特总结说："科学论证中一些最有特色和典型的特征反映了这种共同体的弱势。"（Porter，1995：230）

然而，在波特看来，定量化测量在许多人类事务领域中的应用，反映了专门技术在不同的和有争议的政治格局中的作用。与其在中立地带稳定地日益扩张其范围不同，数字统计通过提供一种"最小公分母"的语言来使不同的群体能够对社会状况进行交流，由此在社会科学中取得了影响力。量化的数据被作为竞争或合作的派别间交流的标志；它们并不是逐渐扩大其对社会领域控制的专家们的强有力的垄断工具。数字的方法和结果被认为给不同共同体间的社会交流提供了一种"混杂语言"。正是由于这个原因，量化的社会科学得到了显著的广泛认可，尽管在一些方面它们仍然被认为是有疑问的和屈就的。

作为对拉图尔的从优势中心建立的网络模型的另一种选择，波特提出了一种关于科学知识扩张的截然不同的观点。决定哪种模型可适用于任意特定的情形，需要对形势的具体细节的仔细关注：有争议的知识及其他所展开的语境。信息传送的媒介显然很重要。通过从在泥版上的计算到计算机的一系列技术，数字可以很迅捷且容易地传输。截然不同的技术巩固了文字和视觉图像的转化，使得在每个情形下不同的分布形态成为可能。每个新的交流模式——印刷机、电话、照相机、计算机网络——成就了一种新的地理和经济知识。

当科学知识越来越紧密地依赖于人造物品时，网络可以合理地被看作生产和分配自内而外的构造。拉图尔的许多自内展开的网络事例，利用了大规模工业生产的机器的历史：计算机、柴油机、柯达相机等。别的一些则提到了历史上欧洲统治全球的时代。在过去的两个世纪中，许多的科技史是与工业革命后集中化生产的增长密不可分的，并伴随了欧洲对世界其他地区的殖民化。但是，随着工业生产形态和标志那个时代的国际关系的瓦解，最近我们对权威和知识的另一种分布的可能性变得警惕起来。一方面是因为对人类学、历史学和文化研究的"后殖民"研究，当不去纠结权力的不均衡所造成的在帝权中央和外围殖民地之间的关系时，揭示了那些令人惊讶的被地方协商的微妙的、不平等的方式（参考 Prakash，1992）。正如我们在本章第一部分中所看到的，伴随着这种研究的是对文化形成的维度，甚至是对文化的定义的重新考虑。在后殖民时代的世界中，标志欧洲统治的特别的物质分布和文化交流形态，现在被认为是暂时性的且并非完全是全球化的。

先于大规模工业生产的胜利，最近其他研究则集中于人类身体所提供的随手可得的——但有疑问的——传播自然知识的方法。正如社会史学家所指出的，18世纪对人类的展示，惯常地利用了各种各样的权力：帝王的、贵族的、司法的、资产阶级的和平民的。谢弗考虑了这个时期在交流关于如静电场或"动物磁场"等自然现象的知识时，身体是如何被开发的（Schaffer，1994b）。通过利用社会学家对于在实验现象的传播中所隐含的技术角色的研究，谢弗考察了人们是如何使自己成为这种目的的"工具"的。生动的事例包括那些工具失去效用、身体失去它作为工具的透明度而使其本身成为关注的焦点，例如，被称为动物磁场的例证被诊断为是想象的错觉。相反，在18世纪，如此有疑问的情节突出了人体作为公开建构实验知识的便利工具的正常机能。谢弗指出，在该世纪末的革命性巨变中，对利用人体作为实验工具的重新评价经历了剧烈的变化。一方面，科学从业者开始被视为"天才"，由心智与身体限制相分离的程度来辨别；另一方面，现象越来越多地被自动记录仪器、工业制造的产品记录下来。从此以后，对实验结果的复制与机器装置制造的流通紧密地连接起来。

虽然如此，许多科学知识仍然关注人体本身。这样的科学有医学、心理学、人类体格学等，人体同时作为研究的客体和已有知识的传输载体。人体被这些学科的从业者们所塑造和阐释，但是，它随后被作为可使自己的发现在别处重复的资源。人体的二重性——作为研究客体和工具资源——首要的是通过对科学中性别角色的研究来加以强调。女性主义学者言之有理地坚持认为，"性别"文化结构不是生物学决定的：文化上被指派为男性和女性的整个器官不能弱化为存在两性的生物事实。但是，这些学者极大地深化了我们对于生物上可复制的人体如何提供了理解性别文化构造被建构和维持的基础。甚至当他们将性别解析为文化而不是生物学的产物时，女性主义者的分析揭示了在身份、统治和颠覆的文化形态的创造中，生物学上可复制的人体特性的普遍深入的利用。因此，正如凯勒所指出的那样，性别分析倾向于打破自然与文化之间的两极对立，同时也揭示了先前被认为是自然的事物的文化根源。

女权主义学派在这一方面，对我们理解人类在科技网络中的作用有很明显的影响。人的躯体和思维都被当作调查的（自然的）客体和科学实践的（文化的）工具。然而，自然和文化，以及客体和工具之间的界限已趋于可渗透，这种对立因此倾向于不稳定。人类经常拒绝做一个温顺的工具，拒绝担任分派给他们的任务，例如，想实现医学上或精神上的可复制性的医生或精神病专家，他们已经证实了这是比限制、繁殖和操控果蝇更为困难的事情。

玛丽·普维（Mary Poovey）对19世纪的医学著作中关于妇产科学对氯仿的

使用中女性身体角色的研究，给出了这样的一个例子（Poovey，1987）。维多利亚时代的医生们经常争论在母亲临产时使用麻醉剂的适当性，却不听任何女性患者的意见，并用自己的解释来代替这一空白。一些人宣称，鉴于女性患者与生俱来的害羞，她们会强烈反对这种情欲的感觉和在氯仿的作用下摆出的姿势。另一些人则辩称氯仿揭示出——正是这些影响——女性天生的淫乱性。一些医生声称女性天生是健康的；而另一些则认为女性有天生的病理症状。然而，普维所说的"女性躯体隐喻的性乱行为"（Poovey，1987：153），由于女性患者自己的沉默使得这种模棱两可和不确定性持续下去。在普维的解读中，女性的身体具有对稳定的科学表征和控制的威胁的特征。普维总结道："作为一种人造的技术……麻醉不能很好地控制人体，以足以揭示其在试图'展示'技术之外产生意义的问题的能力。"（Poovey，1987：155-156）

当谈到躯体的"产生意义的能力"超出了医学论述范围的时候，人们就会提到普维通过假设人体的本体论角色，使她自己填充了耐人寻味的沉默空间。她认为躯体可以扰乱甚至破坏它的表征；然而她仅仅在医学论述本身所显现的争论和踌躇的证据上这样做。为了说明躯体可以用这种方式摆脱表征的控制，就需要超越那些不着边际的论据的证明。尽管如此，普维有洞察力地分离出的医学讨论中的紧张性和不确定性，确实应该被人们所了解。至少它们指出了当躯体被当作科学知识的研究对象和工具的时候，人们难免会经常碰到麻烦。

当他们能够提供灵活的普遍方法来扩大自然知识的影响力时，人类也可以成为非常不确定的、具有矛盾性的资源。躯体可以为科学知识和结果的复制提供生物学上的生殖特征，但对它的规范充满了困难，并且总是不完备的。人类仍旧是翻译自然知识的非常"软"的工具。当其牵涉到科技网络的构建中时，一定会使其中的情节复杂化。它们仍旧在很多方面是相关的，无论有多少具体的技术被现代的科学和技术的"硬"（制造的）设备所替代和重新分配。事实上，在某些方面，在由机器和其他有机体组成的系统中，人体变得更加具有密切的完整性，正如唐娜·哈拉维（Donna Haraway）提出的"赛博"（cyborgs）概念所认同的（Haraway，1991）。哈拉维所指出的变化——包括新信息的发展、生物技术的发展，以及性别和性别政治发生率的提高——使我们再次对作为全球系统的现代科技在其构建过程中人和机器各自的角色提出质疑。这不仅是对历史学家提出的挑战，而且是对任何一个关注现代世界的理解的人提出的挑战。

结束语　叙述的责任

人们如何叙述一项研究工作？如何恢复一个固定观念、一个坚定的痴迷？如何重现一种聚焦于宇宙的一个微小碎片的思想，或可以翻来覆去从不同角度去观察的"系统"？尤其是，如何重获那种没有出口的迷宫的感觉，那种无休止的要求解释，而不提出所有这些炫目的显著性的后来被证实了的答案（？）生活的烦恼和兴奋经常地体现在残酷、悲伤的故事里那些仔细安排的按理说很少同时发生的一连串结果中。

弗朗索瓦·雅各布《心中的雕像》（Jacob，1988：274）

按职业说，历史学家就是故事的讲述者。他们比人类学家和社会学家更一贯地进行着一门用传统的叙述方式表达的学科的实践。他们说"历史"（history）这个词是模棱两可的，是陈词滥调的，同时指过去的事件以及再论述中对它们的详细叙述。但是这种模棱两可或许有着深远的意义，它表明叙述中"故事化"的人物反映的是人类经验本身的一个基本面。法国哲学家保罗·利科（Paul Ricoeur）曾经考虑过这个问题；他提出"这种模棱两可下面隐藏的不仅仅是一种巧合或一种可悲的混乱。我们的语言最可能通过使用非充分决定（overdetermination）的话语而保存（并暗示）下来，即那种叙述（或书写）历史和历史事实之间、创造历史和成为历史之间的特定的相互归属的关系"（Ricoeur，1981：288）。

利科指出了历史书写的叙述方式和人类的生存经验之间关系的哲学含义。他指出，"叙事话语所属的生命形式就是历史条件本身"（Ricoeur，1981：288）。在这种存在主义条件的框架下，历史叙述包含一个双重指向。字面上讲，它指的是对事件的描述；形象地说，它代表了在这样的有意义的历史故事中的人类经验。讲述和继承这些故事是人类理解其经验的方式，这些经验不仅仅是简单的"连续性"（众所周知的谚语"一件接一件的烦人事"），而且是导向一些有意义的结局的过程。正如海登·怀特对利科观点的总结，"历史的叙述字面上关于特定事件所宣称的是，它们确实发生过，数据也表明所有发生的一系列事件就像编好的故事一样有一定的顺序和意义"（White，1987：177）。

在英语世界，海登·怀特的研究对如何理解历史写作中的叙述这一问题作出了巨大贡献。他提到了欧洲哲学所产生的一些丰富资源，以供考虑这个问题。除了利科，他还论及了其他人的工作，比如，诠释学哲学家汉斯·格奥尔·伽达默尔（Hans-Georg Gadamer）、符号学家罗兰·巴尔泰斯（Roland Barthes），以及"后结构主义者"福柯和雅克·德里达（Jacques Derrida）的工作。上述暂且不谈，海登·怀特在他的里程碑式的著作《元历史》（*Metahistory*）中也充分地分析了 19世纪欧洲伟大的历史学家著作中叙述的作用。他一贯地反对所谓"科学的"历史学家试图在历史话语中消除叙述要素的做法，坚持认为它仍然不可避免地存在，并且满足了（至少部分地）历史应该有道德意义的要求。道德的重要性不能仅仅通过对一系列事件的记录，或是定量的分析而得到满足；它要求历史学家标记那些组成特定故事的历史事件。也有人用这些记载的实践一个故事情节的方式来做到这一点，引用海登·怀特的话：

我认为，对历史故事的完备性要求是一个道德意义上的要求，要求一系列真实事件被当作道德戏剧当中的要素，按照它们在剧中的重要性来评估……当读者认为一个历史叙述应该被当作一个特定种类的故事来讲时——例如，作为一个史诗、浪漫史、悲剧、喜剧，或是滑稽剧——那就可以说他理解了这一话语所产生的意义。这种理解正是对叙述形式的认可。（White，1987：21，43）

叙述及其与历史话语的道德意义的问题，对科学史的建构论进路来说是很重要的。正如我们在这本书的引言中所看到的，创始于普利斯特利和惠威尔时期的大规模的科学史的古典传统，开创了一个不断进步的叙述形式，服务于认识论的和道德的哲学主张。知识稳定进步的故事承载了关于知识如何在头脑中构成，以及关于有益于个性和社会环境条件的一个教训。随着近来大量增加的对经典认识论的强有力的挑战，传统的科学史的叙述形式现在看来不能保持下去了。但这也提出了关于叙述者的责任的问题——伴随着其道德意义上的负担——将会被今天的历史学家所执行。我们应该讲哪一种故事呢？

这个问题比较急迫，尤其是因为关系到科学史学科与其受众之间的关系：学生、科学家和普通公众。历史学家的教学实践职责、在教学机构中与科学界的同事们的交往，以及它们对"公共历史"的参与（诸如博物馆展品或电视剧），都会碰到他们倾向于讲述的故事和公众希望听到的故事之间所产生的分歧。近来科学认识论认可的故步自封的拥护者们对科学研究内部激进倾向的抨击，确实是令人失望的表现，因为那些老故事不再被讲述了。

最近在伦敦召开的关于科学史"大图景"的命运研讨会，反映出了这种关注。讨论会的前提是最近学科中的一个趋势，这种趋势导致了历史写作范围的减少，进而很大程度上放弃了对科学的普遍进步这个故事的讲述。在这种情况下，学生和其他那些寻找大图景来审视整个学科的人们必定感到很失望。虽然如此，约翰·克里斯蒂（John Christie）认为，这里被感到失去的不像一个特殊叙述形式那样有时空上的尺度。他指出了一种对产生于启蒙时代的历史叙述的怀旧，其在诸如珍·达朗贝尔（Jean D'Alembert）、孔多塞侯爵（the Marquis de Condorcet）和亚当·斯密等哲学家的著作中可以看出来。对这些作家（以及他们的追随者如普利斯特利和惠威尔）来说，科学是一个讲述由人类认知能力和世俗认识所驱动的故事的合适领域。这种图景产生了一个情节化的模式，在此模式下事件被讲述出来。人类的知识被显示为是沿着一条线性上升的道路前进的，其方向即使是在它的发展暂时受阻时也是十分清晰的（Christie，1993）。

克里斯蒂追溯这种叙述模式到 20 世纪中期。他声称，尽管各种基础哲学之间——实证主义、康德哲学、黑格尔派哲学和马克思主义学派——有明显的不同，但是它们都建构了叙述的完备性，建立在一系列被解释为同类精神过程的活动上（尽管马克思主义者把一些同时的、相关的物质过程加入其中）。精神感知与判断行为以一种有序的形式被描述，按照它自身的内在逻辑展开，并且不断地被导向到现在。他声称，正是在这种意义上，"大图景才被编史学认为是哲学的构想"（Christie，1993：397）。

克里斯蒂的分析在其大致的轮廓上被劳斯所共享（Rouse，1991）。劳斯也将特定故事线索的韧性归因于对独特哲学观的持久延承。劳斯认为，几乎所有流行的科学哲学（实证主义的、"后经验主义的"和实在论的）都承认其历史的某一叙述模式，即在现代性发展的一个更广泛的剧本中的描述。这些"现代性的叙述"整合了科学的发展，"发展的故事将知识的进步、人权的建立以及人类实践、政治民主化、财富的增长、对自然的控制等有关的人类进步都描绘为现代化"（Rouse，1991：147）。这种叙述形式的盛行，甚至为"反现代主义"叙述的发展创造了一个空间，这类叙述描述了工具理性对人类支配性的增加、环境的破坏、官僚统治的残暴、人类精神的丧失，等等。在劳斯的解读中，这样的悲叹仅仅重申了现代性叙述的轮廓，在这个故事的关键要素中附加了一个反向的价值化过程（valorization）。

有趣的是，克里斯蒂和劳斯对历史叙述的历史给出了相似的论述；但他们对现行形势的判断意见不合。对劳斯而言，几乎所有关于当代科学的思考依然停留在"现代性叙述"的框架之内，尽管他认识到 "后现代"叙述模式是一种可能的突破点，其中某些特征已经能够瞥到。另外，克里斯蒂否定了现代/后现代二分法对现行形势的适用性，并认为描绘了当代编史学特征的并不是"大师的叙述"的黯然失色[由后现代主义的倡导者，计·弗朗索瓦·利奥塔（Jean Francois Lyotard）提倡]，而是围绕新的科学视野的兴趣的聚结，其由后实证主义哲学和建构论社会学所推动。虽然与不断发展的认识论成就的传统故事截然不同，但这种新的远景提供了大图景叙述重新出现的可能性。克里斯蒂指向这种历史，在其中科学实践的时代性会被追溯，其物质控制的延伸被与政策和社会权力的大尺度构成的加强与减弱联系起来。他认为，这样的一种历史，通过把它列入科学观念和科学史研究范畴，包括福柯、拉图尔和（讽刺地）劳斯的研究，有可能被书写下来。

　　然而对于劳斯本人而言，这样一种历史叙述不会在超越现代性叙述的边界上获得成功，这是很明了的。事实上，尽管有点矛盾，他还是将建构论的科学社会学纳入到这个论述之内。在劳斯看来，科学知识社会学家声称其研究有经验基础，正揭示了他们对传统认识论的依赖："他们的科学史也是启蒙运动史，在其中，社会学上天真的科学家和科学哲学家取代了暴君和神父，他们与迷信的传播者一道需要被战胜。"（Rouse，1991：151）另外，社会学家否认科学有普遍的合法性这种主张，因此，其暗示（据劳斯所讲）就是科学需要这样的合法性来巩固其被承认的基础。他们平衡了"社会的""认知的"或"理性的"信赖因素，以便继续取笑他们声称已经超越了的在"科学"和"社会"之间的二分法。

　　尽管劳斯没有提供任何引用来支持他们，但是这些评论可能已经被早期建构论社会学家的修辞所担保了。柯林斯和其他人所进行的一些案例研究确实使用了一种"社会的"和"理性的"原因之间的二分法。柯林斯倾向于认为，社会原因应该被纳入对信念的采用中，因为涉及的决定不能完全在科学方法的基础上进行解释。但是其他人小心地否认了这样一种对立。不管我们对其合理性的评价如何，大卫·布鲁尔的"对称命题"被用于揭示总会参与到（虽然不完全负责）信念的采用之中的社会原因。换句话说，不论是社会的还是理性的原因，都不被看做是另一个的排斥。布鲁尔只是想要得知在所有的案例中需要为此负责的社会原因。他在为超越二分法而争论，而不是反过来，因此可以理解他反复地否定任何揭露科学对知识的主张的意图。

　　劳斯认为建构论无法超越理性的和社会的对立，这是现代性的特征，因此对科学的启蒙运动的叙述仍然在阻碍它。但对于用这种方式把建构论作为一个整体来描述其特征，必将忽略许多动向，即实践者面对更为复杂的、涉及他们自己在科学实践中的计划的理解。一种更详细、更具有区分性的对建构论的解读将不得不承认，例如，夏平和谢弗关于波义耳和霍布斯争论的过程中自然知识和社会知识领域之间的界限如何建立起来的论述。正如拉图尔（Latour，1990，1993）曾强调的，这种二分法在人们追随其分析时，几乎不能保持不出现问题。"自反性"的活动，在建构论研究中以多种形式出现，在那里通过对表征和争论的科学实践的批评被带到社会学话语本身，就像马尔科姆·阿什莫尔（Ashmore，1989）令人眼花缭乱的调查一样。由于无视这些活动，劳斯已经遗漏了直接来自建构论的一系列发展，这些发展引导他想让科学的"后现代主义"解释指向的方向。

　　抛开语义上关于当代科学研究是否适合被描述为"现代"或"后现代"这个有争议的问题，对大图景编史学回归的可能性的严肃质疑确实是可讨论的，即使在克里斯蒂的展望中也是如此。劳斯无疑正确地指出了建构论者对科学启蒙运动叙述的批判的缺失，这为科学史与其学科主题以及其自身关系带来了难题。至少，当代历史论述肯定是由对这些问题的关注来构建的。在一个严肃的和慎重的对历史实践的流行哲学争论的含义的论述中，乔伊斯·阿普尔比（Joyce Appleby）、林恩·亨特（Lynn Hunt）和玛格丽特·雅各布（Margaret Jacob）已承认"在 19 世纪的意义上，没有科学史，甚至没有科学的科学"；尽管这些作者如此努力地去恢复对历史学家适用的"事实"概念（Appleby，Hunt and Jacob，1994：194）。不管这些问题已被解决到什么程度，显而易见的是，历史学家已跨越了科学家自己通常所说的他们与科学发展叙述之间的鸿沟。对叙述的关注可能会使我们能够绘制这个鸿沟的范围，这并不要求我们冒险进入争论的陷阱，关于怎样区分现代和后现代的陷阱。

在其他近期的研究中，劳斯（Rouse，1990）已经尝试为科学自身提供叙述的种类，声称这不只是描述了论述风格的特征，而且也构造了"理解实践活动的临时组织"。在他们日复一日将意义赋予自己和其他人行为的工作中，实践科学家不断地致力于故事讲述及解释过去工作的发展方向上，并把它体现在未来的研究之中。"科学研究是一项社会实践，凭借研究者对叙述背景的构建，对过去工作进行解读，并规划进一步的研究工作的重要可能性。"（Rouse，1990：179）事件只有通过被纳入这样的叙述中才能被赋予意义，这个过程通过个人之间不断的竞争而完成。实践的这种叙事性蕴含于所有被当作故事的有意义行为的事件序列之中。劳斯认为，"去行动"，"意味着要领先于其他人，也就是说，对所考虑的行动需要做什么有所了解"。所有的行动都"被安排来完成一个设计好的回顾，而且是不断可修复的，适合于一个未完成的故事"（Rouse，1990：183-184）。

这种对实践的叙事性的一般说明是很有趣的，但它对于分析科学如何运作不能给予非常具体的帮助。劳斯认为，科学家操纵了事实主张，试图实现一个独有的叙述结果，但他承认科学文本不只是叙述那种他认为真正处于危险之中的故事，而是读者将这些论文吸收进他们自己不断修正的叙述策略当中。更多地了解科学论文如何为自身提供这种解读以及他们实际上是如何解读的，将是很有趣的一件事。将读者根据研究论文所建构的叙述，与那些呈现在综述文章和教科书中的叙述进行比较，也会是非常有益处的。劳斯的观点因此能够与我们在本书第 4 章中所考察的内容联系起来，即正在进行中的对科学文本的符号学和诠释学研究。

就我们目前的意图而言，重要的一点是历史学家的叙述普遍与科学实践者本身对其领域发展的理解相对立，这是库恩在其著作《科学革命的结构》（Kuhn，1960/1970）的开篇中所做出（偶然的）的观察结论。正如劳斯所言，"科学家同历史学家所处的位置是不同的，因为他们把自己看作一个未展开的故事中的动因，因此，对他们来说故事的结构稍微有些不同"（Rouse，1990，1991）。乔尔吉·马库斯（Markus，1987）有些屈尊地提到包含在科学论述中的"民间历史"，其功能依赖于本身的某种"健忘症"。他详尽地说明了这种民间历史在教育学、纪念性论述和教科书中的工作：

首先，它确保了科学的认识改变中一种高度个人主义的图景，以及那些真正重要的、其英名永存的文化英雄的首要地位。其次，它使得过往直接被包含到现今之中，被认为包括了所有过去有价值（并值得追溯）的东西。我们——侏儒或否——只是站在所有这些巨人的肩膀上，因此我们看得更远——而不是其他。最后，这些历史大事曾经也是令人回忆的纪念品：科学，在其不懈的进步中，将最大的智力成就变为残片，在其中除了这种无休止的前进没有任何确定性。(Markus，1987：33)

另一种在历史学家所讲的故事和科学家自己的论述中的故事之间的建构方式，由威廉·克拉克（Clark，1995）近期的分析所提出。威廉·克拉克把海登·怀特从人文评论家诺斯罗普·弗莱伊（Northrop Frye）处所借来的叙述的类型学分类，应用到了挑选出来的科学史论述中。四种论述的类型被确认下来：浪漫史、喜剧、悲剧和讽刺文学。每一种类型都在情节设置上有独特的形式，在对动因的描绘和场景的表现上都有典型的描述方式。每一种类型也传递了作者对工作的独特观点，为读者创造了一个具体的形象，提供了用以巩固故事情节的社会和道德秩序的愿景。威廉·克拉克描绘了科学史中的四部著作中的这四种固有特性：查尔斯·吉利斯皮（Charles Gillispie）的《客观性的边缘》（1960 年）（浪漫史）、夏平和谢弗的《利维坦与空气泵》（1985 年）（悲剧）、路德维克的《伟大的泥盆纪之争》（1985 年）（喜剧）、哈拉维的《灵长类的视野》（1989 年）（讽刺文学）。

通过对吉利斯皮著作的思考，威廉·克拉克详细说明了作为一部浪漫史是怎样来描写的。他建议，比起那种会将其纳入受人鄙弃的"辉格史"的描述方式，以这种方式描述一本书是一种更敏感、更富有成效的解读。通过把它看作一部浪漫史，我们能认识到此书中作者的具体的表达，包含着怀旧之情和对天启的预警。我们也能看到为什么英雄人物——吉利斯皮的叙述中最伟大的科学家，被描绘成很大程度上存在于社会之外的人物，很少被金钱或女人所玷污。英雄由他们自己的天资所推进，追寻他们的目标，唯一的帮助就是运气。他们的进展包括留下鲜明的足迹、战胜对手并解开谜团，但是从没有平凡的和常规的活动（Clark，1995：9，13，20-23，32-33）。

吉利斯皮的著作因此是这四本书中唯一一本最接近于能把科学家的传统定位置于其中的叙述，也是唯一一种威廉·克拉克（像马库斯一样）将其与"民间故事"或浪漫史作对比的叙述。这样的故事就是"善良胜过罪恶，美德胜过恶习，光明胜过黑暗"的小戏剧（White，1973：9）。它们不总是"辉格主义的"——不是所走的每一步都被看作是指向现今的，即赫伯特·巴特菲尔德（Herbert Butterfield）所说的辉格史学家的错误。事实上，科学家的历史轻易地容纳了误入的错误途径、要克服的障碍，以及没有进展时的插曲。最重要的是，错误、障碍和裂隙能够被看作是暂时的偏离和耽搁，特别是当叙述者自己也是英雄人物，且正站在顶峰并探索通向目标的路径时。

在科学家对自己和他们的英雄的描绘中，浪漫性情节设置的重要性是很有趣的。它为传记、自传、创作小说等作品中，在科学英雄人物形象构建的历史探究方面提供了迷人的前景。它也增加了科学家对自身的塑造过程中对这些文本的吸收方式的问题。特拉维克已指向了这些"男人故事"中所暗含的男性价值观，这是大多数科学学科的男性实践者所描述的他们的生活故事和职业经历（Traweek，1988：chap. 3）。他们有可能塑造他们自己的生活经历以反映科学英雄的故事，那些英雄故事是在他们的教育过程中被教授的，并且在科学口述文化中被反复提到。对这些故事持续的呼吁，也有助于解释为什么一些科学家用专业的科学史来表达对近代作品的不同意见，这让他们的期望受挫，认为那些伟大的科学家们应该用一种合适的英雄风范来描绘。

在某种程度上有些被蔑视的浪漫史诗和当代科学史更频繁地采用了讽刺和反语。每当他们倾向于阻挠"对故事所提供的那一类解决方案的正常预期"，他们就被说成是沉迷于讽刺的情节之中了（White，1973：8）。历史叙述会展示信念的不连续性，目标有可能会被主角自己对其过往的重构所掩盖，这些都是历史叙述的一般特征。历史学家喜欢心态变化的恢复和命运反转的讽刺恢复，尤其是当那些缺口随后及时被遗忘的工作所掩盖时。在这方面，历史学家们的历史与科学家们的相比，可能总会有些不同。当科学家们不断地设置其领域历史的情节，以便在与其不断发展的关系中定位他们自身以及他们的目标时，历史学家们则更强调分割事物组织结构的间断性。鉴于实践者们传统上试图重构过去和现在的一些联系，历史学家们则会去寻找那种对知识过去和现在不同认识的讽刺性安慰。

然而，这些并不意味着那些科学史学家们永远不能指望阐述科学家们自己，或当代历史作品必然被读者抛弃。相反，他们中许多人没有理由不满足于欣赏那种对浪漫叙事形式的改变。毕竟，在 20 世纪晚期，小说读者和电影观众变得习惯于一种更广泛的嘲讽、讽刺和"后现代"叙事手法。这方面富有经验的这些读者对欣赏建构论叙述的一些微妙差别是有准备的。例如，对实验或技术系统的叙述，可以根据有着不同观点和目标的参与者之间的看法和适应性的改变而被描绘出来，正如我们在第 5 章和第 6 章中所看到的；传记能强调人们生活的偶然性和丰富多样的塑造适合其身份的方式，正如我们在第 2 章所见到的。

一定程度的讽刺尤其适合于一种特殊的叙事体裁，这种体裁希望找到专业历史学家群体以外的读者：试图获得科学知识应用的开放性和不确定性，并详细叙述随着时间展开的调查研究的经验。这些叙述向作者和读者所提出的挑战正好与"事情是怎样的"保持一个具有讽刺性意味的距离，这样的话，研究者修订其策略甚至目标的方式，由于始料不及的结果而得到理解。叙述者必须力争使读者沉浸在按时间顺序的智力活动的经验中，以及其对持续出现的挑战的创造性回应、对仪器和物质现象的概念性掌握这种渐进的成就中。叙述类型的"厚度"似乎需要表达这种展开的经验，尽管历史学家们也时不时地抛开故事，去注意这种不连续性，并且指出一些结果是如何的始料不及或者指出它们如何促成研究方法的改变。

弗雷德里克·L. 霍姆斯（Frederic L. Holmes）曾为这类历史进行辩护并对其进行区分（Holmes，1987，1992）。他利用了幸存下来的首席科学家记录他们调查实践过程的笔记，例如，他对安托万·拉瓦锡（Holmes，1985）的生理化学的研究。霍姆斯在这里成功地展示了法国化学家关于燃烧和化合物的著名发现，并且植根于关于呼吸作用和发酵这种"生命化学"问题的研究项目中。霍姆斯的著作关注了这个项目的重建，并用了大量篇幅来叙述，中间穿插了回馈性的评论。正如霍姆斯所主张的，如果我们要把握拉瓦锡所从事的调查工作的完整性，"我们就不能不讲述整个故事"（Holmes，1985：xx）。

其结果在许多方面都是富于启发性的。读者能够明白指导了拉瓦锡研究工作的那些经常修正的观点、他从已知到未知现象的类比延伸，以及当他们无法解释实验结果时他对其观点所做的修正。甚至拉瓦锡所明确的研究目标也经常随着新的发现做出改变。作者也很好地表达了拉瓦锡所从事的不同问题领域之间的相互作用，以及拉瓦锡对于把概念从一个领域挪到另一个领域的疑虑。霍姆斯得意地认为，他的主张终结并维持了对拉瓦锡实验室笔记的关注，并使历史学家只能去重建一个不完美地体现在出版物中的调查计划。确实，他对从实验室笔记到草稿再到出版物这个过程的转变的详细论述，照亮了研究发现在变为书面形式的过程中被精炼和重塑的道路（Holmes，1985：70-89，241-251，448）。

在这些方面，霍姆斯用嘲讽的方式削弱了读者对叙述的连续性的期望。他对拉瓦锡的调查实践时间细节的耐心重构，展示出解释框架和研究目标的大量不连贯性。他也展示出这些缺口在拉瓦锡对自己研究进展的叙述的不断修正过程中渐渐被抹平。拉瓦锡在其出版物中像外界所提供的现成科学的图景，不断地与他日常实践的画面作对比，其中的不确定性和可能性的形象比他们事后所做的要多得多。

然而，除此之外，霍姆斯并没有利用作者性格的讽刺优势；他表现出的是尊重而非嘲讽。没人会将他的文字与哈拉维的混淆起来。拉瓦锡从霍姆斯的叙述中呈现出来，随之而来的是他的完整性以及读者对他的创造性和对他不朽的劳动成果的仰慕的增加。霍姆斯甚至偶尔会袒护针对拉瓦锡的不诚实的谴责，如对他修改量化数据的袒护。他似乎很有道理地争辩称，拉瓦锡本可以为他修改数据的行为找出各种各样合理的辩解理由（Holmes，1985：190-191）。对保护其学科的完整性的关心，似乎成为霍姆斯为其所做辩护的一部分，即将其作为历史学家判断科学研究质量的一种恰当方式（Holmes，1985：xvii）。这似乎也与他对拉瓦锡与社会领域相隔离的描述相关。霍姆斯把调查实践的社会组成与拉瓦锡的日常生活边缘化了，宣称外部世界只会在外围偶尔对研究过程造成冲击（Holmes，1985：xvi，501-502）。对调查过程中自主性的强调似乎与霍姆斯身为一个科学家对其学科的完备性的坚持相一致。

路德维克关于泥盆纪争论的研究，给出了有关科学研究的经验叙述的一个非常不同的类型（Devonian，1985）。当霍姆斯的著作致力于描述个人所追求的调查途径时，路德维克描述了在一个重要的争论过程中一些地质学家研究工作的交叉。因此，鉴于霍姆斯把社会纳入他的故事范围，路德维克将其叙述构筑为这样一种形式，即能够使其人物位于被充分描述的社会世界中。事实上，在科学信念形成的过程中——随着自然现象——建立社会互动中的基本角色，这正是路德维克所宣称的意图。面对这种结果，冗长且详细的叙述是他所选择的方法。由于路德维克对方法的选择引起了重要的评论，因此它似乎值得长篇大论。

这个故事讲述了 19 世纪 30 年代中期对德文郡北部岩石的年代测定如何导致了一个新的地质学体系的提出，其以不同的动物群化石为特征，在 19 世纪 40 年代得到了英国地质学科带头人的认可，并随后扩展到全世界。路德维克提供了 340 页详尽的、严格非回顾性的叙述，试图再现争论主要参与方每日的活动及其不断变化的主张。若非借鉴了大量丰富的档案资料（包括信笺、出版的演讲和论文、日记，以及从这个时期幸存下来的野外考察笔记），如此详细的描述是不可能完成的。但是当然，仅仅有大量档案资料是无法支持如此冗长的叙述的，并且路德维克声称有更多要紧的理由使其选择这个形式。他认为，"在关于科学调查实践的细致研究中，叙述与其说是一种文字上的便利不如说是一种必要的方法论"（Rudwick，1985：11）。在微观层面上对时序叙述的分解，提供了追溯不断变化的社会互动的前景，据此科学知识被发展，从而在这个过程中深化了社会和自然世界的制约因素之间的区别。

为了实现这个目标，并因此使他自己与探索了当代科学争论的社会学家位于同一层次，路德维克坚持认为，避免依据其结论来拟定故事框架是有必要的："叙述被用来为理解知识的形成而服务时，必须严格地且自觉地避免后见之明。"（Rudwick，1985：12）坚持拒绝使用回顾性资源是路德维克著作中最独特和成问题的一个方面。尽管有一两个例子作者后来回忆说是用来填满活动细节或追究动机的，但是大部分的例子作者都拒绝描述他们发现的细节，而参与者自己也不能在有问题的时候将其识别出来。即使关于一个相对较小的问题，他不到迫不得已时也拒绝告诉读者事情的结果。

如此煞费苦心的精心细作的描写并不是单纯的编年史。小说家的写作技巧被用来按照参与者在事件变化过程中的经历来延长和缩短时间。同样需要的是对著者声音的操控，以及读者在文本中的角色，用以支撑故事的真实性以及与小说的区别性。至于"署名作者"（inscribed author），该文本给我们展现了一个人物形象，他要求对其资源的全面掌控并且能够坚定地区分过去的事件和后见之明。至少是半认真半开玩笑地，他甚至表示当他描述争论的过程时他忘记了其结果（Rudwick，1985：12-13）。就是这样一个作者，选择性"失忆"的读者们被要求去相信他。

一旦我们发现这篇文章在刻意地迎合读者，我们对它的信任就不可避免地减少了，因为未来的知识不仅会被叙述的参与者否认，而且也会被读者所否认。要排除对动机和信念的回顾性责难是一回事，但是要拒绝接下来的事件中那些最细微的知识却是另外一回事。对威廉·克拉克来说，这是喜剧性叙述中喜剧成分的特征，在其中事情总是出乎预料的。然而，不管是因为他们不喜欢喜剧，还是仅仅因为这个太长了，许多现实的读者被套在这个限制中了。路德维克甚至特许读者们在遇到困难时可以略过这些部分。而且，尽管斯蒂芬·杰伊·古尔德（Stephen Jay Gould）在他的评论（Gould，1987）中认为这应该是违规的，但他还是承认他发现自己的关于争论如何最终被解决的知识帮助他扫除工作中的障碍。许多没有充分准备的读者在发现这本书末尾的分析篇章中有一个方便的情节概括时，一定会感到释然。

事实上，读者一旦进入了两个分析性总结的篇章后，便会有一些不确定的感觉，即读这个长篇叙述是否真的有必要。路德维克做出如此一项伟大的展示争论结构的工作，使用了至少6幅不同的图来表示参与其中的个人的轨迹和主张，这会使读者强烈感觉到他们从最后60页得到的理解要比前面的340页得到的要多得多。这些图表包括2幅关于所有地层学专栏的竞争性解读的对比图，3幅（复杂性与日俱增）对个人动机在将不同信念分开的"概念空间"中的描绘图，以及1幅对地质学共同体的"社会空间"的描绘图。这表现了地质学本身特征的独特视觉技术，以及没那么明显的相关模型，如著名的伦敦地铁系统的拓扑学地图，已经被恰如其分地应用在这里。

与此文本的叙述部分相比较，某些要点在这种表征形式下毫无疑问呈现得更加清晰。这些映射使这一点更加明晰，例如，为何个人观念的转变有时候如此巨大和迅速，以及他们参与到实地调查工作或参加重要会议的频率是怎样的。另外，很明显的一点是路德维克重复了数次的一个观点：争论在一个有紧密互动的共同体这样的社会语境中被解决，但是有一方不会得到修辞上或制度上的胜利。其结果是一个新的和原先没有预见到的体系的一致意见，不是任何一方的胜利，也不是一个直截了当的妥协。这在概念空间图中被展示出来，在其中泥盆纪体系被作为一个理论领域而打开，这个领域是最初竞争团体的前沿地带所交叉而形成的。路德维克解释说："对立双方的交锋前沿最初是相互对立的，随后悄无声息地相互渗透，直到他们都一致对外，使其后方成为双方共同防守

的领域。"（Rudwick，1985：405）

另外，尽管他们对叙述形成的方式提出了不少质疑，但与图表分析相比，在长篇叙述中浮现了一些更清晰的重要结论。考虑到为争论的结束设定一个日期的明显困难，争论到 1840 年时明显减弱了，但是正如杰克·莫雷尔（Jack Morrell）在一次评论中所指出的一样（Morrell，1987），在 19 世纪 60 年代，当朱克斯（J. B. Jukes）质疑爱尔兰的泥盆纪体系的可行性时，这种争论又有抬头之势。当泥盆纪体系在全世界风靡一时之际，这种争论非但没有很快结束，反而记录了一个逐步稳定的过程。19 世纪 60 年代，地方性的挑战太弱了，不足以撼动绘制了"从乌拉尔到尼亚加拉"地区地图的体系。

在泥盆纪体系相对缓慢（经历几十年的扩张）的扩展和稳定的过程中，争论的解决方案在对其历史的叙述中浮现出来。这些主要参与者已经展示了对其过去的行为和信念进行重新解释的潜在能力，以满足他们当前的需求。1839 年，泥盆纪体系的最初倡导者罗德里克·默奇森（Roderick Murchison）合宜地忘了他以前的说明，即德文郡地层中必然包含了一个大的不整合面，而这是野外调查没有发现的一个现象。在这种情况下，就像演员东拉西扯地设置以前故事的情节使其得出令自己满意的结果一样，科学家的历史可被视为科学研究的一部分。当然，历史学家不可能附和这样一种浪漫的设置情节的模式，而路德维克恰如其分地利用了记录他们实际言行的资料来反衬其角色。

关于那些在争论中输了的人，历史学家的立场出现了多种问题。这里的输家并不是指默奇森最初的反对者亨利·德拉贝什（Henry de la Beche），路德维克尽可能清楚地展示了此人对泥盆纪体系不动声色的含蓄的认可，而像大卫·威廉姆斯（David Williams）和托马斯·韦弗（Thomas Weaver）这些顽固势力，似乎绝不会认可这种一致的观点。对于社会学家哈利·柯林斯（Collins，1987b）和特雷弗·平奇（Pinch，1986b）而言，路德维克不愿富有同情心地代表泥盆纪体系的顽固反对者的行为，损害了他对争论中参与者的自然约束力的主张。柯林斯和平奇认为，如果有一些观察家拒绝像大多数观察家那样看待事物，那么经验主义证据就不会有太大的说服力。对柯林斯而言，这种对少数顽固势力的应对的失败（在"地下地图"中"通往遥远郊区的支线"）表明，路德维克放弃了大卫·布鲁尔的"对称公设"，它要求在分析争论时要平等地对待双方（Collins，1987b：826）。

路德维克对于这一批评的答复是，威廉姆斯和韦弗已经把自己排除在被其同时代人认真对待的范围之外。他们在对共同体标准的违背中否认了清晰可见的证据（Rudwick，1988）。平奇评论道，他们的这种与世隔绝有可能是无可挽回的：如果他们做出的观察能用于支持主流观点，他们也有可能被归属到共同体之内（Pinch，1986b）。但是路德维克的观点看起来很有说服力，那么平奇反事实的假设就无从立足了，也就很难看出它是否具有历史重要性。

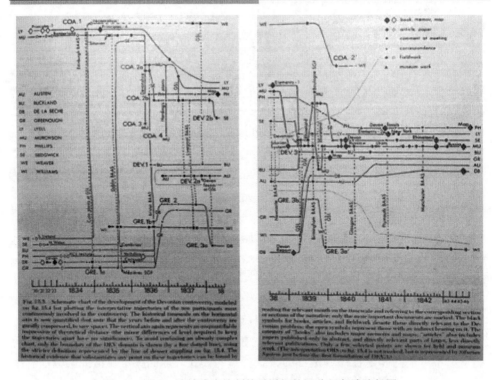

图 11　马丁·路德维克绘制的最详细的泥盆纪争论路径图

注：它被评论者比作经典的伦敦地铁系统图，该图中标示了个人在概念空间上的轨迹，在其中不同的
理论位置被定位下来（Rudwick，1985：412-413），经芝加哥大学出版社同意后复制

　　通过使用这种叙述模式，路德维克能够追溯事实的时代稳定性，因为这些事实被用来作为进一步调查的资源，而且它们在地理和时间上的延伸仍在继续。事实上，这与布鲁尔的对称性相背离了，但它却是时间之箭指向的结果。关注了知识的稳定性的历史学家不需要接受事件参与者的历史，然而当他或她关注争论的时间清晰度时，那些最初平等对待所有事件的保证在某种程度上已被打破。路德维克在使用历史分析法分析科学实践的时间性方面给出了一个极好的例子。他讲述的故事表达了一个强有力的对被关闭解读选项的印象，而且异议的代价随着知识因素的逐步稳定而增加。从这个角度来看，编年叙述可能确实与社会学家关于分歧原则上仍是可能的异议无关。

　　然而，历史学家应如何对待那些确实抵制这种一致意见的个人，这个问题仍未定论。路德维克诉诸人们的判断，即威廉姆斯和韦弗不再受到其同僚的认真对待，因此应该在讲述中忽略他们。但这肯定有赖于故事的发展方向。一个在稍后想要成功重启争论的行动者将会需要一直参与其中，而不像那些不再扮演任何角色的演员。相对于他该做什么，路德维克可能更清楚他是如何做出决定的。比如说，他几乎不承认他的目标是终结朱克斯在 19 世纪 60 年代对于泥盆纪体系的质疑，如果是的话，他对这个故事的讲述就会非常不同了。这就暗示了作者写作时需要直接详述他的目的，就像文本中所记录的一样。读者有权知道故事到哪儿结束，因为这必然会影响读者对文章中事件和人物的选择，以及对叙述结构的理解。路德维克在这方面本来可以做得更好，如果他没有让他的读者对故事情节一无所知的话。作者及其目标的更公开的定位会给读者理解叙述提供更具体的帮助，而且会确保读者不会上当受骗。

由于路德维克从他的叙述中得出的认识论方面的结论有很多争议，这一点就显得尤为重要。在叙述和分析性总结后，他以对科学的社会构造和它作为自然知识的地位的思考结束了全文。他娴熟地在这个困境的两面穿针引线，一方面，他承认"科学争论的复杂性、偶然性以及非必然性，对解读的一致意见由此达成"，另一方面，他认为"人们应把泥盆纪体系看作是对客观存在的现实的让人信服的描述"（Rudwick，1985：450，454）。虽然最终他并没有强迫地理学家们采纳这种一致性的解读，但是他还是通过新经验主义发现的"限制"来说服其中许多人改变初衷：

通过这种方法，人们就能够看到在泥盆纪争论中积累起来的经验证据，而这既不是如同天真的实在论者认为的那样以模棱两可的方式决定研究的结果，也不像建构论者认为的那样与竞争领域的社会争论结果事实上毫无关联。相反，它应被视为对这场辩论过程及成果有不同的影响，将社会构造限制到一个对自然真实的有限而可靠，并且可以无限改进的表征中。（Rudwick，1985: 455-456）

皮克林对这种限制的语言提出了异议，正如我们在第 1 章所看到的一样，他建议用另外一种模式来理解科学实践的进程（Pickering，1995a，1995b）。皮克林反对路德维克在其间摇摆的两种模式，即知识或者是由非强迫性谈判的纯粹的社会过程构成，或者是对先存的自然真实的揭示。在皮克林的体系中，科学实践包括应对物质世界，而不仅仅与纯粹的社会实体打交道。但这并没有弱化到一个只反映先存的"现实"的过程。物质实体的媒介被仪器和人类的组合记录下来，并证实它本身是对人类意图的抑制。因此，物质实体与人类的物质实践密不可分，并暂时性地出现在这个实践过程中。皮克林的主要隐喻不是"限制"，而是"实践的轧布机"及"代理的跳舞"，通过这些隐喻，人类和物质行为互相交织并得到暂时的稳定。

人们有可能以皮克林对于科学实践的描述为例，来重新讲述路德维克的故事，尽管在这里无法提供这种重新书写的内容。路德维克关于由争论带来的后果跟事物最初的形态截然不同的观点，让人想起皮克林在讲述韦弗和威廉姆斯俘获物质中介时所提到的重构了社会秩序的"轧布机"。当韦弗和威廉姆斯坚持反对泥盆纪时，他们肯定会发现自己被排除出地理学专家的社会领域。泥盆纪体系暂时的稳定性及其应用的地域扩展保持一致，这似乎有着重要意义。越是把这个体系看作是时空延伸的过程，它就越不可能仅仅揭示先存的实在。但是，用这种方式来公正对待这种叙述会使我们离目标更远。关键是由于著者的不同目的，叙述可以用截然不同的方法起作用。这就强化了这样一种观点，即作者需要全身心投入叙述之中，以解释给予其形式的动机。

以皮克林的方式讲述这个故事，也需要远离那些严格非回顾性的叙述。当事件的稳定性不能预见时，作者需要不时地在时间上往前或往后跳跃，在知识的稳定结构的浮现（其稳定性至少部分地总是事后才被看出）和时间的偶然性及不确定性之间来回移动。在其著作所包括的叙述性案例研究中（Pickering，1995a），尽管皮克林的故事缺乏路德维克的大量细节及大量重要的资料，但他在某种程度上使用了这种方法。他在表现科学实践方面的巧妙模式还是向历史学家提出了质疑，使他们匹配其模式或用他们的叙述功能来对其进行改善。

这里的一般观点是，叙述性描述的"自然性"创造了机遇和陷阱。对叙述的运用使我们刻画出科学实践特有的嵌入性，但是对历史学家来说，这样做需要有一定的自反性。读者有权知道叙述者往哪儿引导他们，以便于评价这个故事是如何根据它的意图来构造的。而且只有不严格根据年代学顺序，读者才能源于不确定性的方式欣赏稳定的知识。换句话说，叙述者需要放弃虚伪的讲述方式，并承认其叙述中的人为成分。

另外一个理由是，要将历史学家的论述与科学话语中自私的叙述区分开来。科学史学家否认那些严格指向现状的浪漫情节，他们也应该否认这种借以保留他们自己名誉的无情节的叙述要求（参考 Clark，1995：57，65）。利科有可能是对的，他断言叙述有一个与我们的时间性经验相关的特定的借喻维度，但这并不意味着历史学家能够笼统地使用它。相反，历史学家的文本在某种程度上需要展示"它作为反映现实的镜子，具有不充分性的意识"（White，1973：10）。叙述的"自然主义"几乎没有被那些声称展示了"自然"是如何形成的人所毫无问题地使用。

当我们处理知识制造过程中出现的令人好奇的关于时间的经验时，这是尤为中肯的。当我们不清楚什么是"真实的"，什么是人造的，什么是"信号"，什么是"噪音"时，从不确定状态到现象和其附属的人类框架之间后来产生的区别的转化是令人费解的。回顾过去，当先存的真实突然被揭示时，人们对此的搪塞是时光流逝过程中的不连续性。拉图尔将其称为"这种先存的新生事物奇迹般的出现"（Latour，1993：70）。要克服这种回顾性的观点，并重新理解这种经验到底是怎样的，是一种艰难的使人不安的任务，正如我从基因学家弗朗索瓦·雅各布那里所引述的暗示那样。然而这是历史叙述的任务，这种叙述需要把建构论的方法论作为其出发点。这样一种叙述需要注明调查者的不确定性及解决办法的出现，根据这种叙述——回顾——一切都变得明了。通过所经历的碎片化的并反射其自身的时间性，来追溯一篇文章，似乎需要把自然叙述和它所假设的时间模式分开。一致地向前流逝且不依赖于人类行为的"牛顿"时间，对于这种叙述来说似乎还不够（参考 Wilcox，1987）。相反，我们需要指出时间本身是如何通过建构知识的工作而被分解开并重新排列的。

　　这里所提到的可能性是令人感兴趣的，即便它不能描述他们可能采用的形式。描述了自然科学内在扭曲性的建构论叙述，会在很大程度上影响我们对于人类时间经历的理解。当寻求打破由普利斯特利和惠威尔建起的障碍时，首先必须偿还建构论所招致的人类历史上的债务。接下来的策略是从人类历史上借光来照亮科学的历史。或许我们正处于这样一个阶段，科学史——人类接触物质世界的历史以及知识随着时间而嵌入的历史——能够反过来阐明人类经验范畴的基础。我们因此应该满怀渴望地拥抱全新的未来，而非对科学进展中令人欣慰的往事的流逝而悔恨。

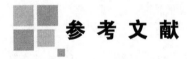 参 考 文 献

Abir-Am, Pnina. 1992. "A Historical Ethnography of a Scientific Anniversary in Molecular Biology: The First Protein X-Ray Photograph (1984, 1934)." *Social Epistemology* (special issue on *The Historical Ethnography of Scientific Rituals*) 6: 323-354.

Abraham, Gary A. 1983. "Misunderstanding the Merton Thesis." *Isis* 74: 368-387.

Achinstein, Peter, and Owen Hannaway, eds. 1985. *Observation, Experiment, and Hypothesis in Modern Physical Science.* Cambridge, MA: MIT Press.

Agar, Jon. 1994. "Regaining the Plot: Spatiality and Authority in the Historiography of Science." Unpublished typescript.

Albury, W. R. 1972. "The Logic of Condillac and the Structure of French Chemical and Biological Theory, 1780-1801." Ph. D. diss., Johns Hopkins University.

Albury, W. R., and D. R. Oldroyd. 1977. "From Renaissance Mineral Studies to Historical Geology, in the Light of Michel Foucault's *The Order of Things." British Journal for the History of Science* 10: 187-215.

Alder, Ken. 1995. "A Revolution to Measure: The Political Economy of the Metric System in France." In Wise, ed., 39-71.

Alpers, Svetlana. 1983. *The Art of Describing: Dutch Art in the Seventeenth Century.* Chicago: University of Chicago Press.

Altick, Richard D. 1978. *The Shows of London.* Cambridge, MA: Belknap Press of Harvard University Press.

Anderson, Wilda C. 1984. *Between the Library and the Laboratory: The Language of Chemistry in Eighteenth-Century France.* Baltimore: Johns Hopkins University Press.

Appleby, Joyce, Lynn Hunt, and Margaret Jacob. 1994. *Telling the Truth about History.* New York: W. W. Norton.

Ashmore, Malcolm. 1989. *The Reflexive Thesis: Writing Sociology of Scientific Knowledge.* Chicago: University of Chicago Press.

Bachelard, Gaston. 1980. *La Formation de l'esprit scientifique: Contribution à une psychanalyse de la connaissance objective.* 11th ed. Paris: J. Vrin.

Bacon, Francis. 1960. *The New Organon and Related Writings.* Indianapolis: BobbsMerrill.

Baker, Keith Michael. 1982. "On the Problem of the Ideological Origins of the French Revolution." In *Modern Intellectual History: Reappraisals and New Perspectives,* ed. Dominick LaCapra and Steven L. Kaplan, 197-219. Ithaca, NY: Cornell University Press.

Barnes, Barry. 1974. *Scientific Knowledge and Sociological Theory.* London: Routledge and Kegan Paul.

——. 1977. *Interests and the Growth of Knowledge.* London: Routledge and Kegan Paul.

——. 1982. *T. S. Kuhn and Social Science.* London: Macmillan.

——. 1985a. *About Science.* Oxford: Basil Blackwell.

——. 1985b. "Thomas Kuhn." In *The Return of Grand Theory in the Human Sciences,* ed. Quentin Skinner, 83-100. Cambridge: Cambridge University Press.

——. 1994. "How Not to Do the Sociology of Scientific Knowledge." In Megill, ed., 21-35.

Barnes, Barry, and David Bloor. 1982. "Relativism, Rationalism and the Sociology of Knowledge." In *Rationality and Relativism*, ed. Martin Hollis and Steven Lukes, 21-47. Oxford: Basil Blackwell.

Barnes, Barry, David Bloor, and John Henry. 1996. *Scientific Knowledge: A Sociological Analysis*. Chicago: University of Chicago Press.

Barnes, Barry, and David Edge, eds. 1982. *Science in Context: Readings in the Sociology of Science*. Milton Keynes, Buckinghamshire: Open University Press.

Bames, Barry, and Steven Shapin, eds. 1979. *Natural Order: Historical Studies of Scientific Culture*. Beverly Hills and London: Sage Publications.

Bazerman, Charles. 1987. "Literate Acts and the Emergent Social Structure of Science." *Social Epistemology* 1: 295-310.

———. 1988. *Shaping Written Knowledge: The Genre and Activity of the Research Article in Science*. Madison: University of Wisconsin Press.

Bazerman, Charles, and James Paradis, eds. 1991. *Textual Dynamics of the Professions: Historical and Contemporary Studies of Writing in Professional Communities*. Madison: University of Wisconsin Press.

Bechler, Zev. 1974. "Newton's 1672 Optical Controversies: A Study in the Grammar of Scientific Dissent." In *The Interaction between Science and Philosophy*, ed. Yehuda Elkana, 115-142. Atlantic Highlands, NJ: Humanities Press.

Beer, Gillian. 1983. *Darwin's Plots: Evolutionary Narrative in Darwin, George Eliot and Nineteenth-Century Fiction*. London: Routledge and Kegan Paul.

———. 1985. "Darwin's Reading and the Fictions of Development." In Kohn, ed., 543-588.

Ben-David, Joseph. 1971/1984. *The Scientist's Role in Society: A Comparative Study*. 2d ed. Chicago: University of Chicago Press.

Benjamin, Andrew E., Geoffrey N. Cantor, and John R. R. Christie, eds. 1987. *The Figural and the Literal: Problems of Language in the History of Science and Philosophy, 1630-1800*. Manchester: Manchester University Press.

Bennett, J. A. 1986. "The Mechanics' Philosophy and the Mechanical Philosophy." *History of Science* 24: 1-28.

———. 1989. "A Viol of Water or a Wedge of Glass." In Gooding, Pinch, and Schaffer, eds., 105-114.

Bennington, Geoff. 1987. "The Perfect Cheat: Locke and Empiricism's Rhetoric." In Benjamin. Cantor, and Christie, eds., 103-123.

Biagioli, Mario. 1989. "The Social Status of Italian Mathematicians, 1450-1600." *History of Science* 27: 41-95.

———. 1990. "Galileo's System of Patronage." *History of Science* 28: 1-62.

———. 1992. "Scientific Revolution, Social Bricolage, and Etiquette." In Porter and Teich, eds., 11-54.

———. 1993. *Galileo, Courtier: The Practice of Science in the Culture of Absolutism*. Chicago: University of Chicago Press.

Bloor, David. 1976/1991. *Knowledge and Social Imagery*. 2d ed. Chicago: University of Chicago Press.

———. 1978. "Polyhedra and the Abominations of Leviticus." *British Journal for the History of Science* 11: 243-272.

———. 1983. *Wittgenstein: A Social Theory of Knowledge*. London: Macmillan.

Bono, James J. 1990. "Science, Discourse, and Literature: The Role/Rule of Metaphor in Science." *In Literature and Science: Theory and Practice*, ed. Stuart Peterfreund, 59-89. Boston: Northeastern University Press.

Borell, Merriley. 1987. "Instruments and an Independent Physiology: The Harvard Physiological Laboratory, 1871-1906." In *Physiology in the American Context, 1850-1940*, ed. Gerald L. Geison, 292-321. Bethesda, MD: American Physiological Society.

Bourdieu, Pierre. 1991. "The Peculiar History of Scientific Reason." *Sociological Forum* 6: 3-26.

Bouwsma, William J. 1981. "From History of Ideas to History of Meaning." *Journal of Interdisciplinary History* 12: 279-292.

Boyle, Robert. 1991. *The Early Essays and Ethics of Robert Boyle*, ed. John T. Harwood. Carbondale, IL: Southern Illinois University Press.

Brannigan, Augustine. 1981. *The Social Basis of Scientific Discovery*. Cambridge: Cambridge University Press.

Brockliss, L. W. B. 1987. *French Higher Education in the Seventeenth and Eighteenth Centuries: A Cultural History*. Oxford: Clarendon Press.

Brooke, John Hedley. 1987. "Joseph Priestley (1733-1804) and William Whewell (1794-1866): Apologists and Historians of Science. A Tale of Two Stereotypes." In *Science, Medicine and Dissent: Joseph Priestley (1733-1804)*, ed. R. G. W. Anderson and Christopher Lawrence, 11-27. London: Wellcome Trust and Science Museum.

Brush, Stephen G. 1988. *The History of Modern Science: A Guide to the Second Scientific Revolution, 1800-1950*. Ames: Iowa State University Press.

Buchwald, Jed Z., ed. 1995. *Scientific Practice: Theories and Stories of Doing Physics*. Chicago: University of Chicago Press.

Bud, Robert, and Susan E. Cozzens, eds. 1992. *Invisible Connections: Instruments, Institutions, and Science*. Bellingham, WA: SPIE Optical Engineering Press.

Cahan, David. 1989. "The Geopolitics and Architectural Design of a Metrological Laboratory: The Physikalisch-Technische Reichsanstalt in Imperial Germany." In James, ed., 137-154.

Callon, Michel. 1986. "Some Elements of a Sociology of Translation: Domestication of the Scallops and the Fishermen of St. Brieuc Bay." In *Power, Action, and Belief: A New Sociology of Knowledge*? ed. John Law, 196-233. London: Routledge and Kegan Paul.

Callon, Michel, and Bruno Latour. 1992. "Don't Throw the Baby Out with the Bath School! A Reply to Collins and Yearley." In Pickering, ed., 343-368.

Cambrosio, Alberto, Daniel Jacobi, and Peter Keating. 1993. "Ehrlich's' Beautiful Pictures' and the Controversial Beginnings of Immunological Imagery." *Isis* 84: 662-699.

Cantor, Geoffrey N. 1989. "The Rhetoric of Experiment." In Gooding, Pinch. and Schaffer, eds., 159-180.

——. 1991a. "Between Rationalism and Romanticism: Whewell's Historiography of the Inductive Sciences." In *William Whewell: A Composite Portrait*, ed. Menachem Fisch and Simon Schaffer, 67-86. Oxford: Clarendon Press.

——. 1991b. *Michael Faraday: Sandemanian and Scientist. A Study of Science and Religion in the Nineteenth* Century. London: Macmillan.

Chandler, James, Arnold I. Davidson, and Harry Harootunian, eds. 1994. *Questions of Evidence: Proof, Practice, and Persuasion across the Disciplines*. Chicago: University of Chicago Press.

Christie, John R. R. 1993. "Aurora, Nemesis, and Clio." *British Journal for the History of Science* 26: 391-405.

Clark. Wiiiiam. 1989. "On the Dialectical Origins of the Research Seminar." *History of Science* 27: 111-154.

——. 1992. "On the Ironic Specimen of the Doctor of Philosophy." *Science in Context* 5: 97-137.

——. 1995. "Narratology and the History of Science." *Studies in History and Philosophy of Science* 26: 1-71.

Clarke, Adele E., and Joan H. Fujimura, eds. 1992. *The Right Tools for the Job: At Work in the Twentieth-Century Life Sciences*. Princeton, NJ: Princeton University Press.

Clifford, James. 1988. *The Predicament of Culture: Twentieth-Century Ethnography, Literature, and Art*. Cambridge, MA: Harvard University Press.

——. 1992. "Traveling Cultures." In *Cultural Studies*. ed. Lawrence Grossberg, Cary Nelson, and Paula A. Treichler, 96-116. New York: Routledge.

Cohen, Robert, and Thomas Schnelle, eds. 1986. *Cognition and Fact: Materiats on Ludwik Fleck (Boston Studies in Philosophy of Science,* vol. 87). Dordrecht: Reidel.

Cole, Stephen. 1992. *Making Science: Between Nature and Society.* Cambridge, MA: Harvard University Press.

Coleman, William. 1988. "Prussian Pedagogy: Purkyne at Breslau, 1823-1839." In Coleman and Holmes, eds. 1988b, 15-64.

Coleman, William, and Frederic L. Holmes. 1988a. "Introduction." In Coleman and Holmes, eds. 1988b, 1-14.

——, eds. 1988b. *The Investigative Enterprise: Experimental Physiology in Nineteenth-Century Medicine.* Berkeley: University of California Press.

Collingwood, R. G. 1946/1961. *The Idea of History.* Oxford: Oxford University Press.

Collins, H. M. 1985. *Changing Order: Replication and Induction in Scientific Practice.* Beverly Hills and London: Sage Publications.

——. 1987a. "Certainty and the Public Understanding of Science: Science on Television." *Social Studies of Science* 17: 689-713.

——. 1987b. "Pumps, Rock and Reality." *The Sociological Review* 35: 819-828.

——. 1988. "Pulblic Experiments and Displays of Virtuosity: The Core-Set Revisited." *Social Studies of Science* 18: 725-748.

——. 1990. *Artificial Experts: Social Knowledge and Intelligent Machines.* Cambridge, MA: MIT Press.

Collins, Harry, and Trevor Pinch.1993. *The Golem: What Everyone Should Know about Science.* Cambridge: Cambridge University Press.

Collins, H. M., and Steven Yearley. 1992a." Epistemological Chicken." In Pickering, ed., 301-326.

——. 1992b. "Journey into Space." In Pickering, ed., 369-389.

Cook, Harold J. 1990." The New Philosophy and Medicine in Seventeenth-Century England."In Lindberg and Westman, eds., 397-436.

Cooter, Roger. 1984. *The Cultural Meaning of Popular Science: Phrenology and the Organization of Consent in Nineteenth-Century Britain.* Cambridge: Cambridge University Press.

Cooter, Roger, and Stephen Pumfrey.1994. "Separate Spheres and Public Places: Reflections on the History of Science Popularization and Science in Popular Culture." *History of Science* 32: 237-267.

Darwin, Charles. 1859/1968. *The Origin of Species by Means of Natural Selection, Or the Preservation of Favoured Races in the Struggle for Life,* ed. J. W. Burrow.Harmondsworth, Middlesex: Penguin Books.

Daston, Lorraine J.1988. "Reviews on Artifact and Experiment: The Factual Sensibility." *Isis* 79: 452-470.

——. 1991. "Marvelous Facts and Miraculous Evidence in Early Modern Europe." *Critical Inquiry* 18: 93-124.

Daston, Lorraine, and Peter Galison.1992. "The Image of Objectivity." *Representations,* no. 40: 81-128.

Dear, Peter.1985. "*Totius in Verba*: Rhetoric and Authority in the Early Royal Society." *Isis* 76: 145-161.

——. 1987."Jesuit Mathematical Science and the Reconstruction of Experience in the Early Seventeenth Century."*Studies in History and Philosophy of Science* 18: 133-175.

——. 1988. "Sociology? History? Historical Sociology? A Response to Bazerman." *Social Epistemology* 2: 275-278.

——. 1991a. "Narratives, Anecdotes, and Experiments: Turning Experience into Science in the Seventeenth Century." In Dear. ed., 1991b, 135-163.

——, ed. 1991b. *The Literary Structure of Scientific Argument: Historical Studies.* Philadelphia: University of Pennsylvania Press.

——. 1992. "From Truth to Disinterestedness in the Seventeenth Century." *Social Studies of Science* 22: 619-631.

——. 1995a. "Cultural History of Science: An Overview with Reflections." *Science, Technology, and Human Values* 20: 150-170.

——.1995b. *Discipline and Experience: The Mathematical Way in the Scientific Revolution*. Chicago: University of Chicago Press.

Dennis, Michael Aaron. 1989. "Graphic Understanding: Instruments and Interpretation in Robert Hooke's *Micrographia*." *Science in Context* 3: 309-364.

Desmond, Adrian, and James Moore. 1991. *Darwin*. London: Michael Joseph.

Dillon, George L. 1991. *Contending Rhetorics: Writing in Academic Disciplines*. Bloomington: Indiana University Press.

Durkheim, Emile. 1915/1976. *The Elementary Forms of the Religious Life*. London: George Allen and Unwin.

Eamon, William. 1984. "Arcana Disclosed: The Advent of Printing, the Books of Secrets Tradition and the Development of Experimental Science in the Sixteenth Century." *History of Science* 22: 111-150.

——. 1990. "From the Secrets of Nature to Public Knowledge." In Lindberg and Westman, eds., 333-365.

——. 1991."Court, Academy, and Printing-House: Patronage and Scientific Careers in Late Renaissance Italy."In Moran, ed. 1991b, 25-50.

——. 1994. *Science and the Secrets of Nature: Books of Secrets in Medieval and Early Modern Culture*. Princeton, NJ: Princeton University Press.

Ehrman, Esther. 1986. *Mme Du Châtelet: Scientist Philosopher and Feminist of the Enlightenment*. Leamington Spa. Warwickshire: Berg Publishers.

Eisenstein, Elizabeth l, 1979. *The Printing Press as an Agent of Change: Communications and Cultural Transformations in Early-Modern Europe*.2 vols. Cambridge: Cambridge University Press.

Feingold, Mordechai.1984.*The Mathematicians'Apprenticeship:Science,universities and Society in England,1560-1640*. Cambridge: Cambridge University Press.

Feyerabend, Paul.1975. *Against Method: Outline of an Anarchistic Theory of Knowledge*. London: New Left Books.

Findlen, Paula.1989. "The Museum: Its Classical Etymology and Renaissance Genealogy." *Journal of the History of Collections* l: 59-78.

——.1991. "The Economy of Scientific Exchange in Early Modem Italy." In Moran, ed. 1991b, 5-24.

——.1993a. "Controlling the Experiment: Rhetoric, Court Patronage and the Experimental Method of Francesco Redi." *History of Science* 31: 35-64.

——.1993b. "Science as a Career in Enlightenment Italy: The Strategies of Laura Bassi." *Isis* 84: 441-469.

——.1994. *Possessing Nature: Museums, Collecting, and Scientific Culture in Early Modern Italy*. Berkeley: University of California Press.

Fine, Arthur.1996. "Science Made Up: Constructivist Sociology of Scientific Knowledge." In Galison and Stump, eds., 231-254.

Fleck, Ludwik.1935/1979. *Genesis and Development of a Scientific Fact*. Ed. Thaddeus J. Trenn and Robert K. Merton. Chicago: University of Chicago Press.

Forgan, Sophie.1986. "Context, Image and Function: A Preliminary Enquiry into the Architecture of Scientific Societies." *British Journal for the History of Science* 19: 89-113.

——. 1989. "The Architecture of Science and the Idea of a University." *Studies in History and Philosophy of Science* 20: 405-434.

——. 1994. "The Architecture of Display: Museums, Universities and Objects in Nineteenth-Century Britain." *History of Science* 32: 139-162.

Foucault, Michel.1966/1970. *The Order of Things: An Archaeology of the Human Sciences*. London: Tavistock Publications.

——. 1971/1976. "The Discourse on Language." In idem, *The Archaeology of Knowledge and the Discourse on Language*, trans. A. M. Sheridan Smith, 215-237. New York: Harper and Row.

——. 1978. *Discipline and Punish: The Birth of the Prison*, trans. Alan Sheridan. New York: Random House.

——. 1983.*This Is Not a Pipe*, trans. James Harkness. Berkeley: University of California Press.

Frängsmyr, Tore. J. L. Heilbron, and Robin E. Rider, eds. 1990. *The Quantifying Spirit in the Eighteenth Century*. Berkeley: University of California Press.

Frank, Robert G., Jr. 1973."Science, Medicine and the Universities of Early Modern England: Background and Sources." *History of Science* 11: 194-216, 239-269.

Fruton, Joseph S. 1988. "The Liebig Research Group-A Reappraisal." *Proceedings of the American Philosophical Society* 132: 1-66.

Fujimura. Joan H. 1992."Crafting Science: Standardized Packages, Boundary Objects, and 'Translation.' " In Pickering, ed., 168-211.

Fuller, Steve. 1992."Being There with Thomas Kuhn: A Parable for Postmodern Times."*History and Theory* 31: 241-275.

——. 1993. *Philosophy, Rhetoric, and the End of Knowledge: The Coming of Science and Technology Studies*. Madison: University of Wisconsin Press.

——. 1995. "A Tale of Two Cultures and Other Higher Superstitions." *History of the Human Sciences* 8: 115-125.

Gadamer, Hans-Georg. 1976. *Philosophical Hermeneutics*, ed. and trans. David E. Linge. Berkeley: University of California Press.

Galileo Galilei.1954. *Dialogues Concerning Two New Sciences*, trans. Henry Crew and Alfonso de Salvio. New York: Dover Publications.

Galison, Peter.1985. "Bubble Chambers and the Experimental Workplace." In Achinstein and Hannaway, eds., 309-373.

——. 1987. *How Experiments End*. Chicago: University of Chicago Press.

——. 1988. "History, Philosophy, and the Central Metaphor." *Science in Context* 2: 197-212.

——. 1989. "In the Trading Zone." Paper presented at Tech-Know Workshop, University of California, Los Angeles. December 1989.

Galison, Peter, and Alexi Assmus. 1989. "Artificial Clouds, Real Particles." In Gooding, Pinch, and Schaffer, eds., 225-274.

Galison, Peter, and David J. Stump, eds. 1996. *The Disunity of Science: Boundaries, Contexts, and Power*. Stanford, CA: Stanford University Press.

Gascoigne, John. 1990. "A Reappraisal of the Role of the Universities in the Scientific Revolution." In Lindberg and Westman, eds., 207-260.

Geertz, Clifford.1973. *The Interpretation of Cultures*. New York: Basic Books.

——. 1983. *Local Knowledge: Further Essays in Interpretive Anthropology*. New York: Basic Books.

Geison, Gerald L. 1978. *Michael Foster and the Cambridge School of Physiology: The Scientific Enterprise in Late Victorian Society*. Princeton. NJ: Princeton University Press.

——. 1981. "Scientific Change, Emerging Specialties, and Research Schools." *History of Science* 19: 20-40.

——. 1993. "Research Schools and New Directions in the Historiography of Science." In Geison and Holmes, eds., 227-238.

——. 1995. *The Private Science of Louis Pasteur. Princeton*，NJ：Princeton University Press.

Geison，Gerald L.，and Frederic L. Holmes，eds. 1993. *Research Schools: Historical Reappraisals. Osiris*（2d ser.）8. Chicago：University of Chicago Press.

Gieryn，Thomas. 1988. "Distancing Science from Religion in Seventeenth-Century England." *Isis* 79：582-593.

Gillispie，Charles C.1960. *The Edge of Objectivity: An Essay on the History of Scientific Ideas*. Princeton. NJ：Princeton University Press.

Gingras，Yves.1995. "Following Scientists through Society? Yes，But at Arm's Lengthl" In Buchwald，ed.，123-148.

Goldstein，Jan.1984. "Foucault among the Sociologists: The' Disciplines' and the History of the Professions." *History and Theory* 23：170-192.

Golinski，Jan.1988. "The Secret Life of an Alchemist." In *Let Newton Be*!ed. John Fauvel，Raymond Flood，Michael Shortland，and Robin Wilsort，147-167. Oxford：Oxford University Press.

——. 1989."A Noble Spectacle: Phosphorus and the Public Cultures of Science in the Early Royal Society."*Isis* 80：11-39.

——. 1990a."The Theory of Practice and the Practice of Theory: Sociological Approaches in the History of Science." *Isis* 81：492-505.

——. 1990b. "Language. Discourse and Science." In Olby et al.，eds.，110-123.

——. 1992a. *Science as Public Culture: Chemistry and Enlightenment in Britain，1760-1820*. Cambridge：Cambridge University Press.

——. 1992b."The Chemical Revolution and the Politics of Language."*The Eighteenth Century: Theory and Interpretation* 33：238-251.

——. 1994. " 'The Nicety of Experiment': Precision of Measurement and Precision of Reasoning in Late Eighteenth-Century Chemistry." In T*he Values of Precision*，ed. M. Norton Wise. Princeton，NJ：Princeton University Press.

Gooday，Graeme.1990. "Precision Measurement and the Genesis of Physics Teaching Laboratories in Victorian Britain." *British Journal for the History of Science* 23：25-51 .

——. 1991. " 'Nature' in the Laboratory: Domestication and Discipline with the Microscope in Victorian Life Science." *British Journal for the History of Science* 24：307-341.

Gooding，David.1985a. " 'In Nature' s School': Faraday as an Experimentalist." In *Faraday Rediscovered: Essays on the Life and Work of Michael Faraday，1791-1867*，ed. D. Gooding and Frank A. J. L. James，105-135. London：Macmillan.

——. 1985b. " 'He Who Proves，Discovers': John Herschel，William Pepys and the Faraday Effect." *Notes and Records of the Royal Society of London* 39：229-244.

——. 1989. " 'Magnetic Curves' and the Magnetic Field: Experimentation and Representation in the History of a Theory."In Gooding，Pinch，and Schaffer. eds.，183-223.

——. 1990. *Experiment and the Making of Meaning: Human Agency in Scientific Observation and Experiment*. Dordrecht：Kluwer Academic Publishers.

Gooding. David，Trevor Pinch，and Simon Schaffer，eds. 1989. *The Uses of Experiment: Studies in the Natural Sciences*. Cambridge：Cambridge University Press.

Gould，Stephen Jay.1987. "The Power of Narrative." In idem，*An Urchin in the Storm: Essays about Books and Ideas，75-92*. New York：W. W. Norton.

Greenblatt，Stephen.1980. *Renaissance Self-Fashioning: From More to Shakespeare*. Chicago：University of Chicago Press.

Gross，Alan G.1990. *The Rhetoric of Science*. Cambridge，MA：Harvard University Press.

Gross，Paul R.，and Norman Levitt.1994. *Higher Superstition: The Academic Left and Its Quarrels with Science*. Baltimore: Johns Hopkins University Press.

Habermas，Jürgen.1962/1989. *The Structural Transformation of the Public Sphere: An Inquiry into a Category of Bourgeois Society*，trans. Thomas Burger with the assistance of Frederick Lawrence. Cambridge，MA: MIT Press.

Hacking，Ian. 1983. *Representing and Intervening: Introductory Topics in the Philosophy of Natural Science*. Cambridge: Cambridge University Press.

Hackmann，W. D. 1989. "Scientific Instruments: Models of Brass and Aids to Discovery." In Gooding，Pinch，and Schaffer，eds.，31-65.

Hahn，Roger. 1971. *The Anatomy of a Scientific Institution: The Paris Academy of Sciences，1666-1803*. Berkeley: University of California Press.

Hannaway，Owen. 1975. *The Chemists and the Word: The Didactic Origins of Chemistry*. Baltimore: Johns Hopkins University Press.

——. 1986. "Laboratory Design and the Aim of Science: Andreas Libavius versus Tycho Brahe." *Isis* 77: 585-610.

Haraway，Donna J.1989. *Primate Visions: Gender，Race，and Nature in the World of Modern Science*. New York: Routledge.

——. 1991."A Cyborg Manifesto: Science，Technology，and Socialist-Feminism in the Late Twentieth Century."In idem，*Simians，Cyborgs，and Women: The Reinvention of Nature*，149-181. New York: Routledge.

——. 1996. "Modest Witness: Feminist Diffractions in Science Studies." In Galison and Stump，eds.，428-441.

Harris，Steven J.1989. "Transposing the Merton Thesis: Apostolic Spirituality and the Establishment of the Jesuit Scientific Tradition. "*Science in Context* 3: 29-65.

Harwood，John T. 1989. "Rhetoric and Graphics in *Micrographia*." In Hunter and Schaffer，eds.，119-147.

Hodges，Andrew. 1983. *Alan Turing: The Enigma of Intelligence*. London: Unwin Paperbacks.

Holmes，Frederic l. 1985. *Lavoisier and the Chemistry of Life: An Exploration of Scientific Creativity*. Madison: University of Wisconsin Press.

——. 1987. "Scientific Writing and Scientific Discovery." *Isis* 78: 220-235.

——. 1989. "The Complementarity of Teaching and Research in Liebig's Laboratory." *Osiris*（2d ser.）5: 121-164.

——. 1991. "Argument and Narrative in Scientific Writing." In Dear. ed.，164-181.

——. 1992. "Do We Understand Historically How Scientific Knowledge Is Acquired? " *History of Science* 30: 119-136.

Hoskin，Keith.1993."Education and the Genesis of Disciplinarity: The Unexpected Reversal."In *Knowledges: Historical and Critical Perspectives on Disciplinarity*，ed. E. Messer-Davidow. D. Shumway，and D. Sylvan，271-304. Charlottesville: University of Virginia Press.

Howell，Wilbur Samuel.1961. *Logic and Rhetoric in England，1500-1700*. New York: Russell and Russell.

——. 1971. *Eighteenth-Century British Logic and Rhetoric*. Princeton，NJ: Princeton University Press.

Hughes，Thomas P. 1983. *Networks of Power: Electrification in Western Society*. Baltimore: Johns Hopkins University Press.

Hunt，Bruce J.1991. *The Maxwellians*. Ithaca. NY: Cornell University Press.

——. 1994. "The Ohm Is Where the Art Is: British Telegraph Engineers and the Development of Electrical Standards. " In Van Helden and Hankins，eds.，48-63.

Hunt，Lynn，ed. 1989. *The New Cultural History*. Berkeley: University of California Press.

Hunter，Michael. 1981. *Science and Society in Restoration England*. Cambridge: Cambridge University Press.

——. 1989a. "Latitudinarianism and the' Ideology' of the Early Royal Society: Thomas Sprat's *History of the Royal Society* (1667) Reconsidered." In Hunter1989c, 45-71.

——. 1989b. "Promoting the New Science: Henry Oldenburg and the Early Royal Society." In Hunter 1989c, 245-260.

——. 1989c. *Establishing the New Science: The Experience of the Early Royal Society*. Woodbridge, Suffolk: Boydell Press.

Hunter, Michael, and Simon Schaffer. eds.1989. *Robert Hooke: New Studies.* Woodbridge, Suffolk: Boydell Press.

Ihde, Don.1991. *Instrumental Realism: The Interface between Philosophy of Science and Philosophy of Technology*. Bloomington: Indiana University Press.

Iliffe, Robert.1989. "'The Idols of the Temple': Isaac Newton and the Private Life of Anti-Idolatry." Ph.D. diss., Cambridge University.

——. 1992. "'In the Warehouse': Privacy, Property and Priority in the Early Royal Society." *History of Science* 30: 29-68.

Impey, Oliver, and Arthur MacGregor, eds. 1985. *The Origins of Museums: The Cabinet of Curiosities in Sixteenth-and Seventeenth-Century' Europe*. Oxford: Clarendon Press.

Jacob, FranÇqcois. 1988. *The Statue Within: An Autobiography*, trans. Franklin Philip.New York: Basic Books.

James. Frank A. J. L., ed. 1989. *The Development of the Laboratory: Essays on the Place of Experiment in Industrial Civilization*. Basingstoke, Hampshire: Macmillan Press.

Jardine, Nicholas.1991a. *The Scenes of Inquiry: On the Reality of Questions in the Sciences*. Oxford: Clarendon Press.

——. 1991b. "Demonstration. Dialectic and Rhetoric in Galileo's Dialogue." In *The Shapes of Knowledge from the Renaissance to the Enlightenment*, ed. Donald R. Kelley and Richard H. Popkin, 101-121. Dordrecht: Kluwer Academic Publishers.

Jardine, Nicholas, J. A. Secord. and E. C. Spary, eds.1996. *Cultures of Natural History*. Cambridge: Cambridge University Press.

Jordanova, Ludmilla.1985. "Gender, Generation and Science: William Hunter' s Obstetrical Atlas." In *William Hunter and the Eighteenth-Century Medical World*, ed. W. F. Bynum and Roy Porter. 385-412. Cambridge: Cambridge University Press.

——. ed.1986. *Languages of Nature: Critical Essays on Science and Literature*. London: Free Association Books.

——. 1989. *Sexual Visions: Images of Gender in Science and Medicine between the Eighteenth and Twentieth Centuries*. New York: Harvester Wheatsheaf.

Keller, Evelyn Fox.1983. *A Feeling for the Organism: The Life and Work of Barbara McClintock*. New York: Freeman.

——. 1985. *Reflections on Gender and Science*. New Haven, CT: Yale University Press.

——. 1989. "The Gender/Science System: Or, Is Sex to Gender as Nature Is to Science? " In Tuana, ed., 33-44.

——. 1992. *Secrets of Life, Secrets of Death: Essays on Language, Gender and Science*. New York: Routledge.

Kern, Stephen.1983. *The Culture of Time and Space, 1880-1918*. Cambridge, MA: Harvard University Press.

Kim, Mi Gyung.1992a." The Layers of Chemical Language, I: Constitution of Bodies v. Structure of Matter." *History of Science* 30: 69-96.

——. 1992b. "The Layers of Chemical Language, II: Stabilizing Atoms and Molecules in the Practice of Organic Chemistry." *History of Science* 30: 397-437.

King, M. D.1980. "Reason, Tradition, and the Progressiveness of Science." In *Paradigms and Revolutions: Applications and Appraisals of Thomas Kuhn' s Philosophy of Science*, ed. Gary Gutting, 97-116. Notre Dame, IN: University of

Notre Dame Press.

Knorr-Cetina, Karin.1981. *The Manufacture of Knowledge: An Essay on the Constructivist and Contextual Nature of Science*. Oxford: Pergamon Press.

Knorr-Cetina, Karin, and Michael Mulkay, eds.1983. *Science Observed: Perspectives on the Social Study of Science*. Beverly Hills and London: Sage Publications.

Kohler, Robert E. 1994. *Lords of the Fly:* Drosophila *Genetics and the Experimental Life*. Chicago: University of Chicago Press.

Kohn, David, ed.1985. *The Darwinian Heritage*. Princeton, NJ: Princeton University Press.

Kuhn, Thomas S. 1962/1970. *The Structure of Scientific Revolutions*. 2d ed. Chicago: University of Chicago Press.

——. 1977a. *The Essential Tension: Selected Studies in Scientific Tradition and Change*. Chicago: University of Chicago Press.

——. 1977b. "Mathematical versus Experimental Traditions in the Development of Physical Science." In Kuhn 1977a, 31-65.

——. 1978. *Black-Body Theory and the Quantum Discontinuity, 1894-1912*. Oxford: Clarendon Press.

Kuklick, Henrika, and Robert Kohler, eds.1996. *Science in the Field.Osiris* (2d ser.) 11. Chicago: University of Chicago Press.

Landes, David S.1983. *Revolution in Time: Clocks and the Making of the Modern World*. Cambridge, MA: Harvard University Press.

Latour, Bruno. 1983. "Give Me a Laboratory and I Will Raise the World." In Knorr-Cetina and Mulkay, eds., 141-170.

——. 1986. "Visualization and Cognition: Thinking with Eyes and Hands." *Knowledge and Society: Studies in the Sociology of Culture Past and Present* 6: 1-40.

——. 1987. *Science in Action: How to Follow Scientists and Engineers through Society*. Cambridge, MA: Harvard University Press.

——. 1988a. *The Pasteurization of France*. Cambridge. MA: Harvard University Press.

——. 1988b. "The Politics of Explanation: An Alternative." In Woolgar, ed. 1988b, 155-176.

——. 1990. "Postmodem? No, Simply Amodern!Steps Towards an Anthropology of Science." *Studies in History and Philosophy of Science* 21: 145-171.

——. 1992."One More Turn after the Social Turn . . ."In *The Social Dimensions of Science*, ed. Ernan McMullin, 272-294. Notre Dame, IN: University of Notre Dame Press.

——. 1993. *We Have Never Been Modern*, trans. Catherine Porter. Cambridge, MA: Harvard University Press.

Latour, Bruno, and Steve Woolgar. 1979/1986. *Laboratory Life: The Construction of Scientific Facts*, 2d ed. Princeton, NJ: Princeton University Press.

Leavis, F. R.1963. *Two Cultures? The Significance of C. P. Snow*. New York: Pantheon Books.

Le Grand, Homer E. 1990a. "Is a Picture Worth a Thousand Experiments?" In Le Grand, ed. 1990b, 241-270.

——, ed. 1990b. *Experimental Inquiries: Historical, Philosophical and Social Studies of Experimentation in Science*. Dordrecht: Kluwer Academic Publishers.

Lenoir, Timothy.1986."Models and Instruments in the Development of Electrophysiology, 1845-1912."*Historical Studies in the Physical and Biological Sciences* 17: 1-54.

——. 1988. "Practice, Reason. Context: The Dialogue between Theory and Experiment." *Science in Context* 2: 3-22.

——. 1994. "Helmholtz and the Materialities of Communication." In Van Helden and Hankins. eds., 185-207.

Lenoir. Timothy, and Cheryl Lynn Ross. 1996. "The Naturalized History Museum." In Galison and Stump, eds., 370-397.

Levere, Trevor H. 1990. "Lavoisier: Language, Instruments, and the Chemical Revolution." In *Nature, Experiment, and the Sciences*, ed. Levere and W. R. Shea, 207-233. Dordrecht: Reidel.

Lewontin, Richard C. 1995. "A La Recherche du temps perdu." *Configurations* 3: 257-265.

Lindberg, David C, and Robert S. Westman, eds. 1990. *Reappraisals of the Scientific Revolution*. Cambridge: Cambridge University Press.

Livesey, Steven J. 1985. "William of Ockham, the Subalternate Sciences, and Aristotle' s Theory of *Metabasis*." *British Journal for the History of Science* 59: 128-145.

Locke, John.1689/1975. *An Essay Concerning Human Understanding*. ed. Peter H. Nidditch. Oxford: Clarendon Press.

Long, Pamela O. 1991. "The Openness of Knowledge: An Ideal and Its Context in 16th-Century Writings on Mining and Metallurgy." *Technology and Culture* 32: 318-335.

Lux, David S. 1991. "Societies, Circles, Academies, and Organizations: A Historiographic Essay on Seventeenth-Century Science." In *Revolution and Continuity: Essays in the History and Philosophy of Early-Modern Science*, ed. Peter Barker and Roger Ariew, 23-43. Washington, DC: Catholic University of America Press.

Lynch, Michael.1984. *Art and Artifact in Laboratory Science: A Study of Shop Work and Shop Talk in a Research Laboratory*. London: Routledge.

——. 1985. "Discipline and the Material Form of Images: An Analysis of Scientific Visibility." *Social Studies of Science* 15: 37-66.

——. 1991. "Laboratory Space and the Technological Complex: An Investigation of Topical Contextures." *Science in Context* 4: 51-78.

——. 1993. *Scientific Practice and Ordinary Action: Ethnomethodology and Social Studies of Science*. Cambridge: Cambridge University Press.

Lynch, Michael, and Steve Woolgar, eds. 1990. *Representation in Scientific Practice*. Cambridge, MA: MIT Press.

MacKenzie, Donald, and Barry Bames. 1979. "Scientific Judgment: The Biometry-Mendelism Controversy." In Barnes and Shapin, eds., 191-210.

Markus, Gyorgy. 1987. "Why Is There No Hermeneutics of Natural Sciences? Some Preliminary Theses." *Science in Context* 1: 5-51.

Markus, Thomas A. 1993. *Buildings and Power: Freedom and Control in the Origin of Modern Building Types*. London: Routledge.

Marx. Karl. 1964. *The Economic and Philosophic Manuscripts of 1844*, ed. Dirk J. Struik. New York: International Publishers.

Masterman, Margaret.1970. "The Nature of a Paradigm." In *Griticism and the Crowth of Knowledge*, ed. Imre Lakatos and Alan Musgrave, 59-89. Cambridge: Cambridge University Press.

McClellan, James E. 1985. *Science Reorganized: Scientific Societies in the Eighteenth Century*. New York: Columbia University Press.

McEvoy, John G. 1979. "Electricity, Knowledge and the Nature of Progress in Priestley' s Thought." *British Journal for the History of Science* 12: 1-30.

Megill, Allan, ed. 1994. *Rethinking Objectivity*. Durham, NC: Duke University Press.

Mendelsohn, Everett. 1992. "The Social Locus of Scientific Instruments." In Robert Bud and Susan E. Cozzens, eds., 5-22.

Merchant. Carolyn. 1980. *The Death of Nature: Women, Ecology, and the Scientific Revolution*. San Francisco: Harper and Row.

Merton, Robert K. 1938/1970. *Science, Technology and Society in Seventeenth-Century England*, 2d ed. New York: Harper and Row.

——. 1942/1973. "The Normative Structure of Science." In Merton 1973, 267-278.

——. 1957/1973. "Priorities in Scientific Discovery." In Merton 1973, 286-324.

——. 1973. *The Sociology of Science: Theoretical and Empirical Investigations*, ed. Norman W. Storer Chicago: University of Chicago Press.

Montgomery, Scott L. 1996.*The Scientific Voice*. New York: The Guilford Press.

Moran, Bruce T. 1991a. "Patronage and Institutions: Courts, Universities, and Academies in Germany; an Overview: 1550-1750." In Moran, ed. 1991b, 169-183.

——, ed.1991b. *Patronage and Institutions: Science, Technology and Medicine at the European Court 1500-1750*. Rochester, NY: Boydell Press.

Morrell, J.B.1972. "The Chemist Breeders: The Research Schools of Liebig and Thomas Thomson." *Ambix* 19: 1-46.

——.1987. Review of Rudwick, *The Great Devonian Controversy* (1985). *British Journal for the History of Science* 20: 88-89.

——. 1990. "Professionalisation." In Olbv et al., eds., 980-989.

Mulkay, Michael.1979. *Science and the Sociology of Knowledge*. London: Allen and Unwin.

Myers, Greg.1990. *Writing Biology: Texts in the Social Construction of Scientific Knowledge*. Madison: University of Wisconsin Press.

——. 1992. "History and Philosophy of Science Seminar 4: 00 Wednesday, Seminar Room 2: 'Fictions for Facts: The Form and Authority of the Scientific Dialogue.' " *History of Science* 30: 221-247.

Nelson, John S., Allan Megill, and Donald N. McCloskey, eds.1987. *The Rhetoric of the Human Sciences: Language and Argument in Scholarship and Public Affairs*. Madison: University of Wisconsin Press.

O' Connell, Joseph.1993. "Metrology: The Creatiort of Universality by the Circulation of Particulars." *Social Studies of Science* 23: 129-173.

Olby, R. C., G. N. Cantor, J. R. R. Christie, and M. J. S. Hodge, eds. 1990. *Companion to the History of Modern Science*. London; Routledge.

Oldenburg, Henry.1965-1986. *The Correspondence of Henry Oldenburg*, ed. A. Rupert Hall and Marie Boas Hall. 13 vols. Vols. 1-9. Madison: University of Wisconsin Press. Vols. 10, 11. London: Mansell. Vols. 12.13.London: Taylor and Francis.

Olesko, Kathryn M. 1991. *Physics as a Calling: Discipline and Practice in the Königsberg Seminar for Physics*. Ithaca, NY: Cornell University Press.

——. 1993. "Tacit Knowledge and School Formation." In Geison and Holmes, eds., 16-29.

Ong, Walter J.1958. *Ramus, Method, and the Decay of Dialogue*. Cambridge, MA: Harvard University Press.

Ophir, Adi, and Steven Shapin.1991. "The Place of Knowledge: A Methodological Survey." *Science in Context* 4: 3-21.

Paradis, James.1987."Montaigne, Boyle, and the Essay of Experience."In *One Culture: Essays in Science and Literature*, ed. George Levine, 59-91. Madison: University of Wisconsin Press.

Pera, Marcello.1988."Breaking the Link between Methodology and Rationality: A Plea for Rhetoric in Scientific Inquiry." In *Theory and Experiment: Recent Insights and New Perspectives on Their Relation* (*Synthese Library*, no. 195). ed.Diderik Batens and Jean Paul van Bendegem, 259-276. Dordrecht: Reidel.

Pera，Marcello，and William R. Shea，eds.1991.*Persuading Science: The Art of Scientific Rhetoric*. Canton. MA: Science History Publications. USA.

Pestre，Dominique. 1995. "Pour une histoire sociale et culturelle des sciences: Nouvelles définitions，nouveaux objets，nouvelles practiques." *Annales: Histoire，Sciences Sociales* 50: 487-522.

Pickering，Andrew.1984. *Constructing Quarks: A Sociological History of Particle Physics*. Edinburgh: Edinburgh University Press.

——. 1989. "Living in the Material World: On Realism and Experimental Practice." In Gooding，Pinch，and Schaffer，eds.，275-297.

——，ed. 1992. *Science as Practice and Culture*. Chicago: University of Chicago Press.

——. 1995a. *The Mangle of Practice: Time，Agency，and Science*. Chicago: University of Chicago Press.

——. 1995b. "Beyond Constraint: The Temporality of Practice and the Historicity of Knowledge." In Buchwald. ed.，42-55.

Pickstone，John V.1993. "Ways of Knowing: Towards a Historical Sociology of Science，Technology and Medicine." *British Journal for the History of Science* 26: 433-458.

——. 1994. "Museological Science? The Place of the Analytical/Comparative in Nineteenth-Century Science. Technology and Medicine." *History of Science* 32: 111-138.

Pinch，Trevor J.1986a. *Confronting Nature: The Sociology of Solar NeutrinoDetection*. Dordrecht: Reidel.

——. 1986b. "Strata Various." *Social Studies of Science* 16: 705-713.

——. 1992. "Opening Black Boxes: Science，Technology，and Society." *Social Studies of Science* 22: 487-510.

Polanyi，Michael.1958. *Personal Knowledge: Towards a Post-Critical Philosophy*. Chicago: University of Chicago Press.

Poovey，Mary.1987." 'Scenes of an Indelicate Character': The Medical 'Treatment' of Victorian Women."In *The Making of the Modern Body: Sexuality and Society in the Nineteenth Century*，ed. Catherine Gallagher and Thomas Laqueur. Berkeley: University of California Press.

Porter，Roy，and Mikuláš Teich，eds. 1992. *The Scientific Revolution in National Context*. Cambridge: Cambridge University Press.

Porter，Roy，Simon Schaffer，Jim Bennett，and Olivia Brown.1985. *Science and Profit in 18th-Century London*. Cambridge: The Whipple Museum of the History of Science.

Porter，Theodore M. 1995. *Trust in Numbers: The Pursuit of Objectivity in Science and Public Life*. Princeton，NJ: Princeton University Press.

Prakash，Gyan. 1992. "Science 'Gone Native' in Colonial India." *Representations*，no. 40: 153-178.

Prelli，Lawrence J.1989a. *A Rhetoric of Science: Inventing Scientific Discourse*. Columbia: University of South Carolina Press.

——. 1989b. "The Rhetorical Construction of Scientific Ethos." *In Rhetoric in the Human Sciences*，ed. Herbert W. Simons，48-68. Beverly Hills and London: Sage Publications.

Priestley，Joseph.1767.*The History and Present State of Electricity*. London: J. Dodsley.

——. 1777. *A Course of Lectures on Oratory and General Criticism*. London: J. Johnson.

Pumfrey，Stephen.1991. "Ideas above his Station: A Social Study of Hooke's Curatorship of Experiments." *History of Science* 29: 1-44.

Ravetz，Jerome R. 1971. *Scientific Knowledge and Its Social Problems*. Oxford: Clar-endon Press.

Revel，Jacques. 1991. "Knowledge of the Territory." *Science in Context* 4: 133-161.

Rheinberger, Hans-Jörg. 1992a. "Experiment, Difference, and Writing, I: Tracing Protein Synthesis." *Studies in History and Philosophy of Science* 23: 305-331.

——. 1992b. "Experiment, Difference, and Writing, II: The Laboratory Production of Transfer RNA." *Studies in History and Philosophy of Science* 23: 389-422.

——. 1993. "Experiment and Orientation: Early Systems of In Vitro Protein Synthesis." *Journal of the History of Biology* 26: 443-471.

——. 1994. "Experimental Systems: Historiality, Narration, and Deconstruction." *Science in Context* 7: 65-81.

Ricoeur, Paul. 1981. *Hermeneutics and the Human Sciences: Essays on Language, Action and Interpretation*, ed. and trans. John B. Thompson. Cambridge: Cambridge University Press.

Roberts, Lissa. 1991. "Setting the Table: The Disciplinary Development of Eighteenth-Century Chemistry as Read Through the Changing Structure of Its Tables." In Dear, ed., 1991a, 99-132.

——. 1992. "Condillac, Lavoisier, and the Instrumentalization of Science." *The Eighteenth Century: Theory and Interpretation* 33: 252-271.

——. 1993. "Filling the Space of Possibilities: Eighteenth-Century Chemistry's Transition from Art to Science." *Science in Context* 6: 511-553.

Rorty, Richard. 1979. *Philosophy and the Mirror of Nature*. Princeton, NJ: Princeton University Press.

Rothermel Holly. 1993. "Images of the Sun: Warren De la Rue, George Biddell Airy and Celestial Photography." *British Journal for the History of Science* 26: 137-169.

Rouse, Joseph. 1987. *Knowledge and Power: Toward a Political Philosophy of Science*. Ithaca, NY: Cornell University Press.

——. 1990. "The Narrative Reconstruction of Science." *Inquiry* 33: 179-196.

——. 1991. "Philosophy of Science and the Persistent Narratives of Modernity." *Studies in History and Philosophy of Science* 22: 141-162.

——. 1993a. "Foucault and the Natural Sciences." In *Foucault and the Critique of Institutions*, ed. John Caputo and Mark Yount, 137-162. University Park, PA: Pennsylvania State University Press.

——. 1993b. "What Are Cultural Studies of Scientific Knowledge?" *Configurations* 1: 1-22.

——. 1996. *Engaging Science: How to Understand its Practices Philosophically*. Ithaca. NY: Cornell University Press.

Rudwick, Martin J. S. 1976. "The Emergence of a Visual Language for Geological Science." *History of Science* 14: 149-195.

——. 1985. *The Great Devonian Controversy: The Shaping of Scientific Knowledge among Gentlemanly Specialists*. Chicago: University of Chicago Press.

——. 1988. "The Closure of the Devonian Controversy." In British Society for the History of Science/History of Science Society, *Program, Papers, and Abstracts for the Joint Conference*. Manchester, England, 11-15 July 1988, 155-159.

Schaffer, Simon. 1983. "Natural Philosophy and Public Spectacle in the Eighteenth Century." *History of Science* 21: 1-43.

——. 1988. "Astronomers Mark Time: Discipline and the Personal Equation." *Science in Context* 2: 115-145.

——. 1989. "Glass Works: Newton's Prisms and the Uses of Experiment." In Gooding, Pinch, and Schaffer, eds., 67-104.

——. 1991. "The Eighteenth Brumaire of Bruno Latour" (review of Latour 1988a). *Studies in History and Philosophy of Science* 22: 174-192.

——. 1992. "Late Victorian Metrology and Its Instrumentation: A Manufactory of Ohms." In Bud and Cozzens, eds.,

23-56.

——. 1993. "The Consuming Flame: Electrical Showmen and Tory Mystics in the World of Goods." In *Consumption and the World of Goods*. ed. Roy Porter and John Brewer, 489-526. London: Routledge.

——. 1994a. "Machine Philosophy: Demonstration Devices in Georgian Mechanics." In Van Helden and Hankins, eds., 157-182.

——. 1994b. "Self Evidence." In Chandler, Davidson, and Harootunian, eds., 56-91.

Schiebinger, Londa.1989. *The Mind Has No Sex? Women in the Origins of Modern Science*. Cambridge, MA: Harvard University Press.

——. 1993. *Nature's Body: Gender in the Making of Modern Science*. Boston: Beacon Press.

Schmitt, Charles B.1973. "Towards a Reassessment of Renaissance Aristotelianism." *History of Science* 11: 159-193.

Schuster, John, and Graeme Watchirs.1990. "Natural Philosophy, Experiment and Discourse in the 18th Century." In Le Grand, ed. 1990b, 1-47.

Schuster, J. A., and R. R. Yeo. eds. 1986. *The Politics and Rhetoric of Scientific Method: Historical Studies*. Dordrecht: Kluwer Academic Publishers.

Secord, Anne.1994." Science in the Pub: Artisan Botanists in Early Nineteenth-Century Lancashire." *History of Science* 32: 269-315.

Secord, James A.1985. "Darwin and the Breeders: A Social History." In Kohn. ed., 519-542.

——. 1986. *Controversy in Victorian Geology: The Cambrian-Silurian Dispute*. Princeton, NJ: Princeton University Press.

Serres, Michel, with Bruno Latour.1995. *Conversations on Science, Culture, and Time*. Ann Arbor: University of Michigan Press.

Shackelford, Jole.1993. "Tycho Brahe, Laboratory Design, and the Aim of Science: Reading Plans in Context." *Isis* 84: 211-230.

Shapin, Steven.1982. "History of Science and Its Sociological Reconstructions." *History of Science* 20: 157-211.

——. 1984. "Pump and Circumstances: Robert Boyle's Literary Technology." *Social Studies of Science* 14: 481-520.

——. 1987. "O Henry" (review of *The Correspondence of Henry Oldenburg*, ed. A. R. Hall and M. B. HalL 13 vols.). *Isis* 78: 417-424.

——. 1988a. "Following Scientists Around" (review of Latour 1987). *Social Studies of Science* 18: 533-550.

——. 1988b. "The House of Experiment in Seventeenth-Century England." *Isis* 79: 373-404.

——. 1988c. "Understanding the Merton Thesis." *Isis* 79: 594-605.

——. 1989. "Who Was Robert Hooke?" In Hunter and Schaffer, eds., 253-285.

——. 1990." 'The Mind Is Its Own Place': Science and Solitude in Seventeenth-Century England." *Science in Context* 4: 191-218.

——. 1991. " 'A Scholar and a Gentleman': The Problematic Identity of the Scientific Practitioner in Early Modern England." *History of Science* 29: 279-327.

——. 1992. "Discipline and Bounding: The History and Sociology of Science as Seen Through the Extemalism-Intemalism Debate." *History of Science* 30: 333-369.

——. 1993. "Personal Development and Intellectual Biography: The Case of Robert Boyle" (review of Boyle 1991). *British Journal for the History of Science* 26: 335-345.

——. 1994. *A Social History of Truth: Civility and Science in Seventeenth-Century England*. Chicago: University of Chicago Press.

——. 1995. "Here and Everywhere: Sociology of Scientific Knowledge." *Annual Review of Sociology* 21: 289-321.

Shapin, Steven, and Simon Schaffer.1985. *Leviathan and the Air-Pump: Hobbes. Boyle, and the Experimental Life.* Princeton, NJ: Princeton University Press.

Shteir, Ann B.1996. *Cultivating Women, Cultivating Science: Flora's Daughters and Botany in England 1760 to 1860.* Baltimore: Johns Hopkins University Press.

Shumway, David R., and Ellen Messer-Davidow. 1991. "Disciplinarity: An Introduction." *Poetics Today* 12: 201-226.

Slaughter, Mary M. 1982. *Universal Languages and Scientific Taxonomy in the Seventeenth Century.* Cambridge: Cambridge University Press.

Smith, Adam.1795/1980. *Essays on Philosophical Subjects*, ed. W.P.D.Wightman and J. C. Bryce. Oxford: Oxford University Press.

Smith, Crosbie, and M. Norton Wise.1989. *Energy and Empire: A Biographical Study of Lord Kelvin.* Cambridge: Cambridge University Press.

Smith, Pamela H.1991. "Curing the Body Politic: Chemistry and Commerce at Court, 1664-70." In Moran, ed. 1991b, 195-209.

——. 1994a. "Alchemy as a Language of Mediation at the Habsburg Court." *Isis* 85: 1-25.

——.1994b. *The Business of Alchemy: Science and Culture in the Holy Roman Empire.* Princeton, NJ: Princeton University Press.

Smith, Roger.1992a. *Inhibition: History and Meaning in the Sciences of Mind and Brain.* Berkeley: University of Califomia Press.

——. 1992b. "The Meaning of 'Inhibition' and the Discourse of Order." *Science in Context* 5: 237-263.

Snow. C. P.1959/1993. *The Two Cultures and the Scientific Revolution*, with intro. by Stefan Collini. Cambridge: Cambridge University Press.

Snyder, Joel.1989."Inventing Photography, 1839-1879." In *On the Art of Fixing a Shadow: One Hundred and Fifty Years of Photography*, ed. Sarah Greenough, Joel Snyder, David Travis, and Colin Westerbeck, 3-38. Washington, DC: National Gallery of Art.

Sprat, Thomas.1667/1958. *The History of the Royal Society of London for the improving of Natural Knowledge*, ed. Jackson I. Cope and Harold Whitmore Jones. Reprint, St. Louis, MO: Washington University Studies.

Stafford, Barbara Maria.1994. *Artful Science: Enlightenment Entertainment and the Eclipse of Visual Education.* Cambridge, MA: MIT Press.

Star, Susan Leigh, and James R. Griesemer.1989."Institutional Ecology. 'Translations' and Boundary Objects: Amateurs and Professionals in Berkeley's Museum of Vertebrate Zoology, 1907-39." *Social Studies of Science* 19: 387-420.

Stewart, Larry. 1992. *The Rise of Public Science: Rhetoric, Technology, and Natural Philosophy in Newtonian Britain.* 1660-1750. Cambridge: Cambridge University Press.

Stichweh, Rudolf. 1992. "The Sociology of Scientific Disciplines: On the Genesis and Stability of the Disciplinary Structure of Modern Science." *Science in Context* 5: 3-15.

Stubbe, Henry.1670. *Legends No Histories···Together with the Plus Ultra of Mr Joseph Glanvill Reduced to a Non-Plus.* London.

Stuewer, Roger H. 1985."Artificial Disintegration and the Cambridge-Vienna Controversy."In Achinstein and Hannaway, eds., 239-307.

Terrall, Mary. 1995. "Emilie du Châtelet and the Gendering of Science." *History of Science* 33: 283-310.

Thompson, E. P. 1967. "Time, Work Discipline, and Industrial Capitalism." *Past and Present*, no. 38 (December 1967): 56-97.

Tilling, Laura. 1975. "Early Experimental Graphs." *British Journal for the History of Science* 8: 193-213.

Traweek, Sharon. 1988. *Beamtimes and Lifetimes: The World of High-Energy Physicists*. Cambridge, MA: Harvard University Press.

——. 1992. "Border Crossings: Narrative Strategies in Science Studies and among Physicists in Tsukuba Science City, Japan." In Pickering, ed., 429-465.

Tribby, Jay. 1991. "Cooking (with) Clio and Cleo: Eloquence and Experiment in Seventeenth-Century Florence.", *Journal of the History of Ideas* 52: 417-439.

——. 1992. "Body/Building: Living the Museum Life in Early Modern Europe." *Rhetorica* 10: 139-163.

Tuana, Nancy, ed.1989. *Feminism and Science*. Bloomington: Indiana University Press.

Tuchman, Arleen M.1988. "From the Lecture to the Laboratory: The Institutionalization of Scientific Medicine at the University of Heidelberg." In Coleman and Holmes, eds. 1988b, 65-99.

Turner, Steven. 1971. "The Growth of Professorial Research in Prussia, 1818-1848-Causes and Context." *Historical Studies in the Physical Sciences* 3: 137-182.

Van Helden, Albert.1983. "The Birth of the Modern Scientific Instrument, 1550-1700." In *The Uses of Science in the Age of Newton*, ed. John G. Burke, 49-84. Berkeley: University of California Press.

——. 1994. "Telescopes and Authority from Galileo to Cassini." In Van Helden and Hankins, eds., 9-29.

Van Helden, Albert, and Thomas L. Hankins, eds. 1994. *Instruments.Osiris* (2d ser.) 9. Chicago: University of Chicago Press.

Vickers, Brian, ed. 1987. *English Science, Bacon to Newton*. Cambridge: Cambridge University Press.

——. 1988. *In Defence of Rhetoric*. Oxford: Clarendon Press.

Warner, Deborah Jean.1990. "What Is a Scientific Instrument. When Did It Become One, and Why?" *British Journal for the History of Science* 23: 83-93.

Warwick. Andrew.1992. "Cambridge Mathematics and Cavendish Physics: Cunningham, Campbell and Einstein's Relativity 1905-1911. Part I: The Uses of Theory." *Studies in History and Philosophy of Science* 23: 625-656.

——. 1993. "Cambridge Mathematics and Cavendish Physics: Cunningham, Campbell and Einstein's Relativity 1905-1911. Part II: Comparing Traditions in Cambridge Physics." *Studies in History and Philosophy of Science* 24: 1-25.

Weimar, W. 1977. "Science as a Rhetorical Transaction." *Philosophy and Rhetoric* 10: 1-29

Westman, Robert S.1980. "The Astronomer's Role in the Sixteenth Century: A Preliminary Study." *History of Science* 18: 105-147.

——. 1990. "Proof. Poetics, and Patronage: Copernicus's Preface to *De Revolutionibus*." In Lindberg and Westman, eds.. 167-205.

Whewell, William. 1837/1984. *History of the Inductive Sciences. Extracts in Selected Writings on the History of Science*, ed. Yehuda Elkana, 1-119. Chicago: University of Chicago Press.

White, Hayden. 1973. *Metahistory: The Historical Imagination in Nineteenth-Century Europe*. Baltimore: Johns Hopkins University Press.

——. 1987. *The Content of the Form: Narrative Discoufrse and Historical Representation*. Baltimore: Johns Hopkins University Press.

Whitley, Richard. 1983. "From the Sociology of Scientific Communities to the Study of Scientists' Negotiations and Beyond." *Social Science Information* 22: 681-720.

Widmalm, Sven. 1990. "Accuracy, Rhetoric, and Technology: The Paris-Greenwich Triangulation, 1784-88." In Frängsmyr, Heilbron, and Rider, eds., 179-206.

Wilcox, Donald J. 1987. *The Measure of Times Past: Pre-Newtonian Chronologies and the Rhetoric of Relative Time.* Chicago: University of Chicago Press.

Williams, Mari E. W. 1989. "Astronomical Observatories as Practical Space: The Case of Pulkowa." In James, ed., 118-136.

Williams, Raymond. 1963. *Culture and Society, 1780-1950.* Harmondsworth, Middlesex: Penguin Books.

——. 1986. "Foreword." In Jordanova, ed., 10-14.

Winkler, Mary G., and Albert Van Helden.1992. "Representing the Heavens: Galileo and Visual Astronomy." *Isis* 83: 195-217.

——. 1993. "Johannes Hevelius and the Visual Language of Astronomy." In *Renaissance and Revolution: Humanists. Scholars, Craftsmen and Natural Philosophers in Early Modern Europe,* J. V. Field and Frank A. J. L. James, eds., 97-116. Cambridge: Cambridge University Press.

Wise, M. Norton (with the collaboration of Crosbie Smith). 1989a. "Work and Waste: Political Economy and Natural Philosophy in Nineteenth Century Britain (I)." *History of Science* 27: 263-301.

——. 1989b. "Work and Waste: Political Economy and Natural Philosophy in Nineteenth Century Britain (II)." *History of Science* 27: 391-449.

——. 1990. "Work and Waste: Political Economy and Natural Philosophy in Nineteenth Century Britain (III)." *History of Science* 28: 221-261.

Wise, M. Norton. ed. 1995. *The Values of Precision.* Princeton, NJ: Princeton University Press.

Wood, Paul B. 1980. "Methodology and Apologetics: Thomas Sprat's *History of the Royal Society.*" *British Journal for the History of Science* 13: 1-26.

Woolgar, Steve. 1981. "Interests and Explanations in the Social Study of Science." *Social Studies of Science* 11: 365-394.

——. 1988a. *Science: The Very Idea.* London: Tavistock Publishers.

——, ed. 1988b, *Knowledge and Reflexivity: New Frontiers in the Sociology of Knowledge.* Beverly Hills and London: Sage Publications.

Yeo, Richard.1993. *Defining Science: William Whewell, Natural Knowledge, and Public Debate in Early Victorian Britain.* Cambridge: Cambridge University Press.

Young, Robert M. 1985. "Darwin's Metaphor: Does Nature Select?" In idem, *Darwin's Metaphor: Nature's Place in Victorian Culture, 79-125.* Cambridge: Cambridge University Press.

Zuckerman, Harriet. 1988."The Sociology of Science."In *Handbook of Sociology,* ed. Niel J. Smelser, 511-574. Newbury Park, CA: Sage Publications.